# DIE AETIOLOGIE

DER

# ACUTEN EITERUNGEN.

LITTERARISCH-KRITISCHE,
EXPERIMENTELLE UND KLINISCHE STUDIEN.

VON

**JULIUS STEINHAUS,**
ASSISTENTEN AM PATHOLOGISCHEN LABORATORIUM DER KAIS. UNIVERSITÄT
IN WARSCHAU.

LEIPZIG,
VERLAG VON VEIT & COMP.
1889.

Motto.

„La nature ne se contredit pas, c'est „l'observateur qui se trompe, soit qu'il „ne détermine pas exactement les conditions du fait, soit qu'il substitue au fait „un jugement, qui alors pourra être en „contradiction avec un autre jugement."

„Admettre des faits contradictoires, ce „serait par cela même nier absolument „toute science."

*Claude Bernard.*

Druck von Metzger & Wittig in Leipzig.

SEINEM HOCHVEREHRTEN LEHRER
UND FREUNDE

HERRN PROFESSOR DR. S. M. LUKJANOW

IN DANK UND LIEBE

GEWIDMET

VOM VERFASSER.

# Vorwort.

Nachfolgende Untersuchungen verdanken ihren Ursprung einer Preisausschreibung seitens der hiesigen medicinischen Facultät und sind in Prof. Lukjanow's Laboratorium ausgeführt worden.[1]

Die Hauptaufgabe war, die Möglichkeit der Entstehung von Eiterung ohne Mitbetheiligung von Bacterien einer erneuerten experimentellen Prüfung zu unterwerfen und nach Kräften etwas Ordnung in dem Gewirr von Widersprüchen, die auf diesem Gebiete herrschen, herbeizuführen.

Ausserdem wurde auch eine Reihe von Infectionsversuchen mit einigen *Pyogenetici* an Thieren verschiedener Art unternommen; dabei war es vor Allem wichtig zu prüfen, ob diejenigen Thierarten, die sich refractär gegen die Wirkung chemischer Eitererreger zeigen, auch refractär gegen die Infection mit pyogenen Bacterien sind.

Endlich hatten die klinischen Eiteruntersuchungen zum Zweck, einen Beitrag zur Lösung der Frage zu liefern, inwiefern die klinische Form der Eiterung von der Art, bezüglich den Arten von Bacterien, die dabei gefunden werden, bedingt, bezüglich beeinflusst wird.

Dass bei dieser Gelegenheit die Litteratur der Frage über die Aetiologie der acuten Eiterungen eingehend besprochen worden ist, wird wohl willkommen geheissen werden.

Auf unbedingte Vollständigkeit macht die Litteraturübersicht selbstverständlich keinen Anspruch; ich glaube aber sagen zu dürfen, dass keine wichtigere Abhandlung unberücksichtigt geblieben ist.

Warschau, Februar 1889.

**J. Steinhaus.**

---

[1] Diese Arbeit ist seitdem von der Facultät mit einer goldenen Medaille prämiirt worden.

# Inhalt.

# I.
# Litterarisch-kritischer Theil.

## § 1.
## Litteratur.

1. Rindfleisch, *Lehrbuch der Gewebelehre.* 1866. S. 204.
2. Hallier, Ueber einen bei der Rotzkrankheit auftretenden Parasiten u. s. w. *Bayerisches ärztliches Intelligenzblatt.* 1868. S. 327.
3. Zürn, *Adam's Wochenschrift für Thierheilkunde und Viehzucht.* 1868. Nr. 25.
4. Hueter, Pilzsporen in dem Gewebe und im Blute bei Gangraena diphtheritica. *Centralblatt f. d. med. Wissenschaften.* 1868. S. 177.
5. Hueter und Tomassi-Crudeli, Ueber Diphtheritis. *Centralblatt f. d. med. Wissenschaften.* 1868. S. 531.
6. Oertel, Studien über Diphtheritis. *Bayerisches ärztliches Intelligenzblatt.* 1868. Nr. 31.
7. Klebs, *Handbuch der pathologischen Anatomie.* 1869.
8. Nassiloff, Ueber die Diphtheritis. *Virchow's Archiv.* 1870. Bd. L.
9. von Recklinghausen, *Sitzungsberichte d. phys.-med. Gesellschaft zu Würzburg.* Sitzung vom 10. Juni 1871.
10. Samuel, Die örtliche Wirkung des Eiters und der putriden Stoffe. *Centralblatt f. d. med. Wissenschaften.* 1871. Nr. 20.
11. Samuel, Die subcutane Wirkung der Secrete. *Ebenda.* 1871. Nr. 28.
12. Klebs, *Beiträge zur pathologischen Anatomie der Schusswunden.* Leipzig 1872.
13. Popoff, Zur Frage über Pneumomycosis. *Wiener med. Jahrbücher.* 1872. Heft 4.
14. Vogt, Nachweis von Monaden im metastatischen Eiterherd am Lebenden. *Centralblatt f. d. med. Wissenschaften.* 1872. Nr. 44.
15. Birch-Hirschfeld, Untersuchungen über Pyämie. *Archiv für Heilkunde.* 1873. Bd. XV. p. 193.
16. Orth, Ueber Erysipelas. *Archiv f. experimentelle Pathologie und Pharmakologie.* 1873. Bd. I. S. 81—137.
17. Orth, Untersuchungen über Puerperalfieber. *Virchow's Archiv.* 1873. Bd. LVIII. S. 437—460.
18. Lücke, Die primäre infectiöse Knochenmarkentzündung. *Deutsche Zeitschrift für Chirurgie.* 1874. Bd. IV. S. 240.
19. Billroth, *Untersuchungen über die Vegetationsformen der Coccobacteria septica.* Berlin 1874.

20. Hjalmar-Heiberg, Ein Fall von Panophthalmitis puerperalis bedingt durch Micrococcus. *Centralblatt f. d. med. Wissenschaften.* 1874. Nr. 36.

21. Chauveau, De l'agent pyogénique. *Gazette hebdomadaire de médecine.* 1875. Nr. 37.

22. Coloman Balogh, Sphaerobacterien in der entzündeten Hornhaut. *Centralblatt f. d. med. Wissenschaften.* 1876. Nr. 6.

23. Billroth und Ehrlich, Weitere Untersuchungen über Coccobacteria septica. *Archiv f. klin. Chirurgie.* 1876. Bd. XXII. S. 403.

24. Dembczak, *Experimentalstudien über parenchymatöse Injectionen von Argentum nitricum.* D. I. Greifswald 1876.

25. Huber, Ueber einen eigenthümlichen Fall von Pyämie. *Archiv f. Heilkunde.* 1876. Bd. XVII. Heft 6. S. 565.

26. Wolff, Ueber entzündliche Veränderungen innerer Organe nach experimentell bei Thieren erzeugten subcutanen käsigen Heerden mit Rücksicht auf Tuberculose. *Virchow's Archiv.* 1876. Bd. LXVII. S. 234.

27. Rausche, *Experimentaluntersuchungen über parenchymatöse Injectionen von Chlorzink.* D. I. Greifswald 1877.

28. Wegner, Chirurgische Mittheilungen über die Peritonealhöhle, mit besonderer Berücksichtigung der Ovariotomie. *Archiv für klinische Chirurgie.* 1877. Bd. XX. S. 50—145.

29. Haussmann, Ueber das Vorkommen von Coccobacteria septica in einem Zahnabscess. *Berliner klin. Wochenschrift.* 1878. Nr. 14.

30. Hellbauer, Experimentalstudien über das Verhalten tiefer Brandwunden unter den Cautelen der Asepsis. *Deutsche Zeitschrift f. Chirurgie.* 1878. Bd. IX. S. 381—401.

31. Salomonsen, Bakterier i metastatiske Pusansamlinger. *Nord. med. Arkiv.* 1878. t. X. Nr. 25.

32. Nijkamp, Bijtrage tot de Kennis der Mycosen. *Weekbl. van het Nederl. Tijdschr. voor Geneeskund.* 1878. Nr. 30.

33. Louis Pasteur, La théorie des germes et ses applications à la médecine et à la chirurgie. *Bulletin de l'Académie de médecine.* 1878. 2e Série. t. VII. Nr. 18. P. 432—453.

34. Rosenbach, Beiträge zur Kenntniss der Osteomyelitis. *Deutsche Zeitschrift f. Chirurgie.* 1878. Bd. X.

35. Köster, Die embolische Endocarditis. *Virchow's Archiv.* 1878. Bd. LXXII. S. 257.

36. Koch, Robert, *Untersuchungen über die Aetiologie der Wundinfectionskrankheiten.* Leipzig 1878.

37. Kocher, Zur Aetiologie der acuten Entzündungen. *Archiv f. klinische Chirurgie.* 1879. Bd. XXIII. S. 101—116.

38. Kocher, Die acute Osteomyelitis mit besonderer Berücksichtigung ihrer Ursachen. *Deutsche Zeitschrift f. Chirurgie.* 1879. Bd. XI. S. 88 und 218.

39. Tillmans, Experimentelle und anatomische Untersuchungen über Erysipelas. *Archiv f. klin. Chirurgie.* 1879. Bd. XXIII. S. 457.

40. Riedel, Ueber das Verhalten von Blut, sowie von differenten und indifferenten Fremdkörpern in den Gelenken. *Deutsche Zeitschrift f. Chirurgie.* 1880. Bd. XII. S. 447—464.

41. Louis Pasteur, De l'extension de la théorie des germes à l'étiologie de quelques maladies communes. *Comptes rendus de l'Académie.* 1880. t. XC. P. 1033.

42. Doléris, *La fièvre puerpérale et les organismes inférieurs.* Thèse. Paris 1880.
43. Ogston, Ueber Abscesse. *Archiv f. klin. Chirurgie.* 1880. Bd. XXV.
44. Ogston, Report on microorganisms in surgical diseases. *British med. Journal.* 1881. p. 369.
45. Eberth, Zur Kenntniss der mykotischen Processe. *Deutsches Archiv f. klin. Medecin.* 1881. Bd. XXVIII. S. 1.
46. Kraske, Diabetes und Sepsis. *Centralblatt f. Chirurgie.* 1881. Nr. 35.
47. Lister, An address on the relation of microorganisms to inflammation. *The Lancet.* 1881. October 22.
48. Lister, On the relations of microorganisms to inflammation. *Quarterly Journal.* 1881. April.
49. Uskoff, Giebt es eine Eiterung unabhängig von niederen Organismen? *Virchow's Archiv.* 1881. Bd. LXXXVI.
50. Semmer, Die contagiöse Pyämie der Kaninchen. *Centralblatt f. d. med. Wissenschaften.* 1881. Nr. 41.
51. Fehleisen, Ueber neue Methoden der Untersuchung und Cultur pathogener Bacterien. *Sitzungsberichte der phys.-med. Gesellschaft zu Würzburg.* 1882. Nr. 8.
52. Iwanowsky, N. P., Bacterische Nierenentzündung als Folge von Erysipelas. *Wöchentliche klinische Zeitung.* 1882. Nr. 22. (Russisch).
53. Gussenbauer, Sephthämie, Pyohämie und Pyosephthämie. Stuttgart 1882. (4. Lieferung der „*Deutschen Chirurgie*").
54. Ogston, Micrococcus poisoning. *Journal of Anat. a. Physiol.* 1882—1883. Vol. 16 et 17.
55. Orthmann, Ueber die Ursachen der Eiterung. *Virchow's Archiv.* 1883. Bd. XC.
56. Fehleisen, *Die Aetiologie der Erysipelas.* Berlin 1883.
57. Councilman, Zur Aetiologie der Eiterung. *Virchow's Archiv.* 1883. Bd. XCII.
58. Becker, Vorl. Mittheilung über eine Arbeit, welche zur Entdeckung des die acute infectiöse Osteomyelitis erzeugenden Mikroorganismus geführt hat. *Deutsche medic. Wochenschrift.* 1883. Nr. 46.
59. Straus, Du rôle des microorganismes dans la production de la suppuration. *Bulletin de la Société de Biologie.* 1883. S. 651.
60. Straus, Dasselbe. *Revue de Chirurgie.* 1884. S. 143.
61. Rosenbach, Vorläufige Mittheilung über die acute Osteomyelitis beim Menschen erzeugenden Mikroorganismen. *Centralblatt für Chirurgie.* 1884. Nr. 5.
62. Krause, Die Mikrokokken der Osteomyelitis. *Fortschritte der Medicin.* 1884. Bd. II. N. 7.
63. Ribbert, Die Schicksale der Osteomyelitiskokken. *Deutsche medic. Wochenschrift.* 1884. S. 42.
64. Cornil, Note sur les microbes du phlegmon cutané et sur leur siège. *Archives de Physiologie.* 1884. t. XIII.
65. W. Cheyne, Report on micrococci in relation to wounds, abscesses and septic processes. *The british med. Journal.* 1884.
66. Rosenbach, *Die Mikroorganismen der Wundinfectionskrankheiten des Menschen.* Wiesbaden 1884.
67. Passet, *Untersuchungen über die Aetiologie der eiterigen Phlegmone des Menschen.* Berlin 1885.

68. Rodet, De la nature de l'ostéomyélite infectieuse. *Revue de Chirurgie.* 1885. Nr. 4 et 8.

69. Sattler, Ueber die im Thränensackeiter enthaltenen Infectionskeime und ihr Verhältniss gegen Antiseptica. *Bericht der ophthalmologischen Gesellschaft zu Heidelberg.* 1885. S. 18.

70. Grancher, *Revue des sciences médicales.* 1885. p. 88.

71. Bumm, Ueber einen Abscess bildenden Diplococcus. *Sitzungsberichte der phys.-med. Gesellschaft zu Würzburg.* 1885. Nr. 1.

72. Klemperer, Ueber die Beziehung der Mikroorganismen zur Eiterung. *Zeitschrift f. klinische Medicin.* 1885. Bd. X. S. 158.

73. Heubner, Ueber eine multiple infectiöse Entzündung der serösen Häute im Kindesalter. *Jahrbücher für Kinderheilkunde.* 1885. Bd. XXI. S. 43.

74. Garré, Zur Aetiologie acut-eiteriger Entzündungen. *Fortschritte der Medicin.* 1885. Nr. 6.

75. de Simone, Ricerche etiologiche su di una forma di piemia umana, suoi rapporti con l'erysipelas. *Il Morgagni.* 1885. Nr. 8—12.

76. Hauser, Ueber Fäulnissbacterien und deren Beziehung zur Septicämie; ein Beitrag zur Morphologie der Spaltpilze. Leipzig 1885.

77. Tilanus, Untersuchungen über Mikroorganismen in einigen chirurgischen Krankheiten; nach einem Referate im „*Centralblatt für Chirurgie*". 1886. Nr. 13 aus *Nederl. Tijdschrift v. Geneeskunde.* 1885. Theil II. Heft 2.

78. Ernst Scheuerlen, Die Entstehung und Erzeugung der Eiterung durch chemische Reizmittel. *Archiv für klinische Chirurgie.* 1885. Bd. XXXII. Heft 2.

79. Dieckerhoff und Grawitz, Die Acne des Pferdes und ihre Aetiologie. *Virchow's Archiv.* 1885. Bd. CII. S. 148.

80. Oberst, Vier Fälle von acuten Eiterungen nach brisement forcé. *Centralblatt f. Chirurgie.* 1885. Nr. 21.

81. Petrone, Studio sperimentale sulla piemia. *Lo Sperimentale.* 1885.

82. Widmarck, Études bactériologiques sur la dacryocystite, l'hypopion-kératite, la blépharadénite et la dacryocystite phlegmoneuse. *Stockholm-Hygiea.* 1885. p. 601.

83. Cushing, *Boston Medical and Surgical Journal.* 12. Nov. 1885.

84. J. A. Rujis, Ueber die Ursachen der Eiterung. *Deutsche med. Wochenschrift.* 1885. Nr. 48.

85. A. Fränkel, Casuistische Mittheilungen über das Vorkommen von Mikroorganismen bei verschiedenen Entzündungs- und Eiterungs-Processen. *Charité-Annalen.* 1885. Bd. X.

86. Brewing, *Experimentelle Prüfung der Bedeutung chemischer Reizmittel für das Entstehen von Eiterung.* I. D. Berlin 1886.

87. Hoffa, Bacteriologische Mittheilungen. I. Mikroorganismen des Eiters. *Fortschritte der Medicin.* 1886. Bd. IV. Nr. 13.

88. Hoffa, Bacteriologische Mittheilungen. II. Nachweis der Erysipelkokken in einer bei Erysipelas migrans entstandenen eitrigen Gelenkentzündung. *Fortschritte der Medicin.* 1886. Bd. IV. Nr. 13.

89. von Eiselsberg, Beiträge zur Lehre von den Mikroorganismen im Blute fiebernder Verletzter, in geschlossenen Körperhöhlen und in verschiedenen Secreten. *Wiener med. Wochenschrift.* 1886. Nr. 5, 6, 7 und 8.

90. Bertoye, Microbes of infective osteomyelitis. *The Lancet.* 1886. Vol. I. Nr. 7. p. 321.

91. Guiseppe Guarnieri, Contribuzione allo studio della Streptococco della erysipela. *Bulletino della Accademia medica di Roma.* 1886. Nr. 6.

92. Guiseppe Guarnieri, Dasselbe, erweitert. *Archivo per le Scienze medice.* 1886. XI. Nr. 9.

93. Lübbert, *Biologische Spaltpilzuntersuchung. Der Staphylococcus pyogenes aureus und der Osteomyelitiscoccus.* Würzburg 1886.

94. Banti, Meningite cerebrale; esame batterioscopico. *Lo Sperimentale.* 1886.

95. Frick, Ueber Antipyrin. Aus dem Spital für kleine Hausthiere an der k. Thierarzneischule zu Berlin. *Archiv für wissenschaftliche und praktische Thierheilkunde.* 1886. Bd. XII. S. 52.

96. Dunin, Ueber die Ursachen eitriger Entzündungen und Venenthrombosen im Verlauf des Abdominaltyphus. *Deutsches Archiv für klinische Medicin.* 1886. Bd. XXIX. Heft 3 und 4.

97. Bochefontaine, Expériences pour servir à l'étude des propriétés physiologiques des déjections alvines de la dysenterie et du choléra. *Archives de Physiologie.* 1886. p. 1—32.

98. Kranzfeld, *Zur Frage über die Aetiologie acuter Eiterungen.* Inaugural-Dissertation. St. Petersburg 1886. (Russisch.)

99. Longard, *Ueber die Identität der in der Milch und in acuten Abscessen vorkommenden Staphylokokken.* I. D. München 1886.

100. Michel, *Ueber die Wirkung des Staphylococcus pyogenes albus auf die Milch.* I. D. Würzburg 1886.

101. Knapp, Versuche über die Einwirkung von Bacterien auf Augenoperationswunden. *Archiv für Augenheilkunde.* 1886. Bd. XVI. S. 167.

102. Kraske, Zur Aetiologie und Pathogenese der acuten Osteomyelitis. *Verhandlungen des XV. Congresses d. deutsch. Gesellsch. für Chirurgie zu Berlin.* 1886. 6. und 7. April.

103. Bumm, Zur Aetiologie der puerperalen Mastitis. *Archiv f. Gynäkologie.* 1886. Bd. XXVII. Heft 3.

104. Bonome, Contribuzione allo studio della gangrena polmonare. *Archivo per le Scienze medice.* 1886. Vol. X. Nr. 18.

105. Schulz, Furunculus im Nacken. *Neurologisches Centralblatt.* 1886. Nr. 18 und 19.

106. Bonome e Bordoni-Uffreduzzi, Sulla etiologia della risipola, contributo bacteriologico. *Giornale d. R. Accademia d. medicina di Torino.* 1886. Maggio.

107. Jaccoud, Sur l'infection purulente. *Gazette des hôpitaux.* 1886. Juin. P. 311.

108. Haasler, *Beitrag zur Histologie der acuten Entzündung: die acute Entzündung der Niere.* D. I. Bonn 1886.

109. Fleck, *Beitrag zur Histologie der acuten Entzündung: die acute Entzündung der Lunge.* I. D. Bonn 1886.

110. H. Gifford, Ueber das Vorkommen von Mikroorganismen bei Conjunctivitis eczematosa und anderen Zuständen der Bindehaut und Cornea. *Archiv für Augenheilkunde.* 1886. Bd. XVI. S. 197.

111. Boucheron et Duclaux, Sur les scrophulides micrococciennes. *Progrès médical.* 1886. 2e Série. t. IV. Nr. 34.

112. Biondi, Contribuzione all' etiologia della suppurazione. *La Riforma medica.* 1886. Nr. 34—36.

113. J. Tricomi, *Microorganismi della suppurazione. Ricerche ed experimenti. Ascesso caldo, Furunculo, Flegmone, Ascesso freddo e suppurazione delle ferite. Azione degli antesettici sul micrococco pyogeno, del bichloruro di mercurio nei processi suppurativi.* Napoli 1886.

114. P. Grawitz, Statistischer und experimenteller Beitrag zur Kenntniss der Peritonitis. *Charité-Annalen.* 1886. Bd. XI.

115. H. C. Ernst, A consideration of the bacteria of surgical diseases. *Philadelphia medical Times.* 1886, Octob. 16 and 30.

116. Guttmann, Bacteriologische Untersuchungen des Inhalts der Pockenpusteln. *Virchow's Archiv.* 1886. Bd. CVI. S. 296.

117. Guttmann, Zur Aetiologie des acuten Gelenkrheumatismus und seiner Complicationen. *Deutsche med. Wochenschrift.* 1886. Nr. 46.

118. Hajek, Ueber die ätiologischen Verhältnisse zwischen Erysipelas und Phlegmone. *Wiener medicin. Presse.* 1886. Nr. 48—51.

119. Th. Escherich, Zur Aetiologie der multiplen Abscesse im Säuglingsalter. *Münchener med. Wochenschrift.* 1886. Nr. 51—52.

120. Jakowski, *Die pathogenen Spaltpilze.* Warschau 1886. (Polnisch.)

121. Flügge, *Die Mikroorganismen.* Leipzig 1886.

122. Knapp, Fermentation, putrefaction and suppuration. *New-York medical Records.* 1886, Decembre 25.

123. Bonome, Contribuzione allo studio degli stafilococci piogeni. *Giornale della R. Accademia di medicina.* 1886. Nr. 7.

124. Bonome, Contribution à l'étude des Staphylococces pyogènes. *Archives Italiennes de Biologie.* 1887. p. 10—21.

125. Pernice, Sulla peritonite sperimentale. *Rivista interna di medicina e chirurgia.* 1887. Jannuario.

126. Guttmann, Mikroorganismen im Inhalt der Varicellen. *Virchow's Archiv.* 1887. Bd. CVII. S. 259—266.

127. J. Gruber, Ueber das Vorkommen des grünen Eiters im Ohre. *Monatsschrift für Ohrenheilkunde.* 1887. Nr. 6 und 7.

128. Wagenmann, Ein Fall von doppelseitiger metastatischer Ophthalmie im Puerperium durch multiple Streptokokken-Embolie. *Archiv für Ophthalmologie.* 1887. Bd. XXXIII. S. 147.

129. A. Bossowski, Ueber Mikroorganismen in Wunden unter antiseptischem Verband. *Wiener med. Wochenschrift.* 1887. Nr. 8—9.

130. Max Bockhart, Ueber die Aetiologie und Therapie der Impetigo, des Furunkels und der Sykosis. *Monatshefte für praktische Dermatologie.* 1887. Nr. 10. S. 450—471.

131. J. v. Christmas-Dircking-Holmfeld, Ueber Immunität und Phagocytenlehre. *Fortschritte der Medicin.* 1887. Nr. 13.

132. Jacobs, *Beitrag zur Histologie der acuten Entzündung: die acute Entzündung der Cornea.* I. D. Bonn 1887.

133. A. Zuckermann, Ueber die Ursachen acuter Eiterungen. *Chirurgischer Bote.* 1887. April-Mai. (Russisch.)

134. Biondi, Die pathogenen Mikroorganismen des Speichels. *Zeitschrift für Hygiene.* 1887. Bd. II. S. 194—238.

135. Döderlein, Untersuchungen über das Vorkommen von Spaltpilzen in den Lochien des Uterus und der Vagina gesunder und kranker Wöchnerinnen. *Archiv für Gynäkologie.* Bd. XXXI. S. 412.

136. Paul Ernst, Ueber einen neuen Bacillus des blauen Eiters (B. pyocyaneus $\beta$), eine Spielart des B. pyocyaneus der Autoren. *Zeitschrift f. Hygiene.* 1887. Bd. II. S. 369—381.

137. A. Mosso, De la transformation des globules rouges en leukocytes et de leur nécrobiose dans la coagulation et la suppuration. *Archives Italiennes de Biologie.* 1887. t. VIII. p. 252—316.

138. A. D. Pawlowsky, Beiträge zur Aetiologie der Pyämie. *Centralblatt f. d. med. Wissenschaften.* 1887. Nr. 24—25.

139. P. Guttmann, Zur Kenntniss der Mikroorganismen im Inhalt der Pockenpusteln. *Virchow's Archiv.* 1887. Bd. CVIII. S. 344.

140. Grawitz und de Bary, Ueber die Ursachen der subcutanen Entzündung und Eiterung. *Virchow's Archiv.* 1887. Bd. CVIII.

141. Mazza, Le iniezione ipodermiche di calomelano. Ricerche anatomiche e sperimentali come contributo all' etiologia del pus. — Gabinetto di Patologia generale della Universita di Genova. Pavia 1887. Citirt nach einem Referate im *Centralblatt für Bakteriologie und Parasitenkunde.* 1888. Bd. IV. Nr. 24.

142. A. E. Fick, Ueber Mikroorganismen im Conjunctivalsack. Wiesbaden 1887.

143. Pernice, *Ueber die Wirkung localer Blutentziehungen auf acute Hautentzündungen.* D. I. Greifswald 1887.

144. Neumann und Schäffer, Zur Aetiologie der eitrigen Meningitis. *Virchow's Archiv.* 1887. Bd. CIX. S. 477.

145. H. Hartmann, Ueber die Aetiologie des Erysipelas und des Puerperalfiebers. *Archiv für Hygiene.* 1887. Bd. XVII.

146. Rinne, Ueber die Entstehung der metastatischen Eiterungen. *Tageblatt der Versammlung deutscher Naturforscher und Aerzte in Wiesbaden* 1887. Sitzung vom 19. September.

147. Chotzen, Gewebsveränderungen nach subcutaner Calomelinjection. *Tageblatt der Versammlung deutscher Naturforscher und Aerzte in Wiesbaden.* 1887. Sitzung vom 23. September.

148. Wyssokowitsch, Ueber die Ursachen der acuten Eiterungen. Separatabdruck aus „*Wratsch*". 1887. (Russisch.)

149. Pawlowsky, Beiträge zur Aetiologie und Entstehungsweise der acuten Peritonitis. *Centralblatt f. Chirurgie.* 1887. Nr. 48.

150. Grawitz, Ueber die Bedeutung des Cadaverins (L. Brieger) für die Entstehung der Eiterung. *Virchow's Archiv.* 1887. Bd. CX. S. 1—8.

151. Hess, Weitere Untersuchungen zur Phagocytenlehre. Der Staphylococcus pyogenes aureus. *Virchow's Archiv.* 1887. Bd. CX.

152. G. Lähr, *Ueber den Untergang des Staphylococcus aureus in den durch ihn hervorgerufenen Entzündungsprocessen der Lunge.* I. D. Bonn 1887.

153. Scheuerlen, Weitere Untersuchungen über die Entstehung der Eiterung: ihr Verhältniss zu den Ptomainen und zu der Blutgerinnung. *Archiv für klinische Chirurgie.* 1887—1888. Bd. XXXVI.

154. Fehleisen, Zur Aetiologie der Eiterung. *Archiv f. klin. Chirurgie.* 1887—1888. Bd. XXXVI.

155. *Medicinisch-statistischer Bericht des Kindlein Jesu-Hospitals zu Warschau für das Jahr 1887.* Warschau 1888. (Russisch.)

156. Ullmann, Die Fundorte der Staphylokokken. *Zeitschrift für Hygiene.* 1888. Bd. IV. S. 55—65.

157. **Afanassjeff**, Klinisch-bakteriologische und experimentelle Untersuchungen über die Ursachen der Eiterung. *„Praktische Medicin."* 1888. (Russisch.)

158. **Jürgensen**, Ueber kryptogenetische Septicopyämie. *Verhandlungen des VII. Congresses f. innere Medicin zu Wiesbaden.* 1888. 9.—12. April.

159. **Petersen**, Ueber eine eiterige durchlöchernde Hautentzündung. *Verhandlungen des XVII. Congresses der deutschen Gesellschaft f. Chirurgie zu Berlin.* 1888.

160. **Eberth** und **Schimmelbusch**, Der Bacillus der Frettchenseuche. *Fortschritte der Medicin.* 1888. Bd. VI. S. 295.

161. **Leber**, Ueber die Entstehung der Entzündung und die Wirkung der entzündungserregenden Schädlichkeiten. *Fortschritte der Medicin.* 1888. Bd. VI. S. 460—464.

162. S. **Arloing**, Sur la présence d'une matière phlogogène dans les bouillons de culture et dans les humeurs naturelles, où ont vécu certains microbes. *Comptes rendus de l'Académie.* t. CVI. Nr. 19. p. 1365.

163. A. W. **Besser**, Die Bikrobien der Pyämie. *Wratsch.* 1888. Nr. 19—20.

164. A. W. **Besser**, Die Mikrobien der Septicämie. *Wratsch.* 1888. Nr. 20.

165. G. **Roux**, Le bacille d'Eberth est pyogène. *Lyon médical.* 1888. Nr. 26.

166. **Von Ott**, Zur Bakteriologie der Lochien. *Archiv für Gynäkologie.* 1888. Bd. XXXII. S. 436—443.

167. **Behring**, Zur Kenntniss der physiologischen und choleraähnlichen toxischen Wirkung des Pentamethylendiamins (Cadaverin, L. Brieger). *Deutsche med. Wochenschrift.* 1888. Nr. 24.

168. S. **Arloing**, Essais de détermination de la matière phlogogène, secrétée par certains microbes. *Comptes rendus de l'Académie.* 1750. t. CVI. Nr. 25.

169. **Netter**, Présence du streptococce pyogène dans la salive de sujets sains. *Bulletin médical.* II. 1888. Nr. 59.

170. **Karliński**, Zur Aetiologie der Puerperalinfection der Neugeborenen. *Wiener med. Wochenschrift.* 1888. Nr. 28.

171. **Boswell Park**, A peculiar abscess pus from which contained the micrococcus tetragenus. *Medical News.* 1888. Vol. LIII. Nr. 14.

172. **Héricourt** et **Richet**, Sur un microbe pyogène et septique (Staphylococcus pyosepticus) et sur la vaccination contre ses effets. *Comptes rendus de l'Académie.* 1888. t. CVII. p. 690.

173. **Ledderhose**, Ueber den blauen Eiter. *Deutsche Zeitschrift für Chirurgie.* Bd. XXXIII. S. 203.

174. **Behring**, Cadaverin, Jodoform und Eiterung. *Deutsche med. Wochenschrift.* 1888. Nr. 32.

175. **Leber**, *Verhandlungen des VII. Congresses der ophthalmolog. Gesellschaft zu Heidelberg.* 1881, 8.—10. August.

176. **Sattler**, *Ebenda.*

177. **Karliński**, Die neueren Untersuchungen über die Aetiologie der Eiterung. *Medicinische Rundschau.* 1888. Nr. 33—35. (Polnisch.)

178. **Hansen**, Kurze Mittheilung über das Vorkommen der **Fränkel**'schen Pneumoniekokken in einem Falle von Meningitis cerebrospinalis. *Münchener med. Wochenschrift.* 1888. Nr. 36.

179. **Kryloff**, *Ueber die Ursachen acuter Eiterungen.* Inaugural-Dissertation. St. Petersburg. 1888. (Russisch.)

180. Straus et Sanchez, Recherches microbiologiques sur l'utérus après la parturition physiologique. *Comptes rendus.* 1888. t. CVI. Nr. 17.
181. Straus et Sanchez, Dasselbe, erweitert. *Annales de l'Institut Pasteur.* 1888. t. II. Nr. 8.
182. J. de Christmas, Recherches expérimentales sur la suppuration. *Annales de l'Institut Pasteur.* 1888. t. II. Nr. 9.
183. M. A. Rasskin, Ueber die Entstehung der wichtigsten Complicationen des Erysipelas. *Wratsch.* 1888. Nr. 37—44. (Russisch.)
184. J. S. Felser, Zur Frage über Mikroorganismen und Antiseptik des Conjunctivalsackes. *Wratsch.* 1888. Nr. 43 und 45. (Russisch.)
185. Albrarra et Hallé, *Gazette médicale de Paris.* 1888, 25 Septembre.
186. Schimmelbusch, *Tageblatt der Versammlung deutscher Naturforscher und Aerzte zu Köln.* 1888.
187. Hohnfeld, Ueber die Histogenese der durch Staphylokokkeninvasion hervorgerufenen Abscesse. *Beiträge zur pathol. Anatomie und allgem. Patholog. von Ziegler und Nauwerck.* 1888. Bd. III. S. 343.
188. A. Fränkel, Ueber die bacterioskopische Untersuchung eitriger pleuritischer Ergüsse und die aus denselben sich ergebenden diagnostischen Schlussfolgerungen. *Charité-Annalen.* 1888. Bd. XIII. S. 147.
189. Brieger, Ueber bacteriologische Untersuchungen bei einigen Fällen von Puerperalfieber. *Charité-Annalen.* 1888. Bd. XIII. S. 198.
190. Rosenbach, Verhandlungen des Congresses d. deutsch. Gesellschaft für Chirurgie zu Berlin. *Beilage zu Centralblatt f. Chirurgie.* 1888. Nr. 24.
191. Rosenbach und Kreibohm, Experimentelle Beiträge zur Frage: Kann Eiterung ohne Mitbetheiligung von Mikroorganismen durch todte Stoffe entstehen? *Archiv f. klin. Chirurgie.* 1888. Bd. XXXVII.
192. Mikulicz, Verhandl. d. Kongress. d. deutsch. Gesellsch. f. Chirurgie in *Beilage zu Centralblatt f. Chirurgie.* 1888. Nr. 24.
193. Hirschberg, *Ebenda.*
194. Alphons Nathan, Zur Aetiologie der Eiterung. *Archiv f. klin. Chirurgie.* 1888. Bd. XXXVII.
195. Odo Bujwid, Traubenzucker als die Ursache der Eiterung neben Staphylococcus aureus. *Centralblatt f. Bakteriologie und Parasitenkunde.* 1888. Bd. IV. Nr. 19.
196. Fränkel, Alexander, Ueber die Bedeutung von Fremdkörpern in Wunden. *Wiener klinische Wochenschrift.* 1888. Nr. 30 und 31.
197. Steinhaus, Zur Aetiologie der Eiterung. *Zeitschrift für Hygiene.* 1889. Bd. V.
198. E. Grawitz, Ueber Nierenverletzungen. *Archiv für kliniskhe Chirurgie.* 1889. Bd. XXXVIII. S. 419.

## § 2.

## Kritische Litteratur-Uebersicht.

Vor etwa fünfundzwanzig Jahren galt es noch in der Pathologie als unzweifelhaft, dass alle mechanischen und chemischen Reize, die Entzündung hervorrufen, auch Eiterung verursachen können. Letztere war als höchste Form der Entzündung angesehen und dementsprechend glaubte man, dass sie sich immer da einstellt, wo die entzündliche Reizung sehr stark oder sehr langdauernd wirkt.

Doch umfassten die bacteriologischen Untersuchungen, die rüstig fortschritten und mit jedem Jahre ihr Gebiet erweiterten, auch dieses Gebiet.

Vor Allem lenkten auf sich die Aufmerksamkeit der Forscher die metastatischen Eiterungen bei der Pyämie. Die positiven Resultate der ersten Nachforschungen gaben den Anstoss zu einer genaueren Prüfung dieser Ergebnisse; darauf folgten Untersuchungen acuter Eiterungen, des Erysipels, der Diphtheritis u. s. w., und es wurde dabei eine Anzahl pathogener Bacterien entdeckt. Thierexperimente bewiesen den ätiologischen Zusammenhang dieser Mikrobien mit den pathologischen Processen, bei welchen sie vorgefunden wurden, und Ende der siebziger Jahre wurde Hueter's Meinung: „Ohne Mikrobien keine Eiterung", zu einem wissenschaftlichen Dogma erhoben. Doch auf dieser Stelle sahen sich einige Forscher um; die fieberhafte Arbeit des letzten Decenniums überblickend und die wissenschaftlichen Dogmen der sechziger Jahre mit denen vom Ende der siebziger Jahre vergleichend, sahen sie sich genöthigt, die Frage aufzuwerfen, ob nicht die neue Lehre über die Bacterien-Aetiologie der Eiterung zu einseitig sei, ob in der That „ohne Mikrobien keine Eiterung" möglich sei.

Es wurden entsprechende Versuche zur Lösung dieser Frage angestellt und dabei erhielten die einen Forscher Resultate, die für die Möglichkeit von Eiterung ohne Bacterien sprachen, die anderen solche, die gegen dieselbe zu sprechen schienen.

Diese Frage wurde dann von vielen Forschern in Angriff genommen und immer traten dieselben Resultats- bez. Meinungsverschiedenheiten zum Vorschein.

Eine endgültige, von allen Forschern acceptirte Lösung der Frage existirt bis heute nicht, doch sind fast alle neueren Forscher auf diesem Gebiete geneigt, die Möglichkeit von Eiterung ohne Bacterien zu acceptiren und ich meinerseits werde mir erlauben, in dieser Arbeit auch einige Beweise für diese Möglichkeit zu liefern.

Die principielle Bedeutung, die diese Frage noch vor einigen Jahren besass, besitzt sie jedenfalls heute nicht mehr. Viele Umstände deuteten schon längst darauf hin, dass die Bacterien nicht in persona die Gewebe bez. die anatomischen Elemente reizen, verändern und tödten, sondern nur mittelst ihrer Umsetzungsproducte. Als einige dieser Umsetzungsproducte genau erkannt und chemisch rein dargestellt wurden, wurde es auch möglich, Beweise dafür zu liefern, dass sie die einzig Schuldigen sind.

Somit wurde es festgestellt, dass eigentlich jede Eiterung durch chemische Agentien bedingt ist. Die Gegner antworten darauf, dass die genannten chemischen Körper nur dort producirt werden, wo Bacterien leben und sich vermehren, dass also die Grundursache doch in den Bacterien zu suchen ist.

Diese Bemerkung ist aber nur bis zu einem gewissen Grade triftig: das Cadaverin und das Putrescin können heutzutage auch synthetisch — ohne Mitbetheiligung von Bacterien — erhalten werden und man darf wohl hoffen, dass auch andere Umsetzungsproducte, Ptomaïne oder andere Körper, bald künstlich hergestellt sein werden. Wenn nach alledem Versuchsergebnisse beweisen, dass auch andere chemische Körper pyogene Eigenschaften besitzen, so kann darin nicht Etwas aussergewöhnliches, der ganzen auf Grund unzähliger Beobachtungen und Experimente aufgestellten Lehre entgegengesetztes gesehen werden, sondern nur eine Vergrösserung der Zahl pyogener chemischer Stoffe.

Dass mechanische Reize keine Eiterung verursachen können, darin sind alle Forscher einig.

Indem ich in dieser Arbeit die Resultate meiner experimentellen und klinischen Studien über die Aetiologie der Eiterung niederlege, fühle ich mich gedrungen, auch die Litteratur des Gegenstandes eingehend zu berücksichtigen. Zwei Motive sind es, die mich dazu bewegen, eine möglichst vollständige Litteraturübersicht meiner Arbeit vorauszusenden: erstens existirt bis jetzt keine Zusammenstellung der fraglichen Litteratur, zweitens aber erleichtert eine Voraussendung der Litteratur die Darstellung der eigenen Versuche und Versuchsergebnisse.

Der Vollständigkeit des Bildes wegen musste ich ausser den Arbeiten, die ausschliesslich die Frage der Aetiologie der acuten Eiterung behandeln, auch diejenigen referiren, die zur Frage über Septicämie, Pyämie, Diphtheritis, Puerperalfieber u. s. w. Beiträge liefern — Gegenstände, die in naher Beziehung zu unserer Hauptfrage stehen.

Wir beginnen mit dem Momente, wo die ersten Versuche gemacht wurden, acute Eiterung mit Infection zu verbinden, und werden über alle Arbeiten in chronologischer Reihenfolge referiren.

Vor Allem müssen wir erinnern, dass Rindfleisch (1) schon im Jahre 1866 in seinem „Lehrbuche der Gewebelehre“ (S. 204) auf die Anwesenheit von „Vibrionen“ im Herzmuskel von Pyämischen aufmerksam machte. Diese „Vibrionen“ liegen anfangs in Häufchen zwischen den Muskelbündeln, später dringen sie in dieselben ein, wobei die Muskelfasern aufgelöst werden. Rindfleisch beobachtete die durch „Vibrionen-Invasion“ hervorgerufenen Veränderungen im Herzmuskel nur bis zur Bildung abscessähnlicher Erweichungsheerde, was sich dadurch erklärt, dass in seinen Fällen die Krankheit so rasch zum Tode führte, dass bedeutende Veränderungen noch nicht auftreten konnten. Ueber die Form und Grösse der „Vibrionen“ sagt Rindfleisch nichts.

Im Jahre 1868 fanden Hallier (2) und Zürn (3) gleichzeitig im Eiter bei Rotz Mikrokokken und Hueter (4) „Monaden“, wie er sich ausdrückt, in den Geweben und im Blute bei Gangraena diphtheritica.

Derselbe Forscher fand sie (Monaden) zusammen mit Tommasi-Crudeli (5) in den diphtheritischen Belegen wieder; Oertel (6) wies sie sowohl in den diphtheritischen Belegen, wie auch in den Lymphgefässen der Submucosa, in den Lymphdrüsen und in inneren Organen nach.

Im Jahre 1869 fand Klebs (7) Mikrobien bei der Pyelonephritis, deren Entstehung er durch Bacterieninvasion der Niere durch die Blase und die Ureteren erklärte.

Nassiloff (8) bestätigte im Recklinghaus'schen Laboratorium (1870) die oben erwähnten Untersuchungen über Diphtheritis und machte den ersten Versuch, die diphtheritischen Belege durch Stich auf die Kaninchencornea zu verimpfen; er erhielt dabei im Beginn Trübung, dann braune Färbung an der Stichstelle, während die Peripherie weiss wurde. Die mikroskopische Untersuchung zeigte eine Füllung der Saftcanälchen um die Stichstelle mit Mikrokokken; an der Peripherie waren die Saftcanälchen mit Eiterkörperchen gefüllt.

von Recklinghausen (9) fand (1871) bei einer ganzen Reihe von „Infectionskrankheiten“, hauptsächlich bei Pyämie und Puerperalfieber, Mikrokokken-Anhäufungen in den metastatischen Heerden. Er sieht in ihnen die Krankheitsursache und hält sie für identisch mit den von Oertel (6) und Nassiloff (8) bei Diphtheritis und von Klebs (7) bei Pyelonephritis gefundenen.

Während fast alle erwähnten Forscher nur klinisches Material sammelten, das den Zusammenhang von Bacterien-Invasion und pathologischen Processen beweisen sollte, bemühte sich Samuel (10) durch Thierexperimente (1871) die Veränderungen kennen zu lernen, die nach subcutaner Application von Eiter und putriden Stoffen auftreten. Als Versuchsobjecte dienten Kaninchen.

10—15 Tropfen fauliger Flüssigkeit bewirkten faulige Zersetzung auf der Injectionsstelle, Schwellung, Grünwerden und Exhalation von Fäulnissgeruch. Eine Demarkationslinie schied die faulig inficirte Stelle von der Umgebung, doch folgte immer eine Allgemeininfection — Septicämie. Kleinere, als die obenerwähnten Dosen, riefen nur örtliche Entzündungserscheinungen mit Uebergang in Eiterung hervor.

Die Folgen von Eiterinjection erwiesen sich als sehr mannigfaltig: manchmal schwache, manchmal starke Entzündung mit Uebergang in Eiterung, zumal auch Fäulniss oder Mummification, je nach den „chemischen“ Eigenschaften des injicirten Eiters.

Der Nasenschleim bei starkem Schnupfen gab unter der Haut von

Kaninchen grosse, derbe Eiterherde. Der Eiter aus einem Abscessus mammae — starke Entzündung, wobei das Exsudat nach 48 Stunden vollständig geronnen war. Ebenso wirkte der Eiter aus einem Furunkel, während typisches „pus bonum et laudabile" bei Bubo eine sehr starke Infiltration bei Ueberimpfung auf das Kaninchenohr hervorrief. Glycerinphosphorsäure, deren Anwesenheit im frischen Eiter durch chemische Analyse bewiesen wurde, gab in einer Concentration 1 : 12 schwache, in Concentration 1 : 9 starke Entzündung ohne Uebergang in Eiterung. 1 % NaCl erwies sich auch entzündungserregend.

Bald darauf publicirte Samuel (11) in einer zweiten Mittheilung die Resultate der subcutanen Injection von Milch, Speichel, Galle und Urin.

3—5 ccm Milch riefen Abscedirung hervor; diese Abscesse waren dadurch interessant, dass sie keine Neigung zum Aufbrechen hatten und sich sehr langsam resorbirten. Dieser Milcheiter, seinerseits subcutan eingeführt, bewirkte nur sehr unbedeutende locale Reizerscheinungen. Rahm wirkte gleich, doch etwas stärker.

Mundspeichel rief auch Eiterung hervor; hier war die Heilung immer sehr rapid.

Galle bewirkte Gerinnung, grüne und später braune Vertrocknung.

Frisches menschliches Urin wirkte ebenso wie 1 % NaCl-Lösung (vergl. Nr. 10). Eine stärkere Wirkung zeigte der alkalische Kaninchen-Urin, doch kam es auch hier nicht zur Eiterung.

Diejenigen Experimente von Samuel, wo Eiterung eintrat, können für uns keine Bedeutung haben, da die Ab- oder Anwesenheit, bez. Mitbetheiligung von Bacterien von ihm nicht in Betracht gezogen wurde; diejenigen aber, wo keine Eiterung erfolgte, sind für uns von grosser Wichtigkeit, denn sie beweisen, dass zweifelsohne bacterienhaltige Substanzen, wie z. B. Abscess- oder Furunkel-Eiter, unter die Haut von Kaninchen eingeführt werden können, ohne dort Eiterung zu bewirken.

Der Krieg von 1870—1871 gab Klebs (12) die Möglichkeit, die Wundinfectionskrankheiten zu studiren. Er versäumte dabei nicht, auch Materialien zur näheren Kenntniss ihrer Aetiologie zu sammeln.

Die Ergebnisse sind bekanntlich in seinen „Beiträgen zur pathologischen Anatomie der Schusswunden" dargestellt worden.

Klebs kam zum Schlusse, dass alle Erscheinungen der Wundinfection im ätiologischen Zusammenhange mit der Anwesenheit von Mikroorganismen stehen, die er als Formen einer einzigen Art, des Microsporon septicum, auffasste.

Klebs fand ebenso im gutartigen, wie auch im jauchigen Eiter fast immer Mikroorganismen.

Die Eiterbildung ist nach ihm das Resultat der mechanischen Wirkung der Bacterien, das Fieber — das Resultat der Wirkung ihrer chemischen Umsetzungsproducte, die mit dem Blute in alle Theile des Organismus dringen.

Klebs scheint die Meinung zu theilen, dass ohne Mikrobienwucherung Eiterung nicht zu Stande kommen kann.

Popoff (13) fand bei „Pneumomycosen" in den nekrotischen Heerden und im eiterigen Inhalt der Alveolen und Bronchien Mikroorganismen, und Vogt (14) beobachtete im metastatischen Eiterherd eines Pyämischen schon während des Lebens bewegliche Monaden (Mikrokokken). Im Blute desselben Kranken fanden sich diese Monaden wieder, wenn das Blut aus einer schon gerötheten Hautpartie genommen wurde, während sie im Blute aus gesunden Partien nicht wiedergefunden wurden, was dadurch erklärt werden kann, dass im ersten Falle dem Blute bacterienhaltige Gewebssäfte sich beimengten, in letzterem — bacterienlose.

Der entleerte Eiter wurde einem Kaninchen intramusculär injicirt; der Tod erfolgte in 8 Tagen. An der Injectionsstelle waren die Muskeln stark eitrig infiltrirt und enthielten zahlreiche „Monaden".

Birch-Hirschfeld (15) kam auf Grund von Untersuchungen über Pyämie — im Gegensatz zu Klebs — zum Schlusse, dass nicht jede Eiterung als Resultat einer Mikrobienwirkung aufgefasst werden darf. Im gutartigen Eiter gut granulirender Wunden fand er keine Mikroorganismen. Bei Anwesenheit von Fäulnissbacterien verschlechterte sich das Aussehen der Wunde, die Kranken fieberten aber nicht.

In bösartig verlaufenden Wunden fand er Mikrokokken, und je schlechter die Beschaffenheit der Wunde war, desto grösser war ihre Zahl.

Birch-Hirschfeld machte auch eine Reihe von Thierversuchen, um die Wirkung des „guten" und „bösartigen" Eiters zu studiren.

Wurde „guter" Eiter in kleinen Mengen unter die Haut eingeführt, so fieberte das Thier unbedeutend und auf der Impfstelle kamen leichte Entzündungserscheinungen zum Vorschein; oft war auch die Reaction gleich Null; es kam in keinem Falle zur tödtlichen Infection.

Der „bösartige" Eiter, der immer Mikrokokken enthielt, wirkte verschieden je nach der Zahl der Mikrokokken; die einen Thiere starben schon in 7 Tagen, die anderen lebten bis 3 Wochen. In keinem Falle fehlte das Fieber und der tödtliche Ausgang der Infection, die sich hauptsächlich durch ausgedehnte phlegmonöse Eiterungen kundgab. Im Eiter und im Blute waren die Mikrokokken immer vorhanden; in den inneren Organen gelang es nicht immer ihre Anwesenheit zu constatiren.

Fauliger Eiter, worin unter Anderen Bacterium termo, Bacterium lineola und Bacillus subtilis gefunden waren, rief das charakteristische Fieber mit der v. Bergmann'schen Sepsincurve hervor.

Gleichzeitig mit diesen Untersuchungen von Birch-Hirschfeld erschien die Arbeit Orth's (16) über Erysipelas.

Orth suchte folgende Fragen zu beantworten: 1. Ist Erysipel übertragbar? 2. Wie wirken die künstlich gezüchteten Bacterien? 3. Wie wirken bacterienhaltige, specifisch wirkende Flüssigkeiten nach Tödtung der Bacterien?

Als Versuchsobjecte dienten Kaninchen.

Vor Allem muss hier bemerkt werden, dass Orth's Beschreibungen der von ihm künstlich erhaltenen pathologischen Processe dieselben als zur Kategorie der gewöhnlichen Haut- und Unterhautgewebsentzündungen gehörig erkennen lassen, nicht aber zur Kategorie der erysipelatösen Processe.

Bacterien fand Orth fast immer; über Isolirung der eigentlichen specifischen Erysipelkokken war natürlich keine Rede. In eine genaue Wiedergabe der Orth'schen Experimente werden wir uns hier nicht einlassen; es wird vollständig genügen, seine Ergebnisse hier zusammenzufassen.

Erysipel (oder eigentlich Haut- und Unterhautgewebsentzündungen und Eiterungen, denen Orth erysipelatösen Charakter zuschrieb) wird durch ein Gift hervorgerufen, das sich im Blute und besonders in den befallenen Hautpartien der Kranken findet.

Erysipelas kann durch Impfung auf andere Individuen (vom Menschen auf Thiere und von Thier auf Thier) übertragen werden. Mit der Entwickelung des Erysipels geht die Entwickelung der Bacterien Hand in Hand. Die Bacterien stehen in enger Beziehung zum Gift, da man auch durch künstlich gezüchtete Bacterien die charakteristischen Symptome der Krankheit hervorrufen kann.

Die Bacterien sind aber nur die indirecte Ursache der Krankheit, da sie sich nicht im Blut der Inficirten in grösserer Menge finden und da durch ihre Zerstörung die Wirksamkeit der Infectionsflüssigkeiten zwar herabgesetzt, aber nicht ganz zerstört werden kann.

Die Bacterien gehören wahrscheinlich in die von Cohn aufgestellte Gruppe der „mikrosphären Schizomyceten“ (Kugelbacterien). Es ist anzunehmen, dass die bei den verschiedenen Krankheitsformen beobachteten Bacterien auch verschieden sind, doch lässt sich bis jetzt noch kein ganz sicherer Nachweis dafür erbringen.

Bald auf diese Arbeit folgten Orth's (17) Untersuchungen über Puerperalfieber. Er fand im Eiter von an Puerperalfieber Gestorbenen immer nur Zooglöen und Ketten von Mikrokokken. Dasselbe constatirte er im eitrigen Inhalt der Nabelgefässe der von diesen Müttern stammenden und septicämisch inficirten Kinder.

Im Jahre 1874 beschrieb Lücke (18) in seiner historisch-kritischen Studie über primäre infectiöse Knochenmarkentzündung zwei Fälle dieser Erkrankung (aus eigener Klinik), in welchen mikroskopische Untersuchungen (die einmal von Klebs, das andere Mal von v. Recklinghausen ausgeführt worden sind) die Anwesenheit von Mikrokokken, sowohl in den primären wie auch in den metastatischen Herden, zeigten.

In demselben Jahre erschien Billroth's (19) Monographie „über die Vegetationsformen der Coccobacteria septica", die ebenso werthvoll für den Botaniker, wie für den Arzt ist.

Es würde uns zu weit führen, die Resultate der morphologischen Untersuchungen Billroth's hier anzuführen; wir werden uns nur damit begnügen, dass wir unsere Leser erinnern, dass nach Billroth's Meinung fast alle Mikroorganismen, die jetzt mit dem Namen „Spaltpilze" umfasst werden, nur als Vegetationsformen einer einzigen Art, die er „Coccobacteria septica" benannte, anzusehen sind.

Die Coccobacteria ist immer sowohl in der Luft wie im Wasser in Form von Dauersporen zu finden. Aus diesen Dauersporen entwickeln sich unter günstigen Verhältnissen weitere Generationen, die anfangs als Kokken auftreten; später können die Kokken auch zu Bacillen werden.

Im normalen Organismus sind die Verhältnisse für die Entwickelung der Coccobacterien aus den Sporen ungünstig. Nur in Gegenwart eines eigenthümlichen chemischen Körpers kann diese Entwickelung im Organismus zu Stande kommen. Diesen chemischen Körper nennt Billroth „Zymoïd" und unterscheidet zwei Varietäten: das Fäulniss-Zymoïd und das phlogistische Zymoïd; die erstere entsteht bei der Pyämie, die letztere bei den acuten Entzündungen. Das phlogistische Zymoïd kann sich unabhängig von Bacterieninfection entwickeln und für sich allein die Ausbreitung entzündlicher Processe hervorrufen.

Die Coccobacterien, wenn sie sich im Organismus in seiner Gegenwart entwickeln und ihn aufgesogen haben, können auch Zymoïd-, d. h. Entzündungsverbreiter werden; doch besitzt der Eiter und alle anderen Exsudate, auch wenn sie keine Bacterien enthalten, specifische, phlogistische Eigenschaften, die sie dann dem in ihnen vorhandenen Zymoïd verdanken. Die Bacterien sind demnach nicht Ursache, sondern Begleiter krankhafter Processe, und nur in gewissen Verhältnissen können sie ausnahmsweise als Ursache fungiren.

Die Resultate der mikroskopischen Eiteruntersuchungen Billroth's, die für uns den wichtigsten Abschnitt seiner Arbeit ausmachen, zeigten, dass im Eiter von der Wundoberfläche einzelne und zu Ketten verbundene Mikrokokken immer vorhanden sind. Ebenso fanden sich immer Kokken im Eiter aus Körperhöhlen, die in Verbindung mit offenen Wunden standen, und zwar vollständig unabhängig von den Eigenschaften des Eiters.

Aus fünf Abscessen, die auf irgend welchem Stadium vor der Incision in Verbindung mit der Aussenwelt sein konnten und wahrscheinlich auch waren, fanden sich in vieren Kettenkokken, während der fünfte bacterienfrei war. Aus sechs Abscessen, bei welchen jegliche Verbindung mit der Aussenwelt ausgeschlossen schien, wurden in dreien Kokken gefunden; die anderen drei erwiesen sich als bacterienfrei.

Im Eiter kalter Abscesse fand Billroth niemals Mikroorganismen. Proteste gegen Billroth's Meinung, dass die Bacterien Begleiter, nicht Ursache der Krankheiten seien, erhoben sich sehr bald nach dem Erscheinen der Billroth'schen Monographie.

So protestirte Hjalmar Heiberg (20) bei Gelegenheit der Beschreibung eines Falles von Panophthalmitis puerperalis, die durch Mikrokokkenembolie bedingt war, sehr energisch dagegen; er sieht in den Mikroorganismen die wahre Ursache der Infection, die „materia peccans", die an und für sich Pyämie, Puerperalinfectionen u. s. w. herbeiführen kann.

Im Jahre 1875 untersuchte Chauveau (21), ohne bacteriologische Fragen im Mindesten zu berücksichtigen, die Wirkung intravenöser Injectionen (in venam jugularem von Pferden und Eseln) von frischem, unzersetztem Eiter einerseits, und faulendem Eiter andererseits.

In den 65 Versuchen, wo „gesunder" Eiter injicirt wurde, erhielt er keine Veränderungen in den Lungen, während fauliger Eiter immer (45 Versuche) Lungenabscesse hervorrief.

Ausserdem machte noch Chauveau eine Reihe von Injectionen fauligen Eiters in die Carotis, wonach gewöhnlich ausgedehnte eitrige Meningoencephaliten eintraten.

Unter der Haut rief fauliger Eiter immer Abscedirung hervor, während frischer, „gesunder" Eiter nur schwache locale Entzündungserscheinungen und unbedeutendes Fieber verursachte.

Der Verfasser stellt sich die Frage, worin die Ursache der pathogenen Eigenschaften des fauligen Eiters zu suchen ist, und antwortet darauf in folgender Weise: „On doit admettre pour ce pus — n'hésitons pas à dire le mot, si vague qu'il soit — une sorte de specifité." Natürlich erklärt diese Antwort nichts.

Coloman Balogh (22) kommt auf Grund der Untersuchung von Hornhäuten, in welchen nach Herausschneiden des Ganglion Gasseri entzündliche Erscheinungen sich eingestellt hatten, zum Schlusse, dass bei diesen Keratitiden das ursächliche Moment nur in Bacterien zu suchen ist. Die Operation ist nur ein prädisponirendes Moment in dem Sinne, dass dabei die Integrität des Epithels sehr leicht angegriffen werden kann und somit der Ansiedlung von Bacterien Thür und Thor offen gestellt wird. Die Anwesenheit oder Abwesenheit des Ganglion Gasseri hat mit dem normalen oder entzündlichen Zustande der Hornhaut direct Nichts zu thun.

Zwei Jahre nach dem Erscheinen der oben referirten Monographie (vgl. Nr. 19) kehrt Billroth (23) zur Untersuchung der Coccobacterien zurück; diesmal sind die Untersuchungen gemeinsam mit Ehrlich ausgeführt worden.

Zu den in der Monographie beschriebenen Fällen von mit der Aussenwelt nicht communicirenden Abscessen kommen hier noch zwei, die sich ebenfalls nach Traumen einstellten und Mikrokokken enthielten.

Es folgen weiter Beschreibungen von Abscessen, die mit der Aussenwelt communicirten und „Micrococcus streptococcus" enthielten. In drei metastatischen Eiterheerden (an Lebenden) fanden sich auch Vegetationen von Streptococcus, ebenso wie in erysipelatösen Hautpartieen.

Während in der Monographie Billroth sein Zymoïd als einzige Ursache der Infection ansieht, ist er hier nicht mehr so entschieden; er möchte noch seine früheren Anschauungen aufrecht erhalten, er kann aber andererseits die Triftigkeit der Beweise für die directe ätiologische Rolle der Bacterien nicht leugnen.

Im Jahre 1876 untersuchte Dembczak (24) unter Hueter's Leitung die Wirkung parenchymatöser Injectionen von Argentum nitricum. Als Versuchsobjecte dienten Kaninchen.

Dembczak kam zum Schlusse, dass $AgNO_3$ keine entzündungserregenden Eigenschaften zugeschrieben werden können. Interessant ist unter seinen Versuchen einer, bei welchem einem Kaninchen unter die Haut, parenchymatös und in die Leber 42 g $^1/_2$—5 % $AgNO_3$-Lösungen eingeführt worden sind, ohne dass das Thier tödtliche Entzündungen und Eiterungen davongetragen hätte. In der Hälfte der Stellen, wo die Lösung eingedrungen war, fand sich keine Spur von Entzündung, und da, wo solche sich einstellte, war sie eigentlich nicht der Lösung, sondern einer Infection zuzuschreiben.

Makroskopisch liess sich im Wirkungsareal der Silberlösung nur schwarzbraune Färbung der Gewebe bemerken: keine Eiterung, keine Gefässerweiterung, selbst keine Gewebshyperplasie war hier zu sehen. Mikroskopisch liess sich auch weder Infiltration, noch Proliferation der Gewebszellen nachweisen, — $AgNO_3$ ist also kein Entzündungserreger. Es ist sehr zu bedauern, dass der Verfasser keinen einzigen Versuch am Hunde oder der Katze machte; seine Schlüsse wären dann weniger entschieden. Auf diesen Thieren hätte er sich leicht überzeugen können, dass für diese Thiere, wie es hunderte von Versuchen in den letzten

Jahren gezeigt haben, $AgNO_3$-Lösungen starke Eiterungserreger sind, wenn auch sie bei Kaninchen keine Entzündung hervorrufen können.

Huber (25) berichtet in demselben Jahre über folgenden interessanten Fall von Pyämie. In allen Organen zeigte die Section eine Unmasse von metastatischen Eiterheerden und an der Valvula mitralis — ulceröse Endocarditis. Genaue Nachforschungen ergaben, dass all' diese secundären Herde von einer zur Zeit des Todes schon vollständig vernarbten Wunde an der linken Hand ausgegangen waren.

Die Eiterherde erwiesen sich mikroskopisch als im Centrum aus Detritusmassen bestehend; um dieselben lagen in zusammengeballten Haufen Mikrokokken; die Peripherie bestand aus eitrig infiltrirtem Gewebe.

Der Verfasser sieht in den Mikrokokken die Ursache sowohl der Endocarditis, als auch aller metastatischen Herde.

Max Wolff (26) bemerkte bei Injection bacterienhaltiger Flüssigkeiten unter die Haut von Meerschweinchen, dass sehr oft an den Injectionsstellen langsam Abscesse mit käsigem, bacterienhaltigem Eiter sich entwickelten. Bald darauf kamen auch pathologische Veränderungen in inneren Organen zum Vorschein, während in den Fällen, in welchen an der Injectionsstelle keine merkliche Reaction auftrat, Veränderungen in inneren Organen sich nie einstellten.

Auf Grund dieser Versuchsergebnisse schliesst Wolff, dass die Veränderungen in den inneren Organen nicht directe Folge der Injection sind, sondern Metastasen vom primären Herde, der sich an der Injectionsstelle entwickelte.

Die bei diesen Versuchen entstehenden Lungenherde bez. Knötchen sind nicht tuberculöser, sondern entzündlicher Natur (Hepatisationen, lobuläre Pneumonieen). In der Leber haben die Veränderungen cirrhotischen Charakter.

Vergleiche dieser Hepatisationen und Cirrhosen mit unzweifelhaft tuberculösen Herden haben ihre Verschiedenheit von den letzteren völlig erwiesen und gleichzeitig klargestellt, dass die Tuberculosis von keinem der bekannten (im Jahre 1876) Mikrobien abhängig ist.

Das Jahr 1877 hat uns nur zwei mit unserer Frage in Verbindung stehende Arbeiten gegeben; es sind dies die Arbeiten von Rausche und Wegner. Rausche untersuchte (an Kaninchen) die Wirkung von Chlorzinkinjectionen (1—5 %-Lösungen). Subcutane Injectionen erwiesen sich als gewebstödtend; die getödteten Gewebsstücke werden durch eine gutartige Eiterung und Granulationsbildung eliminirt.

Bei parenchymatösen Injectionen, die sorgfältig ausgeführt worden sind, so dass der Stichcanal nicht verätzt wird, werden alle Eiweissstoffe im betreffenden Gewebsstücke coagulirt; die so veränderte Gewebspartie bleibt harmlos zwischen den gesunden, es lässt sich weder Eiterung, noch Gewebsschwellung oder Granulationsbildung bemerken, mit einem Worte, — es tritt keine entzündliche Reaction ein.

Die energische entzündliche Wirkung subcutaner Injectionen erklärt Rausche dadurch, dass am Rande des Schorfes, welcher sich nach Chlorzinknecrotisirung bildet, ein Epidermdefect entsteht, der als Eingangspforte für parasitäre Entzündungserreger dienen kann.

Dieselben Resultate, die Rausche nur bei parenchymatösen Injectionen erhielt, kann man, wie es meine Versuche zeigen, auch bei subcutanen Injectionen erhalten, man soll nur nicht Partien mit zu dünner Haut wählen und eine Aetzung des Stichcanals vermeiden.

Aus dem ausserordentlich reichen Materiale, das Wegner (28) in seinen chirurgischen Mittheilungen über die Peritonealhöhle bietet, werden wir hier, da ein ausführliches Referat uns zu weit führen würde, nur das für uns Allerwichtigste berücksichtigen.

Durch eine grosse Anzahl von Injectionen verdünnter wässeriger Lösungen verschiedener Stoffe in die Peritonealhöhle von Hunden und Kaninchen beweist Wegner, 1. dass hieraus die Resorption sehr schnell und energisch vor sich geht, und 2. dass die Geschwindigkeit der Resorption bei verschiedenen Thierarten verschieden ist; bei Kaninchen geht die Resorption viel schneller als beim Hunde von statten.

Die Einführung grosser Mengen nicht desinficirter Luft, concentrirter Zuckerlösungen, Glycerin in die Bauchhöhle von Hunden und Kaninchen zieht keine entzündlichen Erscheinungen nach sich; man findet weder Hyperämie, noch Exsudation oder bedeutende Emigration farbloser Blutkörperchen. Auch concentrirte Kochsalzlösung, Kalium jodatum, frischer menschlicher Urin, destillirtes Wasser, Olivenöl, der Inhalt der Gallenblase, fauliges Muskelinfus konnten in der Peritonealhöhle keine eiterige Entzündung hervorrufen.

In der eingeführten Luft waren verschiedene Bacterien vorhanden und doch kam es niemals zur Infection.

„Man kann“, sagt Wegner wörtlich, „während das Abdomen von Zeit zu Zeit mit nicht filtrirter Luft angefüllt wird, an den Extremitäten z. B. Fracturen machen, ohne je eine Verjauchung zu beobachten, während dieselbe regelmässig zu beobachten ist, wenn man in das Gewebe bei einer frisch gemachten Fractur nicht desinficirte Luft einbläst.“

Auch im Subcutangewebe ist die atmosphärische Luft unschädlich, wenn nicht zugleich mit ihrer Einführung anderweitige Verletzungen gemacht werden. „Man kann das ganze subcutane Gewebe eines Thieres mit nicht desinficirter Luft füllen, ohne dass Exsudation, Eiterung oder dergleichen entsteht.“

Solche subcutane Emphysemen gelangen, wie Wegner bemerkt hat, viel langsamer zur Resorption, als die intraperitonealen.

Weiter injicirte Wegner in die Bauchhöhle Milch, Tusche, Kohle, defibrinirtes Blut, wässerige Suspensionen von Kokken und Bacterien, ohne Exsudation oder Eiterung zu bewirken, während Eiter-Injectionen bei Hunden und Kaninchen immer eine Peritonitis purulenta zur Folge hatten.

Die stattliche Reihe der Arbeiten vom Jahre 1878 eröffnete eine Mittheilung Haussmann's (29) „über das Vorkommen der Coccobacteria septica in einem Zahnabscess". Haussmann fand bei mikroskopischer Untersuchung von Paruliseiter ausser Bacillenfäden, deren Zahl verhältnissmässig unbedeutend war, eine Unmasse von Mono-, Diplo- und Gliakokken (aber keine Streptokokken) und bemerkt, dass hier die Zahl der Bacterien ein Beweis dafür ist, dass sie sich am Orte vermehrt haben.

Hellbauer (30) untersuchte unter Hueter's Auspicien das Verhalten tiefer Brandwunden unter den Cautelen der Asepsis. Die Versuche (an Kaninchen) wurden derart ausgeführt, dass Haut und Fascie auf dem Rücken des Thieres (nach Desinfection der abrasirten Haut) mit sterilisirtem Messer durchschnitten, in die langen Rückenmuskeln mit Paquelin's Thermokauter gebrannt, dann die Haut suturirt und antiseptisch behandelt wurde. In 10 Versuchen aus 13 erfolgte die Heilung der Schnittwunde per primam; sie konnten also als gelungen angesehen werden.

Nach 4—12 Tagen wurden die Thiere getödtet und die Brandschorfe nebst Umgebung histologisch untersucht.

Das wichtigste Ergebniss dieser Arbeit ist, dass in den untersuchten Gewebsstücken nicht die leiseste Spur entzündlicher Veränderungen zu entdecken war, dass also die Anwendung der Glühhitze an sich nicht entzündungserregend wirkt.

Salomonsen (31) beschrieb einen Fall von eiteriger Entzündung der ersten Articulatio phalango-metatarsea dextra mit Panaritium, zu denen sich Pyämie mit tödtlichem Ausgange gesellte. Die Section erwies eine grosse Anzahl von Metastasen.

Während der Krankheit wurde der Eiter aus dem Gelenke und aus den metastatischen Abscessen mikroskopisch untersucht und es fanden sich immer nur Kettenkokken.

Eine Portion Eiter aus einem Wadenabscess des Kranken wurde einem Kaninchen intrapleural (1 Tropfen) und intraperitoneal (auch 1 Tropfen) injicirt, worauf Pleuritis und Peritonitis purulenta entstand und in 4 Tagen zum Tode führte. Vom Eiter dieses Kaninchens wurde wieder ein Tropfen einem anderen intrapleural injicirt; dieses Thier starb bald und die Section zeigte eiterige Pleuritis und Pericarditis.

Die Eiteruntersuchung zeigte im Pleuraleiter die Anwesenheit von Kettenkokken, während der Pericardiumeiter mikrobienfrei war.

„Vorausgesetzt, dass die Pleuritis die Pericarditis verursacht hat, ist es erlaubt," sagt Salomonsen, „aus dem Mangel von Bacterien im Eiter des Pericardiums den Schluss zu ziehen, dass phlogogene Stoffe aus der Pleura in's Pericardium durch Wege eingedrungen sind, die aus irgend einer Ursache für die Bacterien undurchdringlich waren."

Nijkamp (32) fand in mehreren Fällen von eitriger Nephritis Bacteriencolonieen innerhalb der Gefässschlingen der Glomeruli, welche er als Kern- und Ausgangspunkte der folgenden Entzündungen und Eiterungen betrachtet.

In Louis Pasteur's (33) „Théorie des germes et ses applications à la médecine et à la chirurgie" finden wir unter vielen, höchst wichtigen, doch mit unserem Thema nicht in directem Zusammenhange stehenden Versuchsergebnissen die Beschreibung eines eitererregenden Mikrobien (microbe générateur du pus), den er aus dem Wasserleitungswasser in seinem Laboratorium züchtete.

Dieser „microbe générateur du pus" rief schon in minimalen Quantitäten, Meerschweinchen und Kaninchen eingeimpft, starke Eiterungen an der Impfstelle und nicht selten auch metastatische Eiterungen, „infection purulente" und Tod hervor.

Aber nicht nur die lebenden Mikrobien erwiesen sich als eitererregend; durch Erhitzen bis auf 100—110° C. getödtete Bouillonculturen, unter die Haut von Thieren gebracht, riefen auch locale Abscesse hervor, wobei der Eiter immer „absolument stéril" war. Metastatische Eiterungen kamen bei diesen Versuchen nicht vor, doch konnten sie durch todte Culturen auch hervorgerufen werden, wenn statt subcutaner Einführung Einspritzung in venam jugularem versucht wurde; auch hier war der Eiter immer steril.

Somit ist Pasteur der Erste gewesen, der mittelst der Umsetzungsproducte eines pyogenen Mikrobien acute Eiterung ohne Mitwirkung lebender Bacterien erhielt. Dieses ist hier um so mehr hervorzuheben, da weder in den bald nach Publication von Pasteur's Arbeit erschienenen Referaten, noch bei späteren Bearbeitungen der Frage über die Aetiologie der Eiterung diese Versuche erwähnt wörden sind und zehn Jahre darauf die Thatsache noch einmal entdeckt werden musste, um allgemein bekannt zu werden.

Endlich sei hier noch erwähnt, dass in den Versuchen Pasteur's sterilisirte Wolle, Kohle u. s. w., unter die Haut von Thieren gebracht, bacterienfreie Eiterung erzeugten.

Gleichzeitig mit der Pasteur'schen Arbeit erschien die Abhandlung von Rosenbach (34) über die Aetiologie der acuten Osteomyelitis.

Eine lange Reihe von Versuchen überzeugte Rosenbach, dass mechanische Einwirkungen auf das Knochenmark (Erschütterung, Quetschung, directe Zertrümmerung) sowohl wie physikalische (Electrisirung, Reizung durch Glühhitze) und chemische (mittelst NaHO, KHO, Quecksilber, $HNO_3$, Ol. crotonis) keine Osteomyelitis erzeugen können. In allen Fällen, wo die primitive Einwirkung die Gewebe lebensunfähig machte, erfolgte Resorption und Lösung der todten und Reparation von Seiten der übrig gebliebenen lebendigen Theile.

Endlich machte Rosenbach auch Infectionsversuche mit pyämischer Jauche, ranziger Butter, osteomyelitischem Menscheneiter u. s. w. Die Reaction darauf bestand in purulenter, phlegmonöser bis septisch-brandiger Entzündung über die Grenzen der Einwirkung hinaus, bis zur tödtlichen Allgemeininfection.

Diese Versuche, wie auch eine Reihe von klinischen Untersuchungen, führten Rosenbach zum Schlusse, dass sowohl bei der accidentell-traumatischen, wie auch bei der spontanen Osteomyelitis, als Ursache nur Infection wirken kann.

Was den Mechanismus der Infection betrifft, so meint Rosenbach, dass die Infection nur vom Blute aus in das Knochenmark getragen werden kann, wobei zur Localisirung in vielen Fällen Trauma, örtliche Erkältung, kurz örtliche Circulationsstörung beitragen kann.

Den Abschnitt über „Natur und Beschaffenheit der osteomyelitischen Infection“ resumirt Rosenbach folgendermassen: 1. Osteomyelitis ist unübertragbar; 2. je nach der Intensität des in's Blut gelangten Infectionsstoffes treten weitere phlegmonöse Localisationen im Mark vor oder nicht; im ersten Falle tritt hierzu die Beihülfe von örtlichen Circulationsstörungen; 3. die Infection braucht das Allgemeinbefinden nicht auffällig zu stören; 4. die schweren Symptome der Osteomyelitis sind vielmehr durch das Eintreten von Zersetzungs- und Entzündungsproducten und auch von Fett in das Blutgefässsystem bedingt.

In diesem Abschnitte findet sich die Beschreibung eines für unsere Frage sehr wichtigen Versuches. Es wurde nämlich einem Kaninchen unter die Haut Eiter eingeführt, der von einem Falle sehr intensiver Osteomyelitis stammte; der Eiter war dicht mit Stäbchen und Kugelbacterien gefüllt, und doch war beim Kaninchen keine Spur von entzündlicher Reaction bez. Eiterung zu bemerken.

Die weiteren Abschnitte der Rosenbach'schen Abhandlung sind ausschliesslich der Besprechung des klinischen Bildes der Osteomyelitis gewidmet.

Karl Köster (35) schliesst auf Grund eigener Untersuchungen, dass die Abwesenheit von Mikroorganismen in frischen Fällen von Endocarditis im Allgemeinen höchst selten ist, und dass selbst diese Ausnahmefälle bacteriellen Ursprungs sind, da immer gleichzeitig mit solcher Endocarditis bacterienhaltige miliäre Herde im Organismus zu finden sind.

Die Abwesenheit von Mikrobien am Endocardium kann leicht dadurch erklärt werden, dass sie zur Zeit der Untersuchung vom Blutstrome weggeschleppt worden sind. Wenn demnach alle Endocarditiden mykotischen Ursprungs sind, so ist — nach Köster's Meinung — die Eintheilung in ulceröse und verrucöse nicht so bedeutungsvoll, wie man es früher annahm.

Beide Formen sind im Grunde gleich, nur praevalirt in einer Reihe von Fällen — Zerfall, in einer anderen Reihe — Neubildung.

Robert Koch (36) resumirt in seinen berühmten „Untersuchungen über die Aetiologie der Wundinfectionskrankheiten“ den Stand der Kenntnisse über die Aetiologie dieser Erkrankungen und die Aufgaben, die man sich bei Untersuchung dieser Frage stellen soll, folgendermassen: „...so kommen wir zu dem Ergebnisse, dass die zahlreichen Befunde von Mikroorganismen bei Wundinfectionskrankheiten und die damit im Zusammenhang stehenden experimentellen Untersuchungen die parasitische Natur dieser Krankheiten wahrscheinlich machen, dass ein vollgültiger Beweis dafür bis jetzt doch nicht geliefert ist und auch nur dann geschafft werden kann, wenn es gelingt, die parasitischen Mikroorganismen in allen Fällen der betreffenden Krankheit aufzufinden, sie ferner in solcher Menge und Vertheilung nachzuweisen, dass alle Krankheitserscheinungen dadurch ihre Erklärung finden, und schliesslich für jede einzelne Wundinfectionskrankheit einen morphologisch wohl charakterisirten Mikroorganismus als Parasiten festzustellen.“

Diese mangelnden Beweise zu liefern, war Koch's Bestreben; und dies ist ihm auch gelungen. Jeder der von Koch entdeckten Mikroorganismen ruft bei den Versuchsthieren eine Reihe streng definirter und charakteristischer Krankheitssymptome hervor.

Es schien von nun an die Thatsache ein für allemal festgestellt zu sein, dass jede specifische Infection durch specifische Mikroorganismen verursacht wird und dass umgekehrt jeder pathogene Mikroorganismus nur ein specifisches Krankheitsbild erzeugen kann. Spätere Untersuchungen zeigten doch, dass es dem nicht immer so ist. Weiter unten in dieser Litteratur-Uebersicht wird der Leser eine Reihe von Thatsachen erwähnt finden, die auf's Unzweideutigste beweisen, dass einerseits verschiedene, zweifelsohne parasitäre Krankheiten, wie z. B. Puerperalfieber und Osteomyelitis, durch einen und denselben Mikroorganismus verursacht werden können, und dass andererseits zwei gleiche acute Abscesse, dicht nebeneinander stehend, doch durch verschiedene Mikrobien hervorgerufen werden können.

Selbst in so hohem Grade „specifische" (in Koch's Sinne) Bacterien, wie der Bacillus anthracis, rufen einmal eine tödtliche Allgemeininfection, das andere Mal aber eine locale Eiterung hervor.

Doch sei es dem, wie ihm wolle, in Koch's Fällen waren es specifische Mikrobien, die die specifischen Krankheitsbilder hervorriefen. Ein detaillirtes Referat über Koch's Untersuchungen würde uns hier zu weit führen, auch sind sie Jedem wohl bekannt. Wir werden hier nur daran erinnern, dass sie folgende Krankheitsformen umfassten: 1. die Septicämie der Hausmäuse; 2. die progressive Gangrän der Mäuse; 3. die progressive Abscessbildung beim Kaninchen; 4. die Pyämie der Kaninchen; 5. die Kaninchen-Septicämie und 6. den erysipelatösen Process beim Kaninchen.

Im Schlusskapitel macht Koch darauf aufmerksam, dass fast all' diese Processe nur zu der einen Kategorie der tödtlichen Infectionen gehören und dass trotzdem diese Untersuchungen unzweifelhaft dargethan haben, dass specifisch verschiedene Bacterien existiren und dass die einen Arten in andere nicht übergehen.

Diese zwei Thesen, die Koch sein wichtigstes Ergebniss nennt, wurden später vollständig bestätigt, trotz Opposition vieler, selbst sehr namhafter Forscher, die die Möglichkeit von Uebergang unschädlicher Formen in pathogene, Kokken in Bacillen u. s. w. vertheidigten.

In diesen Thesen und in der unüberschätzlichen Methodik, die Koch eingeführt hat, liegt die grosse Bedeutung und der Einfluss dieses Forschers auf die Weiterentwickelung der wissenschaftlichen Bacteriologie.

Fast gleichzeitig mit der Publikation von Koch's Monographie erschien Kocher's (37) Vortrag über die Aetiologie der acuten Entzündungen.

Als Typus nahm Kocher die von ihm näher untersuchte acute Osteomyelitis und Strumitis.

Die klinischen Untersuchungen führten Kocher zum Schlusse, dass die acute Osteomyelitis den besten Beweis dafür liefert, dass zwischen einer einfachen localen Entzündung und der pyämischen Infection nur ein gradueller, ein quantitativer Unterschied besteht; die acute Osteomyelitis ist eine Infectionskrankheit, wie alle acuten Entzündungen, selbst wenn sie keine secundären, metastatischen Entzündungen verursacht.

Kocher bemühte sich auch das klinische Bild der Osteomyelitis experimentell zu erzeugen. Er führte in das Knochenmark von Hunden faulige, kokkenhaltige Flüssigkeiten ein, worauf ziemlich oft, obgleich nicht immer, Osteomyelitis sich entwickelte.

Eine weitere Reihe von Versuchen lehrte ihn die Verhältnisse kennen, in welchen diese Flüssigkeiten wirksam sind; sie ergaben nämlich, dass diejenigen Flüssigkeiten die wirksamsten sind, die 1. am Ende der ersten Woche der Fäulniss zur Verwendung kommen, d. h. wenn ihre septischen Eigenschaften ihren höchsten Punkt erreicht haben; 2. die die grösste Zahl von Mikrobien enthalten, und 3. zwar solche Mikrobien, die im Knochenmark sich weiter entwickeln können.

Weiter combinirte Kocher Fütterung mit fauligen Stoffen mit der Einführung chemischer Reizmittel in das Knochenmark. Die Resultate dieser Versuche waren positive, während die chemischen Reizmittel (Liq. ammonii caustici, Kali causticum, T-ra Cantharidarum, Ol. crotonis) allein immer negative Ergebnisse nach sich zogen.

Alle diese Versuche führten Kocher zum Schlusse, dass zur Erzeugung der Osteomyelitis die Einführung eines Infectionsstoffes in den Organismus nothwendig ist, wobei als solcher jede beliebige faulige Substanz dienen kann, und dass die Infection auch vom Darmcanal aus stattfinden kann.

Die von Kocher untersuchten Fälle von Strumitis acuta bewiesen, dass auch diese acute Entzündung infectiösen Ursprungs ist.

Bald auf diese Arbeit publicirte Kocher (38) seine Monographie (1879) über „acute Osteomyelitis mit besonderer Rücksicht auf ihre Ursachen“, worin alle von ihm beobachteten klinischen Fälle dieser Krankheit und die eben referirten Experimente eingehend beschrieben worden sind.

Ausser dieser Monographie brachte das Jahr 1879 nur noch Tillmanns' (39) „Experimentelle und anatomische Untersuchungen über Erysipelas“, in welchen der Verfasser folgende Fragen zu beantworten suchte: 1. ist Uebertragung des Erysipelas vom Kranken auf den Gesunden möglich, d. h. haben die zur Impfung benutzten Gewebsflüssigkeiten (Lymphe, Blut, Blaseninhalt, Eiter) specifische contagiöse Wirkung? 2. wie wirkt Carbolsäure auf solche Gewebsflüssigkeiten, die bei Uebertragung auf Gesunde Erysipelas erzeugten, also wahrscheinlich Erysipelgift enthielten? 3. wie gelingt es sonst bei gesunden Thieren — ausser directer Uebertragung — durch Application verschiedener Schädlichkeiten Erysipel zu erzeugen? und 4. was lehren die Ergebnisse anatomischer und experimenteller Untersuchungen bezüglich des Vorkommens und der Bedeutung der Bacterien? Welche ist die Beziehung letzterer zum Erysipel?

Die Versuche wurden auf Kaninchen und Hunden ausgeführt und ergaben Folgendes:

Ad 1. Aus 25 Versuchen 5 Mal positive Ergebnisse; 3 Mal wurde dabei Erysipel vom Menschen auf Thiere übergeimpft und 2 Mal von Thier auf Thier.

Ad 2. In keinem der 4 Versuche, wo der Impfstoff, der sich in der ersten Reihe als wirksam erwies, mit Carbolsäure versetzt war, entstand Erysipelas.

Ad 3. 13 Experimente mit fauligen, septisch wirkenden Flüssigkeiten brachten Tillmanns zum Schlusse, dass Erysipel nicht erzeugt werden kann, wenn der Impfstoff nicht specifisch-erysipelatös ist.

Ad 4. Bacterien sind bei der Erysipelas nicht immer vorhanden.

Aus Tillmanns' Versuchsprotokollen kann noch der Schluss gezogen werden, dass er unter dem Namen „Erysipelas" verschiedene, meistentheils suppurative Processe beschreibt, die eigentlich mit dem Erysipel Nichts gemein haben.

Riedel (40) suchte einerseits die Vorgänge kennen zu lernen, die eine normale, physiologische Körperflüssigkeit — das Blut — in Gelenken hervorruft, andererseits auch die, die nach Einführung von indifferenten und differenten Fremdkörpern hervortreten.

I. Blut. Die erste Frage, die bei Versuchen mit Blutinjection zu beantworten ist, ist natürlich die: gerinnt es, oder nicht? Die Versuche zeigten, dass es gerinnt, doch nicht vollständig, sondern nur zum Theil. Die Synovialmembran der Gelenke besitzt die Fähigkeit, etwa $^2/_3$ des eingeführten Blutes flüssig zu erhalten. Um das Geronnene bildet sich sehr rasch eine endotheliale Membran. Entzündungserscheinungen, wie Schwellung, Eiterung u. s. w., sind bei Bluteinführung in die Gelenke nicht bemerkt worden.

II. Indifferente Fremdkörper. Die einzuführenden indifferenten Fremdkörper wurden entweder durch Kochen, oder, wo dies nicht möglich war, durch trockene Hitze oder 3 $^0/_0$ Carbolsäurelösung desinficirt; in letzterem Falle wurden sie mit der Carbollösung eingeführt. Es musste also vorerst die Wirkung des Carbols festgestellt werden. Entsprechende Versuche bewiesen, dass das Allgemeinbefinden der Versuchsthiere (Kaninchen) durch 1—3 ccm 3 $^0/_0$ Carbollösung nicht wesentlich geschädigt wird. Local, d. h. in den Gelenken, trat Schwellung ein, deren Grund neben geringem Oedem ausgedehnte Infiltration der ganzen Intima mit Rundzellen war; das Endothel blieb dabei scheinbar intact.

Ganz anders, wenn Stärkemehlkörner, Schieferspäne, Sand u. s. w. mit der Carbollösung eingeführt wurden; unter starker Schwellung etablirte sich alsbald ein lebhafter entzündlicher Process. Massenhafte Fibrinflocken, mit weissen Blutkörperchen durchsetzt, liegen, die Fremdkörper einschliessend, im Gelenke umher. Die gleichen Massen umschliessen die

Synovialmembran, die bis weit in die Umgebung bei starker Gefässdilatation mit Eiterkörperchen imprägnirt ist.

Damit beschränkt sich aber auch die Entzündung; zur Bildung reinen Eiters, wie nach Eröffnung des Gelenkes, kommt es nicht, sondern es folgen reparative Processe darauf.

III. Differente Fremdkörper. Riedel untersuchte die Wirkung von zwei differenten Substanzen: Hg und Liq. ammonii caustici.

Mit Hg wurden folgende Versuche ausgeführt.

Vorerst injicirte Riedel 0·5 g frisch geglühten Quecksilbers in die rechte Pleuralhöhle. Das Thier wurde neun Wochen nach der Injection getödtet und es zeigte sich, neben Bildung von Bindegewebsknötchen und Strängen, ein abgekapseltes, fast wallnussgrosses Exsudat in der Pleuralhöhle. In demselben fanden sich überall vertheilt kleinere und grössere Hg-Kügelchen, deren jedes von einer dicken Schicht von Eiterkörperchen umgeben war; die mehr centralen Eiterkörper (in der nächsten Umgebung des Hg-Kernes) waren zerfallen, die peripheren dagegen wohlerhalten.

Für die absolute chemische Reinheit des benutzten Hg garantirt Riedel nicht, wohl aber für deren aseptische Beschaffenheit.

Dann folgten noch 3 Versuche mit der Einführung von sterilisirtem Hg in die Gelenke von Kaninchen; in allen Fällen erhielt Riedel Eiterung, d. h. eine Eiterschicht um die Hg-Kugeln.

Diese chemische Eiterung unterscheidet sich von der durch Mikrobien verursachten wesentlich im Endausgange. Bei Mikrobien-Mitbetheiligung ist sie fortschreitend, bis es zur Perforation, zum Durchbruch kommt; hier werden die Eitererreger sammt der Eiterschicht abgekapselt und sie werden damit zu bloss als Fremdkörper wirkender Masse gemacht.

Endlich wurde noch einem Kaninchen Hg in's Gelenk in kleiner Quantität (0·5 g) eingeführt, wobei ein möglichst langes Erhalten des Thieres am Leben erstrebt wurde. Es gelang auch das betreffende Thier 3 Monate am Leben zu erhalten. Die Section zeigte die Anwesenheit von zwei linsengrossen, grauweissen Eiterkugeln im Gelenke (Kniegelenk).

Mit Liq. ammonii caustici wurde nur ein Versuch angestellt, und auch dieser kann als verfehlt angesehen werden, denn die Section des Versuchsthieres erfolgte erst 6 Monate nach der Einführung des Liq. ammonii. Was während dieser 6 Monate im Gelenke vor sich ging, ist unbekannt geblieben; die Section zeigte einen Zustand, der der Arthritis deformans ähnlich war.

Louis Pasteur (44) berichtet in seinem schönen Tractat „de l'extension de la théorie des germes à l'étiologie de quelques maladies communes“ über die Resultate bacteriologischer Untersuchungen von 5 Furunkeln, einem Falle von Osteomyelitis und 7 Fällen von Puerperalfieber.

In allen 5 Fällen von Furunkeluntersuchung wurden aus Blut und Eiter mikroskopische Praeparate und künstliche Culturen gemacht. Das Blut erwies sich als bacterienfrei. In den Eiterculturen dagegen entwickelten sich stets Mikrobien in Form von „petits points sphériques, réunis par couples de deux grains, rarement de quatre, mais fréquemment associés en amas“. Mit diesen Culturen machte Pasteur auch Thierversuche. Unter die Haut von Kaninchen und Meerschweinchen gebracht, bewirkten sie kleine, sich bald wieder resorbirende Eiterherde, aus welchen sich wieder Reinculturen derselben „points sphériques“ entwickelten. Intravenöse Injectionen (Meerschweinchen in venam jugularem) blieben reactionslos und zeigten, dass die betreffenden Mikrobien einer Weiterentwickelung im Blute unfähig sind.

Die Abwesenheit von Mikrobien im Blute von Furunculosiskranken sieht Pasteur doch noch nicht als endgültig durch die Sterilität der von ihm untersuchten Blutproben erwiesen an.

Aus osteomyelitischem Eiter erhielt Pasteur denselben Mikroorganismus, den er im Furunkeleiter gefunden hat. „Si j'osais“, sagt er, „m'exprimer ainsi, je dirais que dans ce cas, tout au moins, l'ostéomyélite a été un furoncle de la moelle de l'os.“

In sechs Fällen von Puerperalfieber fand Pasteur im Blute der Befallenen, in den Lochien und im Eiter Kettenkokken, — in einigen Fällen mit Beimischung des Furunculose-Mikrobien und des „microbe générateur du pus“, den er schon 1878 (vgl. Nr. 33) beschrieben hat.

In einem Falle konnte er keine Mikrobien finden und schloss daraus, dass dies ein sehr leichter Fall sein und die Genesung bald erfolgen werde, was auch in der That stattgefunden hat.

Doléris (42) in seiner Dissertation „über Puerperalfieber“ stellt als Ursache dieser Erkrankung, ebenso wie Pasteur, eine Kokkeninvasion auf.

Die Puerperalfieberkokken können — nach Doléris — ihre Gruppirung ändern, so dass anfangs einzeln liegende sich paarweise vereinigen können oder auch zu Ketten anwachsen.

Jeder Kokkengruppirung soll eine eigene Form des Puerperalfiebers entsprechen. Ausser Kokken fand Doléris auch Bacillen, die die gefährlichsten und rapidesten Fälle von Puerperalfieber verursachen sollen (septicémie rapide).

Kettenkokken fand Doléris meistentheils nur in den Lymphgefässen, obgleich er sie — ebenso wie Pasteur — auch im Blute vorfand.

Ogston (43. 44) untersuchte mikroskopisch auf die Anwesenheit von Bacterien den Eiter aus 88 Abscessen. 70 acute und 4 chronische Abscesse (die nach Erysipelas, Abdominaltyphus, Diphtheritis und während der Lungenschwindsucht auftraten) enthielten Mikrokokken (Diplo-,

Staphylo- und Streptokokken); die anderen 14 chronischen Abscesse, die in käsigen Processen in den Knochen und Lymphdrüsen ihren Ursprung hatten, erwiesen sich als bacterienfrei; dieses Ergebniss der mikroskopischen Untersuchung wurde auch durch künstliche Culturen bestätigt. Auf Grund dieser Untersuchungen schliesst Ogston, dass 1. Mikrokokken die häufigste Ursache acuter Eiterungen sind, 2. dass in allen klinischen Fällen acuter Eiterung Mikroorganismen nachweisbar sind, 3. dass Mikrokokken auch Septicämie hervorrufen können, und 4. dass die individuelle Praedisposition eine bedeutende Rolle bei der Infection durch Mikrokokken spielt und mächtig auf die Intensität und Ausbreitung der durch die Infection verursachten Krankheitsprocesse einwirkt. Mit mikrokokkenhaltigem menschlichen Eiter machte Ogston auch Thierexperimente. $^1/_4$—2 Tropfen solchen Eiters, unter die Haut gebracht, zogen bei Meerschweinchen und Mäusen die Entstehung localer Abscesse nach sich, deren Eiter, weiter verimpft, dieselben pyogenen Eigenschaften zeigte. $^1/_{16}$ Tropfen des Eiters konnte schon keine Abscesse verursachen, sondern nur eine entzündliche Infiltration, die sehr bald verschwand. In der Peritonealhöhle bewirkten 1—2 Tropfen Eiter weder Eiterung noch adhäsive Entzündung; es traten nur manchmal Symptome von Blutvergiftung, die bald wieder verschwanden, ein.

Künstliche Culturen der pyogenen Kokken auf Hühnereiern verursachten auch acute Eiterungen bei Thieren.

Die Erwärmung des Eiters auf 55° C. oder Mischung mit einer gleichen Quantität von 5% Carbollösung vernichtete seine pyogenen Eigenschaften.

Ogston bemerkte schon, dass die einzelnen Individuen einer und derselben Thierspecies nicht gleich empfänglich auf die Infection mit pyogenen Kokken sind: Quantitäten, die bei Einimpfung für das eine tödtliche Infection zur Folge haben, erweisen sich für das andere als absolut unschädlich.

Eberth (45) beschreibt in seinen Beiträgen „zur Kenntniss der mycotischen Processe“ (1881) folgende Ergebnisse seiner bacteriologischen Untersuchungen entzündeter Gewebe und entzündlicher Exsudate. Vor Allem kommt ein Fall von Pneumonie und Meningitis zur Beschreibung. Im an Rundzellen reichen Exsudate in den grau-hepatisirten Lungenpartieen, im eitrig-fibrinösen Exsudate auf der Pleura und in ihr, im Meningealeiter und in der entzündeten Pia fanden sich in grosser Anzahl Kokken in Form von Mono-, Diplokokken und ganzer Colonieen.

Nach Eberth sollen diese Kokken mit den bei der Diphtheritis und der Pyämie gefundenen identisch sein.

Weiter kommen Fälle von Ependymitis, Pyocephalus mit Diplokokken,

Oesophagitis mycotica und Gastritis phlegmonosa mit verschiedenartig gruppirten Mikrokokken zur Beschreibung. Dann noch 4 Fälle von Ostitis mycotica und ein Fall von Peri- und Myocarditis bei einem 26 tägigen Kinde; in allen Fällen fanden sich reichliche Mikrokokkencolonieen.

Kraske (46) erinnert in seiner Arbeit über „Diabetes und Sepsis" an das sehr häufige Auftreten von Furunculose bei Diabetikern und auf die von vielen Chirurgen schon hervorgehobene Thatsache, dass der minimalste operative Eingriff, an einem Diabetiker ausgeführt — trotz sorgfältigster Antiseptik — schwere Phlegmonen und ausgebreitete Nekrosen nach sich zieht; selbst in solchen Fällen, wo die Symptome des Diabetes noch nicht ganz deutlich auftreten, widerstehen die Eiterungen und Nekrosen sehr energisch der antiseptischen Behandlung. Erst dann kann man hoffen, dass die antiseptische Methode sich wirksam zeigen wird, wenn eine antidiabetische Cur eingeleitet wird. Auf Grund dieser Thatsachen meinte Roser[1] die diabetischen Eiterungen und Nekrosen als ätiologisch von allen anderen verschiedene ansehen zu dürfen.

Diesen Standpunkt Roser's nimmt Kraske nicht ein; nicht die Aetiologie ist hier eine andere, sondern der Zustand des Organismus. Die wenigen Mikrobien, die unter Lister's Verband lebendig bleiben, genügen hier zur Infection, gegen welche der gesunde Organismus noch glücklich kämpfen kann.

Als Beweis der Identität — in ätiologischer Hinsicht — der diabetischen Eiterungen mit allen anderen acuten Eiterungen führt Kraske die Resultate einer bacteriologischen Untersuchung des Eiters und der Abscesswände eines Diabetikers an, der in der Volkmann'schen Klinik gestorben war: es fanden sich überall Diplo-, Strepto- und Staphylokokken. Eine analoge Beobachtung machte auch schon Weigert.

Der berühmte Schöpfer der modernen Verbandlehre, Lister (47. 48), giebt auch seine gewichtige Stimme in der Streitfrage über die Aetiologie der Entzündung und Eiterung. Lister hebt unter voller Anerkennung der grossen Bedeutung der Mikroorganismen für die Entstehung von Entzündung und Eiterung den gewaltigen Einfluss hervor, den das Nervensystem auf den Stoffwechsel und den Gleichgewichtszustand gesunder Theile ausüben kann. Seiner Meinung nach würde es eine Ueberschätzung der Bedeutung von Mikroorganismen sein, wollte man jede Entzündung und sogar jede Eiterung auf das Eindringen niederer Organismen zurückführen. Lister ist überzeugt, dass an der Thatsache der Entstehung mancher Entzündungen auf sympathischem Wege, d. h.

---

[1] *Deutsche medic. Wochenschrift.* 1880. Nr. 1 und 2.

durch Vermittelung der Nerven, ohne jede andere Einwirkung als den, sei es mechanischen, sei es chemischen Reiz, welchen gewisse an sich durchaus normale, jedenfalls auf keine Weise verunreinigte Bestandtheile des Körpers unter bestimmten Umständen auszuüben vermögen, nicht gezweifelt werden dürfe.

Lister hat somit Vieles geahnt, was erst jetzt wissenschaftlich bewiesen ist: heutzutage wissen wir schon, dass im Organismus durch seine rein physiologischen Functionen verschiedene Toxine, d. h. giftige Leukomaïne, gebildet werden. Die Möglichkeit, dass sie, oder wenigstens einige derselben, pyogene Eigenschaften besitzen, darf nicht so ohne Weiteres von der Hand gewiesen werden.

Uskoff (49) kommt auch auf Grund eigener experimenteller Untersuchungen zum Schlusse, dass Eiterung ohne Mitbetheiligung von Mikroorganismen durch blosse Einwirkung chemischer und mechanischer Reize zu Stande kommen kann.

Seine Versuche sind an Hunden ausgeführt worden und als Reizmittel dienten folgende Substanzen: Aqua destillata (6 Versuche), Milch (4 Versuche), Oleum olivarum (8 Versuche), Ol. terebinthinae (6 Versuche), Mischung von Oleum olivarum und Oleum terebinthinae (4 Versuche), Carbolsäurelösung oder Gemisch von Carbolsäure mit Terpentin (9 Versuche) und Eiter (6 Versuche).

Uskoff bemühte sich bei seinen subcutanen Injectionen aseptisch zu verfahren, doch ohne Erfolg, wie es seine Versuchsprotokolle beweisen. Die wichtigsten Ursachen seiner Misserfolge waren folgende: einerseits die ungenügende Sterilisirung der einzuführenden Flüssigkeiten, andererseits die Verklebung der Stichwunden mit Heftpflaster, was ja kaum den Namen eines antiseptischen Verfahrens verdient.

Aus diesem Grunde erhielt er nach Injection einer und derselben indifferenten Flüssigkeit (Wasser, Milch, Olivenöl) das eine Mal Resorption ohne entzündliche Reaction, das andere Mal eine seröse Entzündung oder gar Eiterung, wobei im Eiter Bacterien „oft“ gefunden wurden.

Da Eiterung gewöhnlich auf Injection grösserer Quantitäten folgte, und zwar dann, wenn sie nicht auf einmal, sondern in kleineren Portionen subcutan eingeführt waren, so schliesst Uskoff, dass hier die „mechanische Wirkung“ der betreffenden Flüssigkeiten das ursächliche Moment war. Gegen diesen Schluss spricht aber erstens die Anwesenheit von Bacterien im Eiter (Uskoff fand sie zwar nicht immer, aber es darf nicht vergessen werden, dass er nur das Mikroskop in Anwendung brachte und keine Culturen anlegte), und zweitens der Umstand, dass, je mehr Flüssigkeit eingeführt wird, desto mehr Mikrobien bei ungenügender Sterilisation und Asepsis mit eingeführt werden können, und je öfter

Injectionen an einer und derselben Hautstelle ausgeführt werden, desto schwerer eine Infection der durchlöcherten Haut zu vermeiden ist.

Mit einem Worte, Uskoff's Experimente mit „indifferenten Flüssigkeiten", die nur mechanisch einwirken können, wenn sie steril sind, haben absolut Nichts bewiesen.

Nach Terpentininjectionen erhielt Uskoff, selbst wenn kleine Quantitäten desselben eingeführt wurden, Eiterung; auch Mischungen von Olivenöl oder Carbolsäure mit Terpentin wirkten eitererregend.

Nachfolgende Versuche vieler Forscher haben die eitererregenden Eigenschaften des Terpentinöls, die durch Uskoff's methodisch ungenügende Experimente nicht als vollgültig bewiesen angesehen werden konnten, obgleich er dieses sein wichtigstes Ergebniss nannte, vollständig bestätigt.

Endlich machte Uskoff auch einige Eiterinjectionen (der Eiter war bacterienhaltig); kleine Mengen wurden reactionslos resorbirt, grössere riefen Eiterung hervor.

Semmer (50) bemerkte bei Versuchen (an Kaninchen) mit der Injection von auf 55° C. erwärmtem Blute eines an Milzbrand zu Grunde gegangenen Thieres, dass bei einem der Versuchskaninchen sich kein Milzbrand einstellte, auch keine Septicämie, sondern Pyämie eintrat. Die Section zeigte die Anwesenheit von kokkenhaltigem Eiter an der Impfstelle; in den inneren Organen wurden Ekchymosen und Infarcte gefunden. Das Blut, das auch Kokken enthielt, war nicht zerlegt.

Das Blut und den Eiter dieses Kaninchens impfte Semmer einem zweiten, das auch einer gleichen Infection erlag.

Weiter machte Semmer noch eine Reihe von Impfungen von Thier auf Thier, wobei immer dieselben Resultate erzielt wurden.

Phlegmonöser Eiter und pyämisches Blut von Menschen, Kaninchen eingeimpft, gab auch dieselben Erscheinungen der Pyämie.

Alle Impfungen wurden mit sehr unbedeutenden Quantitäten des Impfmaterials und zwar durch Lancetstich ausgeführt. Controlimpfungen mit gewöhnlichem Eiter gaben negative Resultate.

Auf Grund all' dieser Versuche schliesst Semmer, dass es eine selbstständige „contagiöse Pyämie" gebe, die sich von der Septicämie wesentlich darin unterscheide, dass sie weder zum Zerfall der Blutkörperchen, noch zur Transsudation oder Imbibition führe und keine rapide Fäulniss des Cadavers nach sich ziehe. Die Ursache dieser contagiösen Pyämie findet Semmer in „kleinen Mikrokokken", die er immer im Blute und im Eiter der inficirten Thiere fand.

Fehleisen (51) theilt mit (1882), dass er im Pusteleiter (von Fingerpusteln, die eine der mannigfaltigen Panaritiumformen darstellen) einen sehr kleinen Micrococcus gefunden habe, der sich immer in Zooglöen gruppire.

Fehleisen weist darauf hin, dass ähnliche Kokken nur in einzelnen Furunkulosefällen zu begegnen sind.

Iwanowsky (52) beschrieb in demselben Jahre einen interessanten Fall von bacterischer Nierenentzündung, als Folge von Erysipelas. Dieser Fall ist der folgende: Ein 8jähriges Mädchen war in die Klinik wegen Erysipelas migrans aufgenommen; die äusseren Genitalien waren auch vom Krankheitsprocess getroffen. Eine kurze Zeit nach dem Verschwinden des Erysipelas liessen sich Erscheinungen einer Allgemeininfection bemerken, welcher die Patientin auch später erlag.

Die Section zeigte die gewöhnlichen Erscheinungen der Allgemeininfection: parenchymatöse Veränderungen in den inneren Organen; in der linken Niere wurden ausserdem Veränderungen gefunden, die von den bei gewöhnlichen infectiösen Erkrankungen dieses Organs zu findenden gänzlich verschieden waren — bedeutende Volumvergrösserung des ganzen Organs und gelbe Streifen in den stark hyperämirten und vergrösserten Pyramiden.

Eine genauere Nachforschung zeigte, dass in diesem Falle Pyelonephritis vorlag, bei welcher, wie es zuerst Klebs (vgl. Nr. 7) nachwies, die Kokkeninvasion in die Tubuli recti von der Blase durch die Ureteren u. s. w. erfolgt. Iwanowsky meint, dass in seinem Falle es die Erysipelkokken waren, die, während der erysipelatöse Process die äusseren Genitalien passirte, in die Blase gekommen sind und von dort weiter bis in die Niere wanderten.

Dass in der That die Niere hier von aussen durch Vermittelung der Blase und der Ureteren inficirt worden ist, kann kaum bezweifelt werden; zweifelhaft ist es aber, ob die Nierenentzündung durch Uebergang per continuitatem des Erysipelas erzeugt worden ist, wie es Iwanowsky meint.

Die erysipelatösen Processe, wenn sie nicht mit eiterigen gemischt sind, können kaum bei Uebergang per continuitatem eine eiterige Entzündung geben. Der Fall Iwanowsky's musste wohl eine Mischinfection mit Erysipel- und Eiterkokken sein; letztere erzeugten auch die Pyelonephritis, nicht aber die ersteren.

Aus Gussenbauer's (53) Werk über „Sephthämie, Pyohämie und Pyosephthämie (1882) werden wir hier nur folgende Stelle (S. 97), die in directer Beziehung zu unserem Thema steht, anführen: „. . . Auch haben die Erfahrungen über die Wirkung von intensiv reizenden Substanzen auf die Gewebe, so jene über die Injection von Sublimat, Crotonöl und erst jüngst die Experimente Uskoff's über die Wirkung von Terpentininjectionen in unzweifelhafter Weise dargethan, dass Eiterung auch ohne Intervention von Mikroorganismen vorkommt. Einschlägige Experimente, die ich noch in Lüttich mit Sublimatlösungen, Crotonöl, reiner Jodtinctur, concentrirter Carbolsäure an Hunden vorgenommen habe, berechtigen mich, Uskoff beizustimmen in der Behauptung, dass eine intensiv wirkende chemische Ursache ohne jede Mitwirkung niederer Organismen durch sich allein die heftigste Entzündung mit Eiterung hervorruft."

Die schöne und inhaltreiche Arbeit Ogston's (54) über „Micrococcus poisoning" werden wir hier nicht in toto referiren und brauchen es auch nicht, da ihr Inhalt weit über die Grenzen unseres speciellen Gegenstandes hinausragt.

Ogston sucht hier vor Allem die Missverständnisse zu klären, die seine früheren, etwas zu knappen Mittheilungen (vgl. Nr. 43 und 44) verursacht haben.

Man glaubte aus den erwähnten Mittheilungen den Schluss ziehen zu dürfen, dass Ogston die absolute Unmöglichkeit von Eiterung ohne Bacterien annimmt. Ogston wehrt sich dagegen und betont, dass er nur die These vertheidigt hat, wonach im menschlichen Körper der Kliniker nie das Zusammentreffen derjenigen Bedingungen antreffen kann, die für das Zustandekommen von bacterienloser Eiterung nothwendig sind.

Entzündung und Eiterung sind, nach Ogston, nicht verschiedenartige Processe, im Gegentheil ist letztere nur „an intense stage" der ersteren; die Ursachen, die eine starke Entzündung hervorrufen, können auch zur Eiterung führen, so z. B. Ol. crotonis, Tartarus emeticus.

Was die Wirkung der Bacterien betrifft, so betrachtet sie Ogston als eine chemische und zwar in dem Sinne, dass dieselben nur mittelst ihrer chemischen Umsetzungsproducte — Ptomaïne in der möglichst weitesten Auffassung dieses Wortes — schädigend auf den Organismus wirken; das ist eben sein „Micrococcus poisoning".

Das ist das Wesentliche, was in Ogston's Arbeit über die Aetiologie der Eiterung zu finden ist.

Orthmann (55), angeregt durch Uskoff's Arbeit, unternahm im Jahre 1882—1883, unter Rosenbach's Leitung, eine Reihe von Versuchen, die die Frage über Eiterung ohne Bacterien zu klären helfen sollten. Zur Anwendung kamen Wasser, Olivenöl, Terpentinöl und Quecksilber, die nach sorgfältiger Sterilisirung unter den Cautelen der Asepsis Hunden unter die Haut gebracht wurden. Es zeigte sich, dass indifferente Körper, wie Wasser, Milch und Olivenöl selbst in grossen Quantitäten, ohne Mitbetheiligung von Bacterien keine Eiterung verursachen können, während Terpentinöl und Quecksilber bacterienlose Abscesse und Phlegmonen erzeugten.

Mechanische und thermische Agentien (Zerreissen, Zerquetschen, Stich, Schnitt, Eiskälte und Glühhitze) sind, wie entsprechende Versuche Orthmann's zeigten, keine Eitererreger.

Bald darauf erschien die unter Cohnheim's Leitung ausgeführte Arbeit Councilman's (57), der nach einer von Cohnheim stammenden Methode am Kaninchen die pyogenen Eigenschaften des Crotonöls prüfte. Die neue Methode bestand darin, dass statt subcutaner Injection der betreffenden Substanz subcutane Einführung derselben in geschlossenen Glasröhrchen zur Anwendung kam. Nach voller Heilung der bei der Einführung gemachten Schnittwunde (per primam) wurden die Röhrchen subcutan zerbrochen und somit ihr Inhalt in die Gewebe ergossen.

15 Mal führte in dieser Weise Councilman Crotonöl (1:5 Ol. olivarum) Kaninchen unter die Haut und in allen Fällen fand er an der Stelle, wo das Oel eingedrungen war, Eiterung. Im Eiter konnte er bei mikroskopischer Untersuchung keine Bacterien finden.

. Da die ganze Methodik eine Mitbetheiligung von Bacterien auszuschliessen schien und ein Controlversuch mit Kochsalzlösung statt Crotonöl ein negatives Resultat ergab, könnte man wohl geneigt sein, in Councilman's Versuchen einen sicheren Beweis der pyogenen Eigenschaften des Crotonöls zu erblicken.

Aber Councilman sagt selbst ausdrücklich, dass wegen Anwesenheit von Detritusmassen im Eiter die Mitbetheiligung von Bacterien nicht mit voller Sicherheit ausgeschlossen werden konnte. Bacterien konnten auch in der Kochsalzlösung gewesen sein, doch haben sie in diesem Falle keine Eiterung hervorgerufen, möglicher Weise, weil diese Substanz den Boden für die Bacterieninvasion nicht vorbereitet, während Crotonöl dieses in hohem Maasse thut.

Als Fehlerquelle könnten wir in Councilman's Versuchen eine ungenügende Sterilisirung der ölhaltigen Glasröhrchen anführen.

Diese Erklärung der positiven Ergebnisse Councilman's drängt sich von selbst auf, da diejenigen Versuche mit Crotonöl, in welchen die oben angedeutete Fehlerquelle ausgeschlossen worden ist, stets negative Ergebnisse zur Folge hatten (vgl. weiter unten De Bary und Grawitz, Fehleisen u. s. w.).

In Fehleisen's (56) bekannter Schrift über „die Aetiologie der Erysipelas" (1883) finden wir den endgültigen Beweis des parasitären Ursprungs dieser Krankheit und der Specifität ihres Mikroben. Fehleisen war der erste, der den Erysipelcoccus in Reincultur erhielt und seine Verschiedenheit von dem Eiterkettencoccus bewies.

Fehleisen erhielt durch Impfung der Erysipelkokken das typische

Bild der Rose an Menschen; dieselben positiven Resultate erzielte er durch Impfung am Ohr von Kaninchen.

Becker (58) veröffentlichte in demselben Jahre (1883) seine Entdeckung des Osteomyelitiscoccus, den er aus osteomyelitischem Eiter auf festem Nährboden in Form charakteristischer, orangerother Culturen rein erhielt. Subcutane und intravenöse Injectionen kleiner Quantitäten von Gelatineculturen dieses Coccus riefen bei Mäusen, Meerschweinchen und Kaninchen keine Reaction hervor. Grosse Quantitäten, intraperitoneal oder intravenös eingeführt, hatten tödtliche Peritonitis bez. acute Allgemeininfection, aber keine Osteomyelitis zur Folge.

Da variirte Becker derart seine Versuche, dass er, einige Tage vor der intravenösen Injection, einen der langen Röhrenknochen subcutan fracturirte. Aus 15 derartigen Versuchen hatten 4 den baldigen Tod der Versuchsthiere ohne charakteristische Krankheitserscheinungen zur Folge; bei den anderen 11 Versuchen, bei welchen der Tod 8—12 Tage nach der Injection erfolgte, fanden sich an den Fracturstellen Eiteransammlungen und Denudation des Knochens.

Aus dem Eiter der Versuchsthiere erhielt er die charakteristischen Orangeculturen des Osteomyelitiscoccus wieder.

Straus (59. 60) nahm die Frage wieder auf, ob Eiterung ohne Mitbetheiligung von Bacterien möglich sei. Er führte 46 Thierversuche an Kaninchen, Meerschweinchen und Ratten aus, wobei subcutane Einführung von Terpentin, Crotonöl, kochendem Wasser, Quecksilber, Wollstoffe u. s. w. zur Anwendung kamen. Die Hautwunden wurden jedesmal thermocauterisirt. Näheres über seine Methodik, ihre guten und schlechten Seiten werden wir im Kapitel „über Methodik“ bringen, hier wollen wir nur über seine Ergebnisse referiren.

Terpentin rief in 13 Fällen keine Eiterung hervor; in den 5 Fällen, wo Eiterung eintrat, fanden sich Mikrokokken im Eiter, die höchst wahrscheinlich durch die schlecht verschlossene Wunde unter die Haut gedrungen waren.

Crotonöl gab nur einmal (aus 5 Versuchen) Eiterung, wobei kleine Kokken und kurze Bacillen im Eiter gefunden wurden.

Quecksilber gab in den zwei an Meerschweinchen ausgeführten Versuchen keine Eiterung, ebenso wie die eingeführten festen Stoffe (Wolle, Phosphor u. s. w.).

Aus diesen Versuchen schliesst Straus, dass ohne Mikrobien keine Eiterung zu Stande kommen kann.

Dieser Schluss scheint mir wenigstens zu allgemein gefasst. Ich möchte aus Straus' Versuchen nur den Schluss ziehen, dass die von ihm erprobten Substanzen, nach seiner Methode Kaninchen, Ratten und Meerschweinchen subcutan eingeführt, daselbst keine Eiterung ohne Mitbetheiligung von Bacterien erzeugen. Um die Frage zu lösen, ob überhaupt „ohne Bacterien keine Eiterung“ stattfinden kann, dazu ist Straus' Material viel zu klein.

Die oben referirte Publication Becker's (Nr. 58) rief eine kurze vorläufige Mittheilung von Rosenbach (61) hervor, worin letzterer hervorhebt, dass er schon 1881 den Coccus aus osteomyelitischem Eiter gezüchtet hat, den Becker als den für die acute Osteomyelitis specifischen Mikroorganismus betrachtet. Auch er habe anfangs an seine Specifität geglaubt, ist aber später zu der Ueberzeugung gekommen, dass dieser Coccus einer der gewöhnlichsten Eitererreger ist.

Rosenbach hat auch dieselben Thierversuche wie Becker und mit demselben Resultate ausgeführt.

Nur die Versuche mit Knochenfracturen sind von Rosenbach nicht wiederholt worden, da er solche, selbst wenn die Resultate positive wären, als nicht überzeugend ansieht, vor Allem, weil Traumen bei Entstehung der Osteomyelitis Nebensache sind, dann aber auch, weil er selbst schon vor Jahren (vgl. Nr. 34) bei Fracturen Eiterungen mittelst Injection in's Blut fauliger Substanzen und selbst des Pilzes der Milchgährung künstlich hervorgerufen hatte.

Krause (62) (1884) impfte den menschlichen Osteomyelitiscoccus Meerschweinchen, Mäusen und Kaninchen subcutan und konnte kein einziges Mal eine Reaction von Seiten des Versuchsthieres erhalten.

Auf die Cornea geimpft, rief der Osteomyelitiscoccus eine unbedeutende, grauweisse Infiltration hervor; am vierten Tage war in 10 Fällen (aus 12 Versuchen) keine Spur von entzündlichen Erscheinungen mehr vorhanden. Nur in zwei Fällen entwickelte sich Hypopion.

Intraperitoneale Impfungen führten bei Mäusen und Kaninchen zu einer tödtlichen Peritonitis; der Tod erfolgte einige Tage nach der Infection.

Endlich führte Krause noch eine Reihe von Injectionen des betreffenden Coccus in's Blut aus, die den Tod der Versuchsthiere (1—30 Tage nach der Injection) zur Folge hatten. Die Section zeigte immer Eiterherde in den Nieren und Blutergüsse in den Lungen.

Bei mehreren Thieren sind vor der Injection in's Blut Fracturen angelegt worden: auf der Fracturstelle wurden Eiterungen nur in 10% aller Fälle beobachtet.

Bei denjenigen Thieren, die dabei mehr als 3 Tage nach der Infection am Leben erhalten worden sind, wurden Eiterungen in den Gelenken sowohl der fracturirten, wie auch der gesunden Extremitäten gefunden.

Biologisch und morphologisch war der Krause'sche Osteomyelitiscoccus mit dem Becker-Rosenbach'schen identisch.

Denselben Coccus fand Krause auch im Furunkeleiter, wenigstens liessen sich keine Verschiedenheiten durch Culturen und Thierversuche feststellen.

In phlegmonösem Eiter fand Krause gewöhnlich nur Kettenkokken in Reincultur; manchmal war auch Beimischung des weissen Traubencoccus, nie aber des Osteomyelitiscoccus vorhanden. Die bei Injectionen des Osteomyelitiscoccus in's Blut bei den Versuchsthieren zu beobachtenden Processe sieht Krause mit Recht als mit der menschlichen Osteomyelitis nicht identische Erscheinungen an; sie sind nach ihm nur die Erscheinungen einer purulenten Infection mit Localisation im Bewegungsapparate.

Eine andere Seite der Frage nach den Folgen der Injection von Osteomyelitiskokken in's Blut nahm Ribbert (63) in Angriff; er verfolgte nämlich die Schicksale der Kokken selbst und überzeugte sich, dass in den ersten 24 Stunden nach der Injection die Kokken in allen Organen gefunden werden können, während nach zwei Tagen sie nur noch in den Nieren nachweisbar sind.

Ribbert schliesst daraus, dass die Localisirung der Mikrobien keine primäre Erscheinung sei, dass im Gegentheil die Sache mit einer Dissemination beginne und dass erst später die Mikrobien aus den einen Organen schwinden, ohne sie geschädigt zu haben, in den anderen aber sich niederlassen und pathologische Veränderungen in ihnen erzeugen.

Als Momente, die eine derartige Niederlassung befördern, bezeichnet Ribbert Embolien, locale Traumen und erschwerte Absonderung durch die Nieren.

Im Knochenmarke ist nichts zu finden, was es für eine Zurückhaltung von Bacterien im Vergleich mit anderen Organen praedisponiren sollte.

Cornil (64) fand bei Untersuchung von Phlegmonen und lymphatischen Abscessen im Eiter stetig Mikrobien in Form von Mono-, Diplo- und Streptokokken (en chaînette), deren Dimensionen auf verschiedenen Praeparaten verschiedene waren. Diese Grössenschwankungen sind nach Cornil die Resultate verschiedener Bearbeitung der Praeparate. In Trockenpraeparaten sind die Kokken kleiner als in frischem Zustande. Nach Entfärbung mittelst Alkohol von gefärbten Trockenpraeparaten erscheinen die Kokken noch kleiner.

Die Mikrobien der phlegmonösen Entzündung fand Cornil sowohl in den Zellen und Lymphgefässen der entzündeten Gewebe, wie auch in den weissen Blutkörperchen.

Bacillen sind bei Phlegmonen eine höchst seltene Erscheinung.

W. Cheyne's (65) „Report“ ist so voluminös, enthält so viele Einzelheiten über bacteriologische Technik, Beschreibungen von Apparaten für künstliche Culturen, Mikrophotographie u. s. w., dass eine eingehende Besprechung dieser Arbeit hier zur Unmöglichkeit wird und wir uns auf ein kurzes Résumé seiner wichtigsten Ergebnisse beschränken müssen.

Unter antiseptischem Verbande findet man auf Wunden verschiedene Arten von Mikrobien, die in ihrer Wirkung auf den thierischen Organismus auch bedeutende Verschiedenheiten aufweisen.

Die vom Verfasser näher untersuchten Wunden-Mikrokokken wachsen am Besten bei freiem Luftzutritt; bei Luftabschluss vegetiren sie sehr langsam; auf ihre pathogenen Eigenschaften hat der freie Zutritt oder Abschluss der Luft keinen Einfluss.

Die Wirkung der Kokken auf den Menschen und auf Thiere (Kaninchen, mit welchen W. Cheyne gearbeitet hat) ist so verschieden, dass in menschlichen Wunden vollständig unschädliche Kokken, auf Kaninchen verimpft, sehr starke pathogene Eigenschaften zeigen.

Schwach pathogene Kokken wirken im Allgemeinen nur dann, wenn sie in colossaler Anzahl in den Versuchsorganismus gebracht werden.

In jedem acuten Abscesse sind Mikrokokken vorhanden, die — wahrscheinlich — die Ursache der Eiterung sind; andererseits existiren auch Eiterungen, die ohne Mitbetheiligung von Mikrobien, durch blosse Einwirkung chemischer Reizmittel (z. B. Crotonöl) entstehen. In solchen Eiterherden können sich dann secundär Mikrokokken niederlassen; doch können sie in diesen Fällen nicht als im ätiologischen Zusammenhange mit der Eiterung stehend betrachtet werden.

Die Möglichkeit von Metamorphosen unschädlicher Kokken in pathogene und vice versa giebt W. Cheyne nicht zu.

Gleichzeitig mit W. Cheyne's Arbeit erschien die berühmte Monographie Rosenbach's (66) über die Mikroorganismen der Wundinfectionskrankheiten des Menschen, und welch' gewaltiger Unterschied zwischen diesen beiden, das gleiche Thema behandelnden Arbeiten!

Beide arbeiteten mit gleichen Methoden und doch hat Rosenbach den betreffenden Wissenszweig um viele neue und höchst wichtige Thatsachen bereichert, während W. Cheyne nichts wesentlich Neues gebracht hat.

Die Bedeutung der Rosenbach'schen Arbeit für die Bacteriologie im Allgemeinen und speciell für die Lehre über die Wundinfectionskrankheiten kann nur mit der des Koch'schen Werkes (vgl. Nr. 36) verglichen werden. Letzterer hatte die Wundinfectionskrankheiten der Thiere untersucht, Rosenbach that dasselbe für dieselbe Gruppe der Krankheiten des Menschen.

Die Untersuchungsmethoden, die Koch eingeführt hat, sind seit 1878 bedeutend vervollständigt worden und dieser Umstand ermöglichte es Rosenbach, nicht nur die Existenz von specifischen Verschiedenheiten in dem mikroskopischen Aussehen verschiedener Mikrobien zu constatiren, sondern auch durch Reinculturen auf festem Nährboden eine genaue und leichte Diagnosticirung der verschiedenen Arten, selbst solcher, die in ihrer pathogenen Wirkung und in ihrem mikroskopischen Bilde identisch sind, durchzuführen.

Seit dieser Zeit sind die Wundinfectionserreger nicht mehr mit den vagen Bezeichnungen „Mikrokokken“, „Streptokokken“ u. s. w. belegt, sondern es ist mit jedem Namen eine genaue Diagnose des betreffenden Mikroben, die sowohl seine biologischen, wie auch seine pathogenen Eigenschaften umfasst, verbunden worden. Rosenbach hat aus acuten Abscessen, Phlegmonen, Empyemen u. s. w. folgende Mikrobienarten isolirt: Staphylococcus pyogenes aureus, Staphylococcus pyogenes albus, Streptococcus pyogenes, Micrococcus pyogenes tenuis und einen ovalen Coccus, der die Gelatine sehr schnell verflüssigt (microbe générateur de pus von Pasteur?).

Rosenbach's Diagnosen hier wiederzugeben, erscheint uns überflüssig; alle von ihm entdeckten bez. zum ersten Male isolirten und genau beschriebenen Mikrobien sind jetzt allgemein bekannt.

Nachdem Rosenbach in Besitz von Reinculturen der menschlichen Wundinfectionserreger gekommen ist, prüfte er ihre pathogenen Eigenschaften an Thieren. Das allgemeine Resultat seiner Thierversuche ist, dass die im menschlichen Eiter gefundenen Mikrobien pyogene Eigenschaften besitzen, also mit Recht als Ursache der Eiterungen, bei welchen sie gefunden werden, anzusehen sind. In kalten Abscessen, die nach Rosenbach's Meinung insgesammt tuberculösen Ursprungs sind, sind von ihm die pyogenen Mikrobien nicht wiedergefunden worden; der Tuberculosebacillus muss als ihre Ursache betrachtet werden. Wenn es oft geschieht, dass letzterer im Eiter kalter Abscesse nicht gefunden wird, so liegt der Grund davon höchst wahrscheinlich darin, dass im betreffenden Eiter der Tuberculosemikrobe in Form von Sporen, die sich nicht färben, also sehr leicht übersehen werden können, vorhanden war. In zwei Fällen — aus fünf — von tuberculöser Eiterung ist es Rosenbach gelungen, die Anwesenheit von Tuberkelbacillen nachzuweisen.

Obgleich Rosenbach die Möglichkeit von Eiterung ohne Mitbetheiligung von Bacterien zugiebt, erklärt er sich dennoch die Unnachweisbarkeit von Mikrobien in zwei Fällen von vereiterten Echinokokken dadurch, dass die Mikroorganismen, die diese Vereiterung verursacht hatten, zur Zeit der Untersuchung schon zu Grunde gegangen sind. Die Ansicht Leber's, dass analoge Eiterungen im Auge bei Cysticercus cellulosae wohl durch pyogene, vom parasitischen Wurme secernirte Substanzen hervorgerufen werden, scheint Rosenbach wenig wahrscheinlich.

Ausser obengenannten pyogenen Kokken isolirte und untersuchte Rosenbach noch drei Arten von Fäulnissbacillen, die er mit der menschlichen Septicämie in ätiologischen Zusammenhang stellt.

Einige Monate nach der Publication der Rosenbach'schen Monographie erschienen Passet's (67) Untersuchungen über die Aetiologie der eiterigen Phlegmone des Menschen (1885).

Mit denselben Methoden, die Rosenbach anwandte, und zwar gleichzeitig mit ihm arbeitend, untersuchte er 33 Fälle von acuter Eiterung und isolirte aus dem Eiter 8 Bacterienarten, und zwar: Staphylococcus pyogenes albus und aureus, die schon von Rosenbach beschrieben worden sind, und einen neuen Staphylococcus, den St. pyogenes citreus, den Streptococcus pyogenes von Rosenbach, den Bacillus pyogenes foetidus (n. sp.), den Staphylococcus cereus albus (n. sp.) und Staph. cereus flavus (n. sp.) und endlich einen dem Pneumoniecoccus ähnlichen Mikroorganismus. Den Rosenbach'schen Micrococcus pyogenes tenuis fand Passet nicht wieder.

Staphylococcus cereus albus und flavus erwiesen sich als für Thiere unschädlich, während alle anderen oben erwähnten Mikrobien bei den Versuchsthieren Eiterung erzeugten, mit der einzigen Ausnahme des Streptococcus pyogenes. Bei subcutaner Impfung des letzteren reagirten Kaninchen gar nicht, während bei Impfung am Ohr eine intensive Röthung entstand, die bald wieder nachliess. Bei Impfung von Streptococcus erysipelatis, dessen Culturen und mikroskopisches Bild nach Passet mit dem des Str. pyogenes identisch ist, entstand eine gleiche Röthung, doch etwas später und war nie so intensiv.

Passet beschäftigte sich auch mit der Frage nach der Entstehung von Eiterung ohne Mitbetheiligung von Bacterien. Er prüfte — nach der Cohnheim-Councilman'schen Methode (vgl. Nr. 57) — die Wirkung von Glassplittern, concentrirten Lösungen von Kochsalz, Crotonöl und Terpentin an Kaninchen. Die zwei letzteren erwiesen sich als Eitererreger; weder im Eiter noch in den Abscesswänden konnten Bacterien nachgewiesen werden.

Rodet (68) untersuchte, wie es schon Viele vor ihm in den letzten Jahren gethan haben, die Wirkung der Osteomyelitiskokken auf den thierischen Organismus.

Wir glauben hier seine Untersuchungen über die Biologie und Morphologie des betreffenden Coccus, der mit dem Rosenbach'schen Staphylococcus pyogenes aureus identisch war, übergehen zu können und wenden uns direct an seine Versuche.

Je nach den Krankheitserscheinungen, die die intravenöse Injection von osteomyelitischem Eiter oder von Culturen der Kokken bei den Versuchsthieren erzeugte, unterscheidet Rodet subacute, acute und überacute Fälle.

Die subacuten (bei 13 Kaninchen und 1 Meerschweinchen erhalten) erinnerten vollständig an die Erscheinungen der Osteomyelitis beim Menschen. Die Thiere blieben 5, 6 Tage und selbst einige Wochen nach der Impfung am Leben.

Die acuten Fälle (12 Kaninchen), deren Dauer 24 Stunden bis 3 Tage in maximo betrug, entsprachen denjenigen, die Krause beschrieben hat (vgl. Nr. 62).

In den überacuten Fällen, unter welche Rubrik Rodet diejenigen bringt, in welchen die Thiere vor Ablauf von 24 Stunden nach der Impfung starben, konnten durch die Section keine anatomischen Veränderungen nachgewiesen werden.

All' dieses, wie gesagt, nach intravenösen Injectionen, während intraperitoneale keine Reaction nach sich zogen und subcutane Einimpfungen — locale Abscesse, die oft zum Tode der Versuchsthiere führten, verursachten.

Das Auftreten oder Ausbleiben von Osteomyelitis bei den Versuchsthieren ist — nach Rodet — bedingt durch das Alter des betreffenden Thieres (in der Periode des energischen Wachsthums ist es am empfänglichsten), durch den Grad der Giftigkeit der injicirten Cultur (der je nach den Verhältnissen, in welchen die Cultur vegetirt, in weiten Grenzen schwankt) und endlich durch die Quantität des Impfstoffes.

Sattler (69) stellte sich die Aufgabe, die im Thränensackeiter vorkommenden Mikroorganismen in Reinculturen zu isoliren und sie auf ihre pathogenen Eigenschaften und Widerstandsfähigkeit gegen die Einwirkung von antiseptischen Mitteln zu prüfen.

Es wurden bei diesen Untersuchungen von Sattler folgende Bacterienarten gefunden: Staphylococcus pyogenes albus, citreus und aureus, ein dem Pneumococcus Friedländer's ähnliches Mikrobion und ein dem Passet'schen Staphylococcus cereus gleiches; ausserdem noch eine Anzahl verschiedener Bacillen. Streptokokken wurden von ihm gar nicht gefunden.

Die Prüfung der pathogenen Eigenschaften der isolirten Bacterien geschah durch Verimpfung von Reinculturen auf die Hornhaut von Kaninchen.

Die intensivste Wirkung wiesen die Staphylokokken auf; der Impfung dieser Kokken folgte eiterige Keratitis mit Hypopion und Iritis, die in einigen Fällen den Durchbruch der Hornhaut herbeiführten.

Die anderen Kokken riefen auch eitrige Keratitis mit Hypopion, doch von bedeutend geringerer Intensität als die Staphylokokken hervor.

Von den Bacillen erwies sich nur eine Art als pyogen und die von ihr hervorgerufenen Hypopionkeratitiden waren relativ noch schwächer.

Von den Antisepticis, zu welchen die verschiedenen Bacterien sich sehr ungleichmässig verhielten, erwies sich Sublimat 1:3000 als am stärksten wirkend.

Grancher (70) fand bei der Untersuchung eines an Endocarditis leidenden Mannes im Blute zahlreiche Mono- und Diplokokken, die in Pasteur'scher Nährbouillon gut gediehen und schon nach 24 Stunden einen dicken Niederschlag am Boden des Culturglases bildeten. Nach dem Tode des Kranken erwies es sich, dass die Endocarditis eine ulceröse war und die Aortenklappen von Vegetationen, die zahlreiche Mikrokokken enthielten, bedeckt waren.

Bumm (71) beschreibt, als einen neuen pyogenen Mikroorganismus, einen Diplococcus, dessen biologische und physiologische Eigenschaften mit denen des Staphylococcus aureus identisch, die mikroskopischen Charaktere aber völlig verschieden von denen sind, die Rosenbach für Staphylococcus aureus angegeben hat.

Die Verschiedenheit besteht darin, dass die einzelnen Kokken hier nicht sphärisch, sondern hemisphärisch und zu zweien derart verbunden sind, dass sie zusammen eine Sphäre bilden. An gefärbten Praeparaten erscheinen die beiden Hemisphären von einer hellen, ungefärbten Zone, die im Aequator der Sphäre liegt, von einander geschieden.

Gefunden wurden diese Kokken im Eiter aus einem Mammaabscess einer Puerpera und auf ihre pyogenen Eigenschaften sowohl an Thieren, wie auch an Menschen geprüft. Bei einem der Versuche am Menschen gelang es Bumm, das eitrig infiltrirte Hautstück in toto zu erhalten, was ihm auch die Möglichkeit gab, den Process der Kokkeninvasion, ihre Ausbreitung und Ansiedelung u. s. w. in den Geweben zu studiren.

Spätere Untersuchungen haben erwiesen, dass der von Bumm beschriebene Diplococcus keine neue Form, sondern der alte Staphylococcus aureus ist; seine feinere Structur ist bis Bumm unbekannt geblieben, weil man bei Bereitung von mikroskopischen Praeparaten eine möglichst intensive Färbung zu erhalten suchte, die die Constatirung von feineren Structureigenthümlichkeiten unmöglich machte.

In seiner Arbeit „über puerperale Mastitis“ (s. weiter unten) erkennt Bumm die Identität seines Diplococcus mit Staphylococcus aureus vollständig an.

Klemperer (72) führte an Kaninchen, Meerschweinchen und Mäusen eine Reihe von Versuchen aus, die dazu bestimmt waren, die Richtigkeit der in den letzten Jahren ausgeführten Experimente über Eiterung ohne Bacterien zu prüfen. Klemperer's Versuche bestanden in subcutanen Injectionen von Säuren und Alkalien in verschiedener Concentration, von Cantharidin, Ol. sinapis, Petroleum, Terpentin, Crotonöl und Quecksilber.

Die Injection der vorläufig sterilisirten Flüssigkeiten geschah in den meisten Versuchen mittelst Koch's Spritze durch die thermocauterisirte Haut, die nach der Injection wieder thermocauterisirt wurde; derartiger Versuche führte Klemperer 29 aus.

Die Ergebnisse waren folgende: Schwefelsäure (10—50%), Essigsäure (10—25%), NaHO (10—25%), Ol. sinapis (2:10 Ol. olivar.), T-ra Cantharidarum (5:20 Aq.), Petroleum riefen niemals Eiterung hervor, sondern nur eine mehr oder minder heftige seröse Entzündung, wobei im Exsudate Bacterien nie gefunden wurden. Von 12 Terpentininjectionen gaben 5 Eiterung mit Mikrokokken (in 3 von diesen 5 Versuchen kam Thermocauterisation nicht zur Anwendung).

Die im Eiter gefundenen Kokken wurden weiter cultivirt und Reinculturen dienten als Material für eine Reihe von subcutanen Injectionen; sie erwiesen sich als nicht eitererregend; die Reaction bestand in maximo in einem entzündlichen Oedem. Wurde aber vor der Kokkeninjection Essigsäure, Ol. sinapis oder Ol. terebinthinae in die Subcutis eingeführt, so entstanden Abscesse mit unzähligen Kokken im Eiter. Crotonöl gab einmal (von 4 Versuchen) Eiterung mit Kokken, ebenso Quecksilber.

Ausser dieser Versuchsreihe führte Klemperer noch 12 Versuche nach der Straus'schen Methode aus, wobei weder Terpentin noch Crotonöl und Quecksilber Eiterung erzeugten, und 3 Versuche nach Councilman's Methode. Zwei dieser letzteren verliefen ohne Eiterung, im dritten erfolgte Eiterung noch vor Zerbrechen des Röhrchens.

Auf Grund all' dieser Versuche schliesst Klemperer, dass ohne Mikroorganismen keine Eiterung stattfinden kann — ein Schluss, der viel weiter geht, als es das thatsächliche Material erlaubt.

Heubner (73) beschreibt eine Infectionskrankheit des Kindesalters, die durch multiple Eiterungen seröser Häute (Pleura, Peritoneum, Meninges, Gelenke) charakterisirt wird, wobei im fibrinös-eitrigen Exsudate massenhafte Mono- und Diplokokken gefunden werden.

Zu diesen Eiterungen gesellen sich auch Affectionen der Bronchien und Lungen, in deren Venen und Capillaren (ausserdem auch in den Nierengefässen) dieselben Kokken zu finden sind.

Garré (74) berichtet über die Ergebnisse bacteriologischer Untersuchungen einer Reihe von Fällen von Osteomyelitis, Furunculose, Panaritium u. s. w.

In drei Fällen von Osteomyelitis acuta constatirte er den Staphylococcus aureus (einmal mit Staphylococcus albus zusammen), und zwar sowohl im osteomyelitischen Eiter, als — in einem der 3 Fälle — auch im Blute.

Unter 72 Fällen von Panaritium, Furunkeln, Abscessen und Phlegmonen fand Garré — theils durch Culturen, theils ausschliesslich durch mikroskopische Untersuchung — 68 Mal Staphylokokken (aureus und albus), 4 Mal Streptokokken und zwar 3 Mal Streptococcus pyogenes allein und einmal zusammen mit Staphylokokken (alle 4 Fälle waren sehr schwere Phlegmonen, deren eine letal endete).

Um die ätiologische Bedeutung der Kokken zu prüfen, machte Garré auf sich selbst Inoculationen von Reinculturen des Staphylococcus aureus.

Einmal inficirte er kleine Wunden am Nagelfalze — am 2. Tage entstand eine subepidermoidale Eiterung. Das zweite Mal rieb er sich eine ganze Reincultur von Staphylococcus aureus in die unverletzte Haut des Vorderarmes, — es entwickelte sich nach 4 Tagen ein Carbunkel, an dessen Peripherie ein Kranz isolirter Furunkel sich befand; es trat auch eine consecutive Schwellung der Nachbarlymphdrüsen ein. Der Process dauerte etwa drei Wochen und hinterliess 17 Narben.

Aus dem Eiter wuchs der Staphylococcus aureus in Reincultur wieder.

Garré schliesst daraus, dass dieser Coccus Ursache von Panaritium und Furunculose ist und die Infection bei unverletzter Haut durch die Ausführungsgänge der Hautdrüsen stattfinden kann.

De Simone (75) untersuchte das Verhältniss der Rose zur Pyämie. Der Ausgangspunkt für seine Untersuchung war ein Kranker, welcher nach Exstirpation der Scapula pyämisch geworden war, nachdem er ein Erysipelas überstanden. Aus einem geschlossenen Abscess dieses Kranken erhielt Simone eine Reincultur von Streptokokken und gebrauchte sie zu einer Reihe von Thierexperimenten, die ihn zu folgenden Schlüssen führten. Pyämie und Erysipelas werden von einem und demselben Streptococcus erzeugt, denn der Streptococcus erysipelatis und der Eiterstreptococcus lassen sich weder mikroskopisch, noch in Culturen und in ihrer Wirkung auf Thiere von einander unterscheiden.

Die Streptokokken sind für Meerschweinchen und Mäuse unschädlich, während Eidechsen von ihnen tödtlich inficirt werden. Bei Kaninchen tritt nach der Impfung eine Art Erysipel auf, dann ein subcutaner Abscess und endlich auch der Tod. Sterben die Thiere frühzeitig nach der Infection, so enthält das Blut Streptokokken; auch auf Schnitten der Milz und Leber und im Blute abortirter Föten können sie nachgewiesen werden.

Aus Hauser's (76) Arbeit über Fäulnissbacterien notiren wir hier die Thatsache, dass in seinen Versuchen die Injectionen von faulenden Fleischextracten bei Thieren — im Gegensatz zu den Ergebnissen anderer Forscher — keine localen Erscheinungen, wie Abscessbildung u. s. w., sondern nur eine acute Intoxication zur Folge hatten.

Tilanus (77) fand unter 38 Fällen von Abscessen 7 Mal ausschliesslich Staphylococcus aureus, 2 Mal Staphylococcus albus, 6 Mal beide Formen zusammen, 4 Mal Streptococcus pyogenes, 2 Mal einen Bacillus, der dem Passet'schen Bacillus pyogenes foetidus sehr ähnlich war (NB. einmal ausschliesslich diesen, das andere Mal ihn zusammen mit Staphylococcus aureus), und einmal den Micrococcus pyogenes tenuis. In einem Mammaabscess fand er einen bis dahin noch unbeschriebenen Tafelcoccus. 12 der untersuchten Abscesse enthielten keine Bacterien (2 Fälle von puerperaler Mastitis, 10 Abscesse tuberculösen Ursprungs und vereiterte Bubonen).

Der Eiter und das Blut in einem Falle von kryptogenetischer Pyämie mit letalem Ausgange enthielten Staphylococcus aureus und albus und keine Streptokokken. Diese Beobachtung stürzt die Behauptung Rosenbach's, wonach von den pyogenen Bacterien nur die Streptokokken beim Menschen eine tödtliche Infection verursachen können.

Die Frage nach Eiterung ohne Bacterien, die schon zu einer Modefrage geworden ist, wird schon wieder in Angriff genommen, diesmal von Scheuerlen (78), der 32 Versuche an Kaninchen ausgeführt hat.

Ohne in die Détails seiner Methodik hier einzugehen, die an ihrer Stelle beschrieben und besprochen sein wird, werden wir hier nur sagen, dass er die zu prüfenden Substanzen in geschlossenen Glasröhrchen unter die Haut einführte, die erst nach vollständiger Heilung der Wunde subcutan zerbrochen wurden und somit ihr Inhalt in die Gewebe ergossen wurde. Zur Verwendung kamen folgende Substanzen (Quantität 1 oder 4 Tropfen): 1. Ol. terebinthinae (5 Versuche), 2. Ol. crotonis (5 Versuche), 3. Ol. sinapis (2 Versuche), 4. Ol. cantharidarum (2 Versuche), 5. Aqua destillata (2 Versuche), 6. Ol. caryophyllorum (2 Versuche), 7. Ol. cajeputi (2 Versuche), 8. Ol. sabinae (2 Versuche), 9. Ol. macidis (2 Versuche), 10. Infus. radic. ipecacuanhae (2 Versuche), 11. Decoct. fruct. capsici (2 Versuche), 12. Tartar. stibiatus (2 Versuche), 13. Ol. juniperi (1 Versuch), 14. Ac. formicicum (1 Versuch).

Alle diese Versuche verliefen ohne Infection mit der einzigen Ausnahme eines Versuchs mit Ol. crotonis, wo Eiterung mit Bacterien erhalten wurde; sonst war nicht ein einziges Mal selbst die leiseste Andeutung von Eiterung zu bemerken.

Auf Grund seiner Versuche schliesst Scheuerlen, dass chemische Reizmittel, obgleich sie Entzündungserreger sind, doch keine Eiterung erzeugen können, letztere ist von der Lebensthätigkeit von Bacterien abhängig.

Scheuerlen's Arbeit hat seiner Zeit viel Aufsehen erregt und glaubte man schon die ganze Frage als gelöst ansehen zu können; doch vergass man dabei vollständig, dass negative Ergebnisse, an einer Thierart erhalten, in keiner Weise die Beweiskräftigkeit von Versuchen beeinträchtigen können, die an Thieren einer anderen Art ausgeführt worden sind.

Unserer Meinung nach hat Scheuerlen nur das bewiesen, dass die von ihm zu den Versuchen gebrauchten chemischen Reizmittel bei Kaninchen keine Eiterung erzeugen können; wenn er aber aus diesen Ergebnissen den weitgehenden Schluss zieht, dass Eiterung ohne Mikroorganismen überhaupt unmöglich ist, so kann nur gesagt werden, dass dieses ein unlogisches Verfahren ist.

Dickerhoff und Grawitz (79) haben bei der früher als englische Pocke bezeichneten, von ihnen Acne contagiosa genannten Krankheit der Pferde eine Bacterienart gefunden und rein dargestellt, die zu den pyogenen und zwar zu den sehr energisch pyogenen Mikrobien gehört.

Es sind sehr kleine Stäbchen, die auf Blutserum am Besten gedeihen, auf Agar-Agar sehr gewöhnlich in Form kleinster Kugeln auftreten und in Gelatineplatten nicht gedeihen. Subcutan injicirt bewirken sie schwere Phlegmone. Die blosse Einreibung auf die unverletzte Haut von Meerschweinchen bewirkte den Tod in 2 Tagen.

Oberst (80) knüpft an seinen Bericht über 4 Fälle von acuten Eiterungen nach Brisement forcé einige Bemerkungen über die Art, in welcher Mikroorganismen, die eine acute Infectionskrankheit verursacht haben, aus dem Organismus nach ihrem Ablauf wieder verschwinden oder wenigstens ihre Wirksamkeit verlieren. Drei Wege führen nach Oberst dahin: 1. Herausbefördern vermittelst Eiterung oder mit den Excreten; 2. Untergang im Körper durch Zerfall, zum Theil vielleicht durch die Wirkung eigener Umsetzungsproducte; 3. Abkapselung ohne Einbusse ihrer Eigenschaften an irgend einer Stelle des Organismus.

Diese dritte Möglichkeit ist die schlimmste, denn es besteht immer die Gefahr, dass durch eine äussere oder innere Ursache die Lebensäusserungen der Bacterien wieder erweckt werden und in stürmischer Weise hervortreten. Interessante Belege dafür liefern die 4 von Oberst beschriebenen Fälle von z. Th. sehr ausgedehnten Eiterungen nach Brisement forcé mit relativ geringer Gewaltanwendung.

Es handelte sich um Ankylosen nach acuten, als infectiös anzusehenden Erkrankungen (2 Mal nach acutem Gelenkrheumatismus, einmal nach acuter infectiöser Osteomyelitis; im vierten Falle [Ankylosis genu] war die primäre Erkrankung nicht klar).

Aus diesen Fällen endete einer letal; bei einem zweiten musste Amputatio femoris gemacht werden; die zwei letzten verliefen glücklich.

Eine Infection von aussen war in diesen Fällen nicht denkbar, da die Haut stets intact blieb.

Petrone (81) injicirte bei seinen Untersuchungen über Pyämie Kaninchen und Meerschweinchen subcutan theils frischen Eiter aus pyämischen Lungenherden, theils bei 120—140 ° C. gekochten und filtrirten Eiter gleicher Herkunft, theils endlich Culturen der Bacterien dieses Eiters in Bouillon. Nach Injection der beiden ersten Arten von Flüssigkeiten entstanden stets locale Abscesse und metastatische Herde in den inneren Organen, während die Culturen unschädlich waren, obgleich sie massenhafte Mikrokokken enthielten.

Von gekochtem Eiter mussten etwa 2 ccm unter die Haut eingeführt werden, um dasselbe hervorzubringen, was nach Injection eines Tropfens frischen Eiters zur Beobachtung kam.

Denselben Erfolg hatte die Injection von frischer und gekochter Macerationsflüssigkeit fauliger thierischer Körper. In allen künstlich hervorgerufenen Abscessen und metastatischen Herden fand Petrone Mikrokokken.

Aus all' diesen Versuchen schliesst der Verfasser, dass die pyämischen Flüssigkeiten sowohl durch ihre Bacterien, als durch ein chemisch wirkendes Gift schädlich sind, welches letztere, als Ferment wirkend, unschädliche Spaltpilze in den Organen des Menschen und der Thiere in pathogene umwandelt.

Womit diese Umwandlung bewiesen wird, kann man aus Petrone's Arbeit nicht ersehen. Ebenso ist die Behauptung, dass in den Fällen, wo sterilisirter Eiter injicirt wurde, die darauf folgende Eiterung durch ein chemisches Gift erzeugt wurde, grundlos, da ja im Eiter Bacterien immer gefunden wurden und ihre Unschädlichkeit unbewiesen geblieben ist.

Widmarck (82) berichtet in seinen bacteriologischen Studien über Dakryocystitis, Hypopionkeratitis, Blepharadenitis und phlegmonöse Dakryocystitis, dass er bei allen diesen Erkrankungen stets Bacterien gefunden hat und zwar gelbe und weisse Traubenkokken, Kettenkokken und kurze Bacillen; sie kamen sowohl in Reinculturen vor, wie auch in Mischculturen von zwei und mehr Arten.

Mit künstlichen Culturen der gefundenen Bacterien machte Widmarck Versuche an Kaninchen; bei Verimpfung auf die Cornea entstand gewöhnlich Hypopionkeratitis, oft mit dem Charakter des Ulcus corneae serpens. Bei phlegmonösen und erysipelatösen Entzündungen praevalirten in Widmarck's Fällen Kettenkokken, während bei localen Abscessen am häufigsten Traubenkokken zu finden waren.

Cushing (83) giebt in seiner Abhandlung über das Verhältniss der Bacterien zum Puerperalfieber auf Grund eingehender Untersuchungen der Meinung Ausdruck, dass die häufigste Ursache der Puerperalinfection Kettenkokken sind; viel seltener ist sie durch Traubenkokken erzeugt, zu denen sich manchmal noch der Bacillus pyogenes foetidus hinzugesellt. Am leichtesten sind die Bacterien in den Thromben der Uterusvenen, der VV. iliacae und in den umherliegenden Abscessen nachzuweisen.

Rujis (84) injicirte in seinen Versuchen über die Aetiologie der Eiterung die zu erprobenden Flüssigkeiten in die vordere Kammer des Kaninchenauges und nicht in das Unterhautsgewebe, wie es seine Vorgänger gethan haben. Bei den subcutanen Injectionen kann man, meint Rujis, nie mit voller Sicherheit die Möglichkeit des Eindringens von Mikrobien ausschliessen, und die Sterilität des durch chemische Reize entstehenden Eiters ist für ihn kein Beweis der Unabhängigkeit solcher Eiterungen von Bacterien; — letztere konnten ja zur Zeit der Untersuchung schon im Eiter zu Grunde gegangen sein.

Es unterliegt keinem Zweifel, dass Rujis in seiner Negation zu weit geht, obgleich viele Versuche seiner Vorgänger als methodologisch ungenügend angesehen werden müssen. Rujis hat als Reizmittel Terpentin, Crotonöl (mit Olivenöl gemischt) und Petroleum angewandt.

Aus 21 Versuchen fand er nur in einem Eiterung, die aber nicht durch die chemischen Reizmittel, sondern durch den Staphylococcus albus erzeugt worden ist, der die Stichwunde an der Cornea zufällig inficirte. Die chemischen Reizmittel *per se* erzeugten nur seröse Entzündung.

Ausser chemischen Reizmitteln führte Rujis auch pyogene Traubenkokken in die vordere Augenkammer ein; es trat darauf Eiterung ein, doch nicht constant. Die negativen Ergebnisse erklärt der Verfasser dadurch, dass die Kokken, bevor sie sich angesiedelt und die Eiterung eingeleitet hatten, durch die Lymphbahnen aus der vorderen Augenkammer weggeschwemmt worden sind. Um mit pyogenen Kokken Eiterung immer zu erzeugen, muss man sie derart einführen, dass eine baldige Wegschwemmung unmöglich werde; dieses erzielte Rujis dadurch, dass er mit Traubenkokken getränkte Seidenfäden in die vordere Kammer einführte; schon am nächsten Tage entwickelte sich Hypopion und später Panophthalmia purulenta.

Aus allen diesen Versuchen schliesst Rujis, dass Eiterung von Mikrobien abhängig ist und ohne ihre Mitwirkung sich nicht erzeugen lässt, — wieder ein Schluss, der weiter geht, als es eine vorurtheilsfreie Würdigung der Thatsachen gestattet.

A. Fränkel (85) fand bei Untersuchung einer Reihe von Fällen acuter Abscesse und Phlegmonen im Eiter stets Mikroorganismen in Form von Mono-, Diplo-, Staphylokokken und dünnen Bacillen.

Bei puerperalen Lymphangoiten und Erysipelas phlegmonosa fand er Streptokokken, die in Culturen von denen der Rose verschieden waren.

Um mit den Arbeiten des Jahres 1885 abzuschliessen, müssen wir hier noch über Brewing's (86) Dissertation referiren, der in Virchow's Institut die pyogene Wirkung chemischer Reizmittel studirte.

Aus 86 Versuchen, die Brewing anstellte, gelangen nur 31, d. h. 36 %; in 55 gesellte sich zur Wirkung der chemischen Stoffe die von Bacterien.

Als Versuchsthiere wurden Hunde, Meerschweinchen und Kaninchen gebraucht und die zu untersuchenden Stoffe ihnen in zugeschmolzenen Glaskapseln unter die Haut eingeführt; nach Heilung der bei der Einführung gemachten Wunden wurden die Glaskapseln subcutan zerbrochen.

Aus 21 erprobten Stoffen erwies sich nur ein einziger pyogen, nämlich das Terpentin (Versuch Nr. 18 [Hund] und Nr. 19 [Kaninchen]); die anderen erzeugten entweder hämorrhagisches Oedem (Alkohol, T-ra cantharidarum, T-ra capsici, Spiritus sinapis, Harnstoff, Spiritus saponar., Acid. pyrogallicum, Hydrargyrum), oder Nekrose (Ol. crotonis, Chrysarobinum, Acid. formic., Liq. ammonii caustici, Liq. kali caustici, $ZnCl_2$ [20 %], Acid. carbolic. liquefactum, $AgNO_3$ [10 %]), oder endlich wurden sie reactionslos resorbirt (0,5 % NaCl, Dec. frangulae, T-ra Rhei aquosa, Ergotinum, Stibio-Kali tartaricum, Chloroform). Auch das einmal unter die Haut eingeführte lombardische Röhrchen incapsulirte sich, ohne Eiterung zu erzeugen.

Die Reihe der im Jahre 1886 publicirten Arbeiten eröffnet Hoffa (87) mit seiner Mittheilung über die Ergebnisse bacteriologischer Untersuchung von hundert Fällen acuter Eiterungen. Hoffa fand, ebenso wie Fränkel, in allen untersuchten Fällen Mikrobien im Eiter, wobei auch die Bemerkung gemacht wurde, dass bei rasch verlaufenden und scharf begrenzten Eiterungen immer Staphylokokken im Eiter zu finden sind, während langsam verlaufende und durch Vermittelung der Lymphbahnen sich in die Peripherie ausbreitende Eiterungen durch Streptokokkeninvasion erzeugt werden.

Der Eiter kalter Abscesse gab nie Culturen von Mikroorganismen, und dieses negative Culturergebniss hält Hoffa für ein diagnostisches Zeichen, das auf die tuberculöse Natur der betreffenden Eiterung deutet.

Interessant sind auch die zwei vom Verfasser angeführten Fälle von Empyem, in welchen bei den Kranken, unzweifelhaften Phthysikern, im

Eiter ausschliesslich Staphylokokken gefunden wurden, während im Sputum Tuberkelbacillen anwesend waren.

Gleichzeitig erschien eine zweite Mittheilung Hoffa's (88), worin er die Frage über die Verschiedenheiten in Cultur und pathogener Wirkung des Streptococcus pyogenes und Streptococcus erysipelatis bespricht. Ein klinischer Fall von eitriger Gelenkentzündung bei Erysipelas migrans und eine Reihe von Thierexperimenten überzeugten den Verfasser, dass der Fehleisen'sche Coccus, ebenso wie der Rosenbach'sche, Gelenkeiterungen verursachen kann.

v. Eiselsberg (89) beweist durch Culturen und mikroskopische Untersuchungen, dass im Blute fiebernder Verletzter fast immer Mikrokokken zu finden sind, die mit dem Rosenbach'schen Streptococcus pyogenes identisch sind.

Bei Septicämie fand er auch pyogene Kokken im Blute, wo sie Rosenbach vergeblich gesucht hat.

Bei gesunden, bei denjenigen Fiebernden, deren Fieber kein traumatisches war, und bei Erysipelkranken fand v. Eiselsberg keine Mikroorganismen im Blute; er meint, dass das traumatische Fieber das Resultat des Ueberganges von Kokken aus der Wunde in's Blut ist.

Weiter untersuchte v. Eiselsberg 18 geschlossene Abscesse und fand in ihrem Eiter 8 Mal den Staphylococcus aureus allein, 4 Mal den Staphylococcus aureus zusammen mit Streptococcus pyogenes, 3 Mal ersteren mit Staphylococcus albus, einmal beide Staphylokokken (aureus et albus) mit dem Streptococcus pyogenes und einem nicht präcisirten Bacillus und endlich 2 Mal den Streptococcus pyogenes allein.

Aus 3 Fällen von Empyem waren in einem ausschliesslich Tuberkelbacillen vorhanden, im zweiten — beide Staphylococcusarten, im dritten — dieselben zusammen mit Streptococcus pyogenes und einem dem Heubacillus gleich grossen Bacillus.

In einem Tonsillenabscesse fanden sich ausser Staphylo- und Streptokokken noch Kokken mit deutlichen Kapseln und in einer gangränösen Pustel bei Gangraena senilis — Staphylokokken, die mit Kapseln versehen waren und im Stich in Form von Nagelculturen aufgingen.

Bertoye (90) kommt auf Grund seiner bacteriologischen Untersuchungen über acute Osteomyelitis zum Schlusse, dass die Krankheit durch Staphylokokkeninvasion erzeugt wird.

Nach Bertoye ist der Staphylococcus pyogenes albus nur ein abgeschwächter Staphylococcus aureus. Diese seine Meinung gründet er auf die Beobachtung, dass, wenn man Thiere mit Staphylococcus albus-Culturen inficirt und von dem erhaltenen Eiter wieder die Bacterien herauscultivirt, so erhält man den Staphylococcus aureus statt des albus, d. h. letzterer verwandelt sich in ersteren. Sehr langdauernde künstliche Züchtung befördert auch diese Metamorphose.

Bertoye theilt auch vollständig Rodet's Meinung, dass durch beide oben genannten Manipulationen die pathogene Wirkung der Bacterien bedeutend gesteigert wird.

Viel Zutrauen erweckt die Arbeit von Bertoye nicht.

Es ist ja leicht möglich, dass bei Versuchen mit subcutanen Injectionen des Staphylococcus albus letzterer aus dem Organismus, wie dies ja sehr oft geschieht, eliminirt wird, ohne ihn geschädigt zu haben, die Wunde aber, durch die das Infectionsmaterial eingeführt worden ist, von der Luft aus mit dem viel häufigeren Staphylococcus aureus inficirt wird. Auch bei Constatirung der Metamorphose in künstlichen Culturen sind Irrthümer seitens Bertoye sehr leicht möglich, da gemischte Culturen von Staphylococcus albus und aureus anfangs pigmentlos sind und wie Reinculturen von Staphylococcus albus aussehen und erst später pigmentirt werden und dann wie Reinculturen von Staphylococcus aureus erscheinen. Eine Scheidung beider mittelst Plattenculturen gelingt sehr leicht und dann kommen keine Metamorphosen mehr vor.

Guiseppe Guarnieri (91. 92) machte eine Reihe von Thierversuchen mit einer Reincultur von Erysipelkokken, die er bei einem Falle von schwerem Erysipel (nach veralteter Malaria und Masern), der mit Gelbsucht complicirt war und letal endete, erhielt.

Bei Kaninchen kam am Ohre eine leichte erysipelatöse Entzündung zum Vorschein, während an Hunden, Meerschweinchen und weissen Mäusen die Impfung stets erfolglos war. Bei intravenöser Injection der Kokken erhielt er bei Kaninchen ulceröse Endocarditis mit zahlreichen Embolien. In der ausführlichen Mittheilung, die bald auf die vorläufige Mittheilung folgte, fügt Guarnieri nur noch bei, dass auch beim Menschen Endocarditis und auch Puerperalfieber wohl durch den Fehleisen'schen Coccus verursacht werden können.

Lübbert (93) untersuchte monographisch den Staphylococcus aureus, sein mikroskopisches Bild und die Form der künstlichen Culturen, sein Verhalten zum Licht, Wärme, verschiedenen Nährsubstanzen und Antisepticis, seine Fundorte ausserhalb des thierischen Organismus, seine Lebensenergie und seine Wirkung auf den Organismus.

Die Ergebnisse dieser gründlichen Untersuchungen können in einem kurzen Referate nicht *in toto* wiedergegeben werden. Hervorheben wollen wir hier aus seinen Ergebnissen Folgendes. In Milch gezüchtet, erzeugt der Staphylococcus aureus reiche Milchsäureproduction, auf Hühnereiweiss — bewirkt er dessen Peptonisirung.

Bei cutaner Einimpfung (bei Hunden, Kaninchen, weissen Mäusen und Tauben) erhielt Lübbert meistentheils keine Eiterung (aus 10 Versuchen einmal Eiterung).

Subcutane Einimpfung bewirkte Abscedirung, obgleich auch nicht immer.

Injection in's Blut bewirkte eine Allgemeininfection mit Localisirung in den inneren Organen, hauptsächlich in den Nieren, und den Tod.

In der Trachea, in der Blase, Pleural- und Peritonealhöhle entstanden Eiterungen, manchmal mit tödtlichem Ausgange.

Impfung auf die Cornea rief Hypopionkeratitis hervor.

Bei den Injectionen in's Blut, wobei der ganze Versuchsorganismus auf einmal mit einer Unmasse von Kokken überschwemmt wurde, erfolgte entweder baldiger Tod (am ersten Tage) mit den Symptomen acuter Intoxication oder aber lebte das Thier noch eine gewisse Zeit und starb erst später mit den Symptomen einer Infection. Für letztere sind Localisationen in den Nieren, wie schon bemerkt wurde, charakteristisch.

Nicht immer, aber doch ziemlich oft, treten Localisationen im Herzmuskel auf; selten sind sie in der Leber, in den Lungen, in der Milz und in den Skeletmuskeln.

Banti (94) fand in einem Falle spontaner eitriger Meningitis ausschliesslich Staphylokokken (aureus und albus) und Streptococcus pyogenes. Die Section zeigte ausser der Meningitis nur kleine katarrhalische Schleimhautgeschwüre im Dünndarme, die als Eingangspforte für die Bacterien gedeutet werden konnten. Sonstige Abscesse, Phlegmonen u. dgl. fehlten.

Bei Gelegenheit dieses Falles bemerkt der Verfasser, dass bei Eiterungen in geschlossenen Höhlen gewöhnlich nicht eine einzige Bacterienspecies, sondern oft mehrere gleichzeitig gefunden werden.

Aus Frick's (95) Arbeit über Antipyrin ist es hier wichtig zu notiren, dass subcutane Injectionen von concentrirten (1 : 1—2) Antipyrinlösungen bei den Versuchsthieren die Bildung von Abscessen zur Folge hatten, während schwächere Lösungen (1 : 4—5) dergleichen nie verursachten.

Dunin (96) hat sich die Aufgabe gestellt, bei Gelegenheit einer Typhusepidemie die Frage zu beantworten, ob die eitrigen Entzündungen und Venenthrombosen, die so oft im Verlauf des Abdominaltyphus auftreten, dem Bacillus typhi abdominalis oder aber anderen Mikrobien zu verdanken sind.

Es wurden 4 Kranke einer bacteriologischen Untersuchung unterworfen und in allen Fällen fanden sich im Eiter Staphylokokken, 2 Mal zusammen mit Streptokokken. In einem dieser Fälle wurden auch Milzpunction und Deckglaspraeparate des Milzsaftes gemacht; auch hier fanden sich dieselben Mikrobien, die später im Eiter auftraten.

Bochefontaine (97) kommt auf Grund einer langen Reihe von Versuchen zum Schlusse, dass:

subcutane Injection von dysenterischen Excreten bei Thieren Abscesse hervorbringt;

sind diese Excrete mit Wasser verdünnt oder in kleinen Quantitäten injicirt, so tritt bei den Versuchsthieren keine merkliche Reaction auf;

subcutane Injectionen diarrhöischer Flüssigkeiten (von einem Falle tödtlicher Cholera asiatica) bei Hunden und Meerschweinchen eine Intoxication zur Folge haben, die zum Tode der Versuchsthiere führen kann; die Stärke der Reaction steht in einfachem Verhältniss zur Quantität der injicirten Flüssigkeit;

subcutane Einspritzungen von Culturen des Spirillum cholerae asiaticae eine locale entzündliche Reaction (Abscesse) hervorrufen; sind die Culturen mit Wasser verdünnt, so ist die Reaction sehr schwach, manchmal auch gleich Null, namentlich wenn das Versuchsthier (oder Mensch) vollständig gesund ist;

der diarrhöische Schleim bei Cholera nostras bei Hunden und Meerschweinchen auch subcutane Abscesse erzeugt, während Tauben immun sind.

Kranzfeld (98) führte im Laboratorium des Prof. Iwanowsky eine Reihe von Thierexperimenten und klinisch-bacteriologischen Untersuchungen aus, um die Kenntnisse über die Eitermikrobien einer genauen Prüfung und eventuellen Erweiterung zu unterwerfen und die Krankheitserscheinungen, die jede einzelne dieser Mikrobienarten hervorbringt, näher zu studiren.

Kranzfeld's Arbeit zerfällt in drei Abtheilungen: eine litterarische, eine experimentelle und eine klinische.

In der ersten wird der Inhalt der wichtigsten Arbeiten über die fragliche Materie wiedergegeben und kritisch beleuchtet.

Der experimentelle Theil enthält 1. Untersuchungen über das Wachsthum der pyogenen Staphylo- und Streptokokken auf künstlichem Nährboden und 2. eine experimentelle Prüfung ihrer pathogenen Eigenschaften.

Die ersteren führten den Verfasser zu Ergebnissen, die im Allgemeinen mit den Ergebnissen von Rosenbach, Krause, Passet u. s. w. übereinstimmen; nur darin kann er Rosenbach und Fehleisen nicht beipflichten, dass Streptococcus erysipelatis und pyogenes in Culturen zu unterscheiden seien; er hat keine Verschiedenheiten bemerken können.

Auch die Thierexperimente führten zu einer Bestätigung der Resultate anderer Forscher.

Die Staphylokokken sind für Kaninchen pathogen; unter der Haut bewirken sie Abscedirung, in der Peritonealhöhle sind kleine Dosen unschädlich (ebenso wie unter der Haut), grössere tödten die Thiere, ohne dass die

Section etwaige pathologische Veränderungen in den inneren Organen oder an der Stichstelle entdecken liesse; intracorneal eingeimpft bewirken die Staphylokokken eine starke Entzündung, die zur Panophthalmie führt. Injectionen in das Knochenmark sind tödtlich; die Section ergiebt Eiterungen an der Stelle, wo die Bacterien eingeführt worden sind, ausserdem auch in den Nachbargelenken und zwischen den sie umgebenden Muskeln. In den inneren Organen lassen sich keine Veränderungen nachweisen.

Injectionen in's Blut sind meistens tödtlich.

Analogische Ergebnisse gaben die Versuche an Hunden; weisse Ratten reagirten gar nicht und bei Mäusen entstand nach der Impfung ein kleiner Schorf an der Impfstelle.

Die Streptokokken riefen, unter die Haut von Kaninchen gebracht, niemals Eiterung hervor, am Ohre desselben Thieres erzeugten sie eine intensive Röthung. Vergleichende Versuche mit Erysipelkokken sind nicht angestellt worden.

Bei Mäusen erzeugten die pyogenen Streptokokken pathologische Erscheinungen, die sehr an die in 1878 von Koch (vgl. Nr. 36) unter dem Namen von progressiver Gewebsnekrose der Mäuse beschriebenen erinnerten. Koch's Beschreibung des mikroskopischen Bildes der Kokken dieser Gewebsnekrose passt auch auf Streptococcus pyogenes.

Kranzfeld führte auch 8 Versuche mit chemischen Reizmitteln (2 mit Ol. terebinthinae, 6 mit Ol. crotonis) an Kaninchen nach Councilman's Methode aus; Eiterung trat nicht ein.

Im dritten Abschnitte theilt Kranzfeld die Resultate bacteriologischer Untersuchungen von 56 klinischen Fällen acuter Eiterung beim Menschen mit (53 waren bis zur Incision nicht im Zusammenhange mit der äusseren Luft), — in allen wurden Staphylokokken oder Streptokokken oder beide zusammen, oder endlich einer von beiden mit Staphylococcus cereus albus (Passet), Bacillus pyogenes foetidus oder diplococcus pyogenes (? St.); in den in Zusammenhang mit der äusseren Luft stehenden Eiterherden sind ausser den pyogenen Kokken auch noch verschiedene andere Bacterien (Luft- und Wasserbewohner) gefunden worden.

7 Mal untersuchte Kranzfeld das Secret von antiseptisch verbundenen Wunden: wo keine Eiterung da war, fand er auch keine Bacterien, wo aber solche vorhanden war, wurden die pyogenen Staphylo- und Streptokokken wiedergefunden.

Die bacteriologische Untersuchung von 14 kalten Abscessen gab negative Resultate; es wurden weder pyogene Kokken noch Tuberkelbacillen gefunden.

In einem Schlusscapitel resumirt Kranzfeld die Ergebnisse seiner klinisch-bacteriologischen Forschungen, die im Allgemeinen mit denen anderer Forscher übereinstimmen. Hervorheben wollen wir hier nur Folgendes, was als neu angesehen werden muss: bei Allgemeininfectionen, die durch Staphylokokkeninvasion hervorgerufen werden, localisiren sich die metastatischen Herde hauptsächlich in den inneren Organen, so dass ein der Pyämie ähnliches Bild erzeugt wird, während bei Streptokokkeninfection die Metastasen in den Gelenken, serösen Höhlen, gefunden werden, was die Krankheit der Septicämie ähnlich macht.

Longard (99) stellte Thierversuche mit den Kokken, die Escherich aus der Milch fiebernder Wöchnerinnen gezüchtet hat und die dem Staphylococcus pyogenes aureus und albus durchaus ähnlich waren, an. Es erwies sich dabei, dass der Staphylococcus albus der Milch keine pathogenen Eigenschaften besitzt, während der Staphylococcus aureus der Milch dem Rosenbach'schen auch physiologisch ähnlich ist, d. h. Eiterung verursacht.

Gleichzeitig hat Michel (100) aus der Milch einer Wöchnerin, die an eiternden Schrunden der Brustwarze litt, einen Staphylococcus albus gezüchtet und mit Reinculturen desselben Thierexperimente ausgeführt, die die pyogenen Eigenschaften dieses Coccus bewiesen haben.

Die Milch bringt dieser Coccus zur Gerinnung und zwar dadurch, dass er aus Milchzucker Milch und Buttersäure bildet (was schon früher Lübbert für den Staphylococcus pyogenes aureus bewiesen hat; vgl. Nr. 93). Der scheinbare Widerspruch zwischen den Ergebnissen von Michel und Longard kann leicht dadurch erklärt werden, dass der Staphylococcus albus des ersteren nur durch Vermittelung der Milch, aber aus Eiter erhalten worden ist, während Longard's Staphylococcus kein Eitercoccus, überhaupt kein pathogener Mikrobe war.

Hermann Knapp (101) aus New-York machte an Kaninchen und Meerschweinchen Versuche, um den Unterschied des Verlaufs antiseptischer und inficirter Augenoperationswunden zu untersuchen. Die Versuche wurden derart angestellt, dass eine und dieselbe Operation an beiden Augen des Thieres gemacht wurde — an einem Auge aseptisch, an dem anderen mit inficirten Instrumenten. Zur Infection der Instrumente wurden Reinculturen von Eiterkokken und vom Pilze der Rosahefe gebraucht (letzter Pilz verursacht parenchymatöse Entzündungen, aber keine Eiterung).

Die 25 Versuche von Knapp und ihre Ergebnisse können in folgender Weise resumirt werden.

1. Zwei Fälle von Discision mit Einspritzung eines Tropfens einer Emulsion von Staphylococcus pyogenes aureus in die vordere Augenkammer (Versuch Nr. V und VI): — heftigste Eiterung; Kokken im Eiter.

2. Discision mit inficirter Nadel (Versuch Nr. XVII): — heftigste primäre Eiterung.

3. Drei Fälle (Nr. XIX, XX, XXIV) von Impfstichen und Paracentese der Hornhaut: — umschriebene Hornhautabscesse, die um so sicherer auftraten, je directer, wohl auch je zahlreicher und tiefer Pilze eingeführt wurden.

4. a) Drei Fälle (Nr. VII, XXI, XXIII) von Hornhautirisincision mittelst Drahtschlinge, die mit kokkenhaltigem Eiter eines an Hornhautentzündung leidenden Kaninchens inficirt war: — keine Eiterung.

b) Osteomyelitiskokkeneinstich in eine vernarbende Hornhautwunde eines Kaninchens: — keine Eiterung (möglicher Weise schützte in diesem Falle die Epitelschicht).

c) Extraction eines Kaninchenauges mit einem Messer, das zu einer inficirenden Operation (die Operationswunde eiterte später) angewandt wurde und nur in Wasser gewaschen und mit einem frischen Handtuche abgewischt wurde: — reizlose Heilung.

5. Aehnliches Verfahren wie in 4 b, doch ohne Abwischen des Messers: — Infection, Eiterung.

6. Vier Fälle von Incision durch Hornhaut, Iris und meist auch durch die anstossenden Theile der Linse mit Impfung verschiedener Eiterkokken: — Eiterung.

7. Vier Fälle von Extraction mit gleicher Infection: — Eiterung.

8. Ein Fall von subconjunctivaler Schieloperation mit gleicher Infection: — Eiterung (phlegmonöse).

9. Augenoperationen mit Infection des Bindehautsackes: — Eiterung.

Alle ohne Infection ausgeführten Operationen verliefen ohne Eiterung. Daraus folgert der Verfasser, dass Traumen ohne Bacterien nicht vereitern. Was die Frage über Eiterung ohne Bacterien betrifft, so ist Knapp der Meinung, dass „alle Reize ausser Bacterien immer mehr Boden verlieren".

Kraske (102) unterwarf 5 Fälle von acuter Osteomyelitis noch vor dem Durchbruch des Eiters an die Körperoberfläche der bacterioskopischen Prüfung. Gleich den früheren Untersuchern fand er zwar in allen Fällen den Staphylococcus aureus, aber nur 2 Mal diesen allein, in den drei übrigen Fällen vermengt mit Staphylococcus albus, Streptococcus pyogenes, einmal auch mit nicht näher bestimmten Bacillen.

Kraske ist demgemäss der Meinung, dass nicht nur Staphylococcus aureus, sondern vielmehr alle pyogenen Mikroorganismen die acute Osteomyelitis zu erzeugen im Stande sind; die Krankheit wäre also nicht mehr als eine selbstständige specifische Affection, sondern als eine durch ihre

Localisation im Knochenmark klinisch charakteristische Form der Pyämie zu betrachten.

Das Zusammenfinden verschiedener Bacterienarten in den osteomyelitischen Herden hält Kraske für prognostisch wichtig, da sich solche Fälle nach seiner Erfahrung durch besondere Bösartigkeit auszeichnen.

Bumm (103) gesteht, wie wir schon oben gesagt haben, in seiner Arbeit über die Aetiologie der puerperalen Mastitis die Identität seines abscessbildenden Diplococcus (vgl. Nr. 71) mit dem Staphylococcus pyogenes aureus und beschreibt 10 Fälle von puerperaler Mastitis, von denen 7 durch diesen Coccus, 3 durch Streptococcus pyogenes verursacht worden sind.

Die Staphylococcusmastitis ist nach Bumm von der durch Streptokokken erzeugten klinisch unterscheidbar: die Staphylokokken erzeugen gewöhnlich parenchymatöse Abscesse, die Streptokokken — phlegmonöse Periadenitiden.

Bonome (104) injicirte Kaninchen in die Lungen Reinculturen von Staphylococcus aureus und albus, wonach stets Lungengangrän eintrat; aus den gangränösen Herden erhielt er Reinculturen der injicirten Mikrobien wieder.

Einführung der Kokken in die Trachea gab dieselben Ergebnisse, während intrapleurale Injectionen gangränöse Pleuritis nach sich zogen.

Die Einführung von mit Staphylokokken durchtränkten Hollundermarkkügelchen in die Lunge hatte auch Lungengangrän zur Folge, während nach Einführung ebensolcher Kügelchen, wenn sie nicht inficirt waren, keine Reaction eintrat.

Nicht pyogene Kokken erzeugten nie ähnliche Processe.

Am Schlusse seiner Abhandlung hebt Bonome hervor, dass von den 8 Fällen von Lungengangrän beim Menschen, die er beobachtet hat, in 6 Fällen die Gangrän anfangs auf einer der Extremitäten auftrat und nur später die Lungen von diesem Processe befallen worden sind.

Schulz (105) fand in einem Falle von Furunculus im Nacken, der zu Meningitis und Lungeninfarct führte, bei mikroskopischer Untersuchung sowohl im Furunkeleiter, wie im Infarcte ausschliesslich Streptokokken.

Dieser Befund wäre von grosser Bedeutung, da man im Furunkeleiter gewöhnlich nur Staphylokokken findet, wenn der Verfasser sich mit der mikroskopischen Diagnose nicht begnügt und Culturen angelegt hätte. So wie sie da ist, ist die Beobachtung nicht beweisend.

Bonome und Bordoni-Uffreduzzi (106) trafen bei einem Falle von tödtlicher Erysipelas bullosum faciei in den Blasen, Lymphgefässen der befallenen Hautpartie, im Blute und in den inneren Organen ausschliesslich pyogene Staphylokokken (die Untersuchung geschah sowohl mit Hülfe des Mikroskops, wie auch mittelst Culturen).

In einem zweiten Falle (Erysipelas phlegmonosum faciei) wurde Staphylococcus citreus neben wenigen Streptokokken aufgefunden und in den Culturen ging nur der erstere auf. Auf Grund dieser Fälle, namentlich aber des ersten, und positiver Impfungsergebnisse (an Kaninchen) schliessen die Verfasser, dass ein echtes Erysipelas auch durch Staphylokokken erzeugt werden kann und nicht ausschliesslich durch den Fehleisen'schen Streptococcus.

Dieser Schluss ist jedenfalls riskirt, da bis jetzt eine Unmasse von Staphylokokkenimpfungen an Kaninchen ausgeführt worden ist und kein einziger Forscher danach eine erysipelatöse Entzündung eintreten gesehen hat; dann ist es ja auch unzweifelhaft, dass im ersten klinischen Falle, auf Grund dessen die Verfasser ihre Hypothese bauen (ebenso wie im zweiten), die Infection mit Staphylokokken eine secundäre war, eine Complication der Rose darstellte und die Erysipelkokken zur Zeit der Untersuchung wohl schon abgestorben waren.

Jaccoud (107) fand in 4 Fällen von croupöser Pneumonie, die mit Pyämie complicirt waren, Staphylokokken und Streptokokken in den Eiterherden der Lungen und stellt die Hypothese auf, dass die Pyämie durch Aufsaugung des Eiters aus solchen Herden entsteht.

Haasler (108) untersuchte die Veränderungen, die nach intravenöser Injection von Reinculturen des Staphylococcus aureus in den Nieren entstehen.

Aus den Ergebnissen Haasler's, der hauptsächlich die histologische Seite der Frage berücksichtigt hat, ist Folgendes für uns wichtig: eine gewisse Zeit nach der Injection entwickeln sich an verschiedenen Stellen der Niere Kokkencolonien; um solche Colonien wird das Gewebe nekrotisirt und an der Grenze zwischen den gesunden und den nekrotischen Partien kommt eine zellige Infiltration zu Stande, die am Ende zur Abscessbildung führt.

Fleck (109), der gleichzeitig mit Haasler in Ribbert's Institute gearbeitet hat, verfolgte dieselben Ziele wie jener; als Object wählte er die Lunge, in welcher er acute mykotische Entzündungen durch intratracheale Staphylokokkeninjection erzeugte.

Makroskopisch treten die Veränderungen, welche die Pilze hervorgerufen haben, theils in einer Lunge, theils in beiden auf. Kirschgrosse bis nussgrosse Verdichtungsherde finden sich vor; auch treten die Herde verzweigt auf, schicken Ausläufer aus, welche unter einander anastomosiren und es resultiren auf diese Weise netzförmige Verdichtungen.

Gifford (110) legte Culturen aus dem Secrete der Bindehaut und dem Pustelinhalt in 19 Fällen von Conjunctivitis eczematosa an und überzeugte sich, dass in allen Fällen pathogene Kokken anwesend waren.

Mittelst des Plattenverfahrens isolirte Gifford, ausser einigen nichtpathogenen, 4 pathogene Kokkenarten, die bei intralamellarer Verimpfung auf die Cornea, schwere Keratitiden mit starker Irishyperämie und Exsudation in die vordere Kammer erzeugten.

Phlyktaene zu erzeugen gelang Gifford nicht.

Rein äussere Gründe erlaubten es Gifford nicht, die Morphologie und die biologischen Eigenschaften der isolirten Kokken zu studiren, so dass es ungelöst geblieben ist, ob die von ihm gefundenen Kokken mit den schon bekannten Eiterkokken identisch sind oder nicht.

Dieselben pathogenen Kokken, doch nicht so beständig und in bedeutend kleineren Quantitäten, fand Gifford bei Conjunctivitis catarrhalis und selbst in der gesunden Bindehaut wieder.

Gifford ist geneigt anzunehmen, obgleich seine Untersuchungen dafür keine experimentellen Beweise geliefert haben, dass die von ihm gefundenen Kokken in vielen Fällen, wenn nicht immer, die Ursache der Conjunctivitis phlyctaenulosa sind.

Boucheron und Duclaux (111) fanden im Inhalt von impetiginösen Pusteln Kokken in Form von Diplokokken, Ketten und Zoogloeahaufen, deren Reinculturen, Kaninchen intravenös injicirt, dieselben in kurzer Zeit unter Symptomen einer Allgemeininfection zu Grunde richteten. Die Section zeigte Eiterungen in serösen Höhlen, Gelenken und Muskeln.

Bei intratrachealer Injection ist die Wirkung der Kokken nicht so intensiv: die Versuchsthiere werden nach kurzer Krankheit wieder gesund.

In der Haut erzeugen die Kokken eine locale Gangrän mit Schwellung der Lymphdrüsen in der Nachbarschaft.

Auf der Cornea entsteht, wenn die Kokken „sehr giftig“ waren, Hypopionkeratitis; wenn die Giftigkeit mässiger ist, kommt nur Lockerung der Lamellen zu Stande.

Die Verfasser meinen, dass ihr Coccus, der zweifelsohne eine der Formen des Staphylococcus pyogenes von Rosenbach ist, die Ursache des impetiginösen Exanthems der Scrofulösen bildet.

Biondi (112) führte 15 Versuche (subcutane Einführung) an Kaninchen und zwei an Meerschweinchen mit indifferenten und differenten bacterienfreien chemischen Substanzen aus und combinirte ausserdem subcutane Einführung von chemischen Reizmitteln mit intravenöser Injection von Reinculturen der drei Staphylokokkenarten (aureus, albus und citreus).

Als indifferente Stoffe kamen Wasser und Olivenöl, als reizende — Terpentin und Crotonöl zur Anwendung. Bei allen Versuchen verfuhr Biondi antiseptisch und legte immer Controlculturen an. 6—13 Tage nach der Operation wurden die Thiere getödtet und sowohl mikroskopisch, wie auch mittelst Culturen untersucht.

Die Ergebnisse waren folgende:

1. Indifferente Stoffe, selbst in grossen Quantitäten, erzeugten keine Eiterung;

2. ebenso die differenten (reizenden) Substanzen;

3. bei Combinirung von intravenöser Kokkeninjection mit subcutaner Einführung von chemischen Reizmitteln entstanden an der Wirkungsstelle letzterer Abscesse mit Kokken im Eiter.

Seine allgemeinen Schlüsse formulirt Biondi folgendermassen:

Ueber Eiter ohne Mikrobien kann gar nicht die Rede sein; chemische Agentien können nur seröse Entzündung oder Mortification, nie aber Eiterung erzeugen; in den Wirkungsbezirk der chemischen Reizmittel können aus dem Blute Bacterien eindringen und Eiterung hervorrufen.

Gesetzt selbst der Fall, dass Ol. terebinthinae und Ol. crotonis keine Eiterung erzeugen können, daraus folgt es aber jedenfalls nicht, dass chemische Reizmittel im Allgemeinen keine Eiterung erzeugen können.

Biondi hat aber selbst dieses nicht bewiesen, dass die oben erwähnten zwei Reizmittel keine Eitererreger sind; er hat nur bewiesen, dass sie beim Kaninchen und beim Meerschweinchen keine Eiterung erzeugen können, und dieses Ergebniss ist ebenso sicher, wie dasjenige anderer Forscher, dass z. B. für Hunde Terpentin ein Eitererreger par excellence ist (De Bary und Grawitz und andere).

Gleichzeitig mit der Arbeit Biondi's erschien das Werk von Tricomi (113): „Microorganismi della suppurazione" u. s. w.

In diesem Werke fällt vor Allem ein Umstand auf, der auf die ganze Arbeit einen Schatten wirft: seit 1881 sind in der Bacteriologie die Genera Staphylococcus und Streptococcus endgültig aufgestellt; hunderte von Forschern haben seitdem mittelst Plattenculturen Repräsentanten beider Genera mit Leichtigkeit aus Gemischen rein erhalten und Niemand zweifelt über die Richtigkeit dieser Classification — ausser Tricomi, der alle Staphylococcus- und Streptococcusarten auf einen Haufen zusammenwirft und mit dem Namen „Micrococcus pyogenes" bezeichnet.

Diesen Micrococcus pyogenes fand er im Eiter von 80 Abscessen, 8 Phlegmonen, 5 Furunkeln und mit ihm machte er auch Thierversuche an Mäusen, Meerschweinchen und Kaninchen.

Das Ergebniss der Thierexperimente gipfelt im Satze, dass der Micrococcus pyogenes eine „specifische Anpassung an das Unterhautsgewebe" besitzt und nur in ihm — ohne vorhergehende Veränderungen, destructive Processe im Gewebe — sich ansiedeln und entzündungserregend wirken kann. Abscesse in den inneren Organen sind das Resultat der Wirkung von Bacterien auf durch pathologische Processe veränderte Gewebe; im „unvorbereiteten“ Gewebe innerer Organe soll der Micrococcus pyogenes sich gar nicht vermehren können.

Auch diese Meinung des Verfassers wird wohl auf begründeten Widerspruch von Seiten der Pathologen stossen. Tausende von Versuchen, deren sehr viele in dieser Litteratur-Uebersicht referirt sind, beweisen, dass pyogene Kokken in der gesunden Niere, Lunge u. s. w. sich vermehren und Entzündung erzeugen können, wenn auch nicht jedesmal erzeugen müssen.

Auch die „specifische Anpassung“ an das Unterhautsbindegewebe ist sehr zweifelhaft; unserer Ansicht nach existirt gar keine solche Anpassung. Beweise dafür liefern die zahllosen Misserfolge bei subcutanen Infectionen mit Eiterkokken.

Was die Frage über Eiterung ohne Bacterien betrifft, so hat der Verfasser an denselben Thieren (Mäusen, Meerschweinchen und Kaninchen) eine Reihe von Versuchen mit verschiedenen Acria und Caustica angestellt und erhielt kein einziges Mal Eiterung. Auf Grund dieser negativen Ergebnisse macht Tricomi den weitgehenden Schluss, dass Eiterung ohne Bacterien unmöglich ist.

Die weiteren Capitel des Werkes von Tricomi behandeln praktisch-chirurgische Fragen.

P. Grawitz (114) kommt auf Grund einer langen Reihe von Versuchen an Hunden und Kaninchen zum Schlusse, dass 1. man in die normale Bauchhöhle eine verhältnissmässig sehr bedeutende Quantität von Bacterien einführen kann, ohne die Gesundheit des Thieres zu gefährden. Ist aber das Peritoneum nicht normal und finden sich unter den eingeführten Mikrobien auch Fäulnissbacterien, so erhält man das Bild einer septischen Allgemeinintoxication, wie es schon Wegner (vgl. Nr. 28) gezeigt hat; Peritonitis tritt dabei nicht ein. Ebenso erzeugt die Injection von normalem Darminhalt in die normale Bauchhöhle keine Peritonitis.

2. Die sog. pyogenen Kokken können nicht als unbedingt pyogen betrachtet werden; im Gegentheil, es müssen in den Geweben gewisse Bedingungen vorexistiren, um eine Ansiedelung zu ermöglichen.

Speciell in der Bauchhöhle kommt es gar nicht darauf an, ob man einige Millionen in Wasser aufgeschwemmter Kokken injicirt; sofern die Resorption ungestört ist, entsteht keine Peritonitis. Letztere tritt aber ein, wenn mit den Bacterien eine Quantität von Flüssigkeit eingeführt wird (die gleichzeitig als Nährmaterial für die Bacterien dienen kann), die die Resorptionskraft des Peritoneums nicht genügend schnell überwinden kann; weiter dann, wenn durch gewisse Wunden, durch stagnirenden Inhalt, wie bei Hydrops ascites, durch Einklemmung von Darmschlingen oder Netz, kurz durch gewebsschädigende oder die Resorption verhindernde Ursachen ein Locus minoris resistentiae geschaffen ist.

Das bei Gelegenheit des Referates über Tricomi's Arbeit (vgl. oben Nr. 113) Gesagte kann zum Theil auch hier wiederholt werden: in gewissen Verhältnissen können auch völlig gesunde Organe und Gewebe der Invasion von pyogenen Kokken erliegen, aber natürlich, sie „können", doch „müssen" sie es nicht.

Wie es keine specifische Anpassung des Unterhautsgewebes an die Invasion von pyogenen Kokken (Tricomi) giebt, ebenso existirt auch keine specifische Immunität der Bauchhöhle (Grawitz) gegen dieselbe.

H. C. Ernst (115) cultivirte aus dem Eiter von 18 acuten Abscessen folgende Mikrobien, mit welchen er dann 40 Thierversuche ausführte: Staphylococcus aureus, albus, citreus, Streptococcus pyogenes, erysipelatis, Micrococcus pyogenes tenuis und Bacillus pyogenes foetidus.

Aus Ernst's Ergebnissen sind folgende hervorzuheben.

Die pyogenen Mikrobien können ein ganzes Jahr und selbst noch länger künstlich gezüchtet werden, ohne ihre pathogenen Eigenschaften einzubüssen und ihre biologischen Eigenthümlichkeiten zu modificiren. Ein und derselbe pyogene Mikroorganismus kann je nach Umständen verschiedene Krankheitsprocesse verursachen, doch gehören alle diese Processe zur Gruppe der entzündlichen, zu den Erscheinungen der acuten Eiterung. Nicht von der Art der pyogenen Bacterie, sondern von der Quantität des Infectionsstoffes, von der Stelle, wo er eingeführt wird, und von den individuellen Eigenschaften des Versuchsorganismus sind die Resultate der Infection abhängig.

Guttmann (116) züchtete aus dem Inhalt der Pusteln eines an Variola vera Leidenden zwei Kokkenarten: den Staphylococcus pyogenes aureus und einen dem Staphylococcus cereus albus (Passet) ähnlichen. Die Anwesenheit dieser Kokken erklärt die Entstehung der Pockenpusteln, doch sind diese Mikroorganismen nicht in ätiologischen Zusammenhang mit der Variola zu stellen, was auch der Verfasser mit rühmlicher Vorsicht nicht gethan hat.

Derselbe Forscher (117) hatte Gelegenheit, eine bacteriologische Untersuchung post mortem an einem Kranken anzustellen, der einem schweren acuten Gelenkrheumatismus, der mit fibrinös-eitriger Pericarditis und zahlreichen Abscessen in den Nieren und in der Brustkorbmuskulatur complicirt war, erlag. Das serofibrinöse Exsudat, ebenso wie der Abscesseiter, enthielten ausschliesslich den gelben Traubenkokken.

Guttmann sieht in diesem Falle den ersten directen Beweis für den infectiösen Ursprung des acuten Gelenkrheumatismus; doch scheint uns Guttmann's Fall gar nicht überzeugend. Es ist ja nicht bewiesen, dass, bevor sich die Complicationen (Eiterungen) hinzugesellt hatten, der Eitercoccus im Gelenke anwesend war; und wäre er selbst anwesend gewesen, hat er den Gelenkrheumatismus erzeugt?

Hajek (118) hat für seine vergleichenden Untersuchungen der pathogenen Wirkung der Erysipelkokken und der Eiterstreptokokken Culturen verwendet, welche einerseits von einem typischen Erysipel des Gesichts und des Vorderarms, andererseits von einer tiefen intermusculären Phlegmone stammten, bei welcher ausschliesslich Streptokokken gefunden wurden.

Von 20 Kaninchen, welche an den Ohren mit Erysipelkokken geimpft wurden, erkrankten 15 an einem typischen Erysipel, bei 3 trat eine intensive Schwellung ein. Doch konnte durch Verimpfung von letzteren Fällen aus wieder ein typisches Bild erhalten werden. In allen Fällen trat *restitutio ad integrum* ein.

Durch Verimpfung von Streptococcus pyogenes wurde unter 17 Kaninchen 10 Mal eine Phlegmone erzielt, in 5 Fällen trat nur Schwellung ohne Eiterbildung ein.

Escherich (119) untersuchte die Entstehungsweise der bei atrophischen Säuglingen auftretenden multiplen Abscesse, die, wie er dargethan hat, durch Staphylokokken (aureus et albus) verursacht werden.

Die Kokken dringen, nach Escherich, von der durch starke Transpiration oder behinderte Ausdünstung macerirten Haut, nicht selten unter dem Einflusse des Druckes und Reibens, dem der Hinterkopf, die Rückenfläche des Rumpfes u. s. w. ausgesetzt sind, in die Hautdrüsen ein, deren Entzündung den Beginn des Krankheitsprocesses bildet. Doch kommt es hier nicht, wie bei Erwachsenen, zur Bildung eines typischen Furunkels, sondern zur Abscessbildung; dieses erklärt Escherich dadurch, dass bei atrophischen Kindern die Spannung der Haut sehr gering ist, so dass bei ihnen nicht Nekrose und entzündliches Infiltrat auftritt, sondern Abscesse sich bilden müssen.

Die Staphylokokken fand Escherich in den kothbeschmutzten Windeln aller kranken und selbst vieler gesunden Kinder wieder.

In Jakowski's (120) „Compendium der Bacteriologie“ finden wir einige neue Beobachtungen und Experimente, unser Thema betreffend, die in Kürze folgendermassen referirt werden können.

Die directe Injection von Reinculturen des Staphylococcus aureus in das Nierenbecken von Thieren erzeugt Eiterherde, die in der ganzen Niere zerstreut sind. Die Tubuli recti sind dabei mit Kokken vollgepfropft (nach Versuchen von Dunin und Kijewski).

Der Micrococcus tetragenus, der gewöhnlich als für den Menschen nicht pathogen angesehen wird, ist von Jakowski den pyogenen zugerechnet und zwar auf Grund der Beobachtung von zwei Fällen von acuten Abscessen (am Finger und auf der Vola manus), deren Eiter ausschliesslich diesen Coccus enthielt (diagnosticirt nach mikroskopischen Praeparaten, da aus äusseren Gründen keine Culturen angelegt werden konnten).

Flügge (121) hat aus nekrotischen Herden einer leukämischen Milz einen Coccus gezüchtet, den er Streptococcus pyogenes malignus nennt. Er ist mikroskopisch von den Streptococcus pyogenes (Rosenbach) und Streptococcus erysipelatis (Fehleisen) nicht zu unterscheiden; auch in Culturen ist er den obengenannten ausserordentlich ähnlich. Völlig verschieden ist aber seine Wirkung auf den thierischen Organismus. Mäuse, mit kleinen Mengen der Cultur subcutan geimpft, sterben fast ausnahmslos nach 3—5 Tagen; man findet bei denselben an der Impfstelle einen grossen Eiterherd, ausserdem Mikrokokkenherde in den inneren Organen und verschieden gruppirte Kokken im Blut. Bei Kaninchen ist der Befund bald nach der Impfung demjenigen gleich, der nach Impfung mit Streptococcus pyogenes und erysipelatis zu sehen ist; dann (nach 2—3 Tagen) tritt Allgemeinerkrankung und nach 4 Tagen der Tod ein. Sectionsbefund ähnlich wie bei Mäusen, doch kommen noch häufig Gelenkeiterungen vor. Flügge weist auf die Möglichkeit hin, dass sein Coccus mit dem Krause'-schen Streptococcus pyogenes identisch ist, der sich von den durch Rosenbach und Passet isolirten durch seine Malignität unterschied.

Knapp (122) aus New-York, der seine Untersuchungen über Eiterung während seines Aufenthalts in Berlin begonnen hatte (vgl. Nr. 101), führte seine Untersuchungen nach Rückkehr fort, wie es seine Arbeit „Fermentation, Putrefaction und Suppuration" beweist.

Die ersten zwei Theile dieser Arbeit werden wir hier nicht berühren. Ihr Thema: „Gährung" und „Fäulniss" gehört nicht in den Rahmen unserer Specialforschung. Was den dritten Theil: „Suppuration" betrifft, so besteht sie in der Beantwortung von drei Fragen:

1. „Does traumatism of any kind produce suppuration?" Diese Frage bildete den Gegenstand der in dem Archiv für Augenheilkunde veröffentlichten und von uns schon referirten Abhandlung (vgl. Nr. 101) von Knapp. Da der Verfasser den dort veröffentlichten Thatsachen hier keine neuen hinzugesellt, so glauben wir uns mit der Verweisung auf unser Referat begnügen zu können. Erinnern wollen wir hier nur, dass die Antwort eine negative war und bleibt.

Die zweite Frage lautet folgendermassen: „Do foreign bodies as such cause the formation of pus?" Um dieselbe zu beantworten, führte Knapp verschiedene ausschliesslich mechanisch wirkende Fremdkörper in die vordere Augenkammer ein, und zwar zum Theil nach vorläufiger Sterilisation, zum Theil aber nach Eintauchen in Staphylococcus-Reinculturen.

In letzterem Falle entstand immer Eiterung, in ersterem niemals.

Die dritte Frage: „Are there any kind of chemical agents, that cause suppuration without the intervention of microbes?“ entscheidet Knapp negativ auf Grund von Experimenten (an Kaninchen) mit Terpertin und Crotonöl, die zum Theil in die vordere Augenkammer, zum Theil auch unter die Haut eingeführt wurden.

Auch in diesem Falle müssen wir sagen, dass die Versuchsergebnisse die Aufstellung der These: „suppuration depends in every case on the action of microbes“ nicht rechtfertigen.

Zum Schlusse seiner Arbeit giebt Knapp folgende Definition des Eiters und des Eiterungsprocesses: „Pus is an albuminous non coagulable fluid, containing multitudes of leukocytes, and suppuration is the splitting of living nitrogenous tissue into simpler compounds through the influence of certain bacteria.“

Bonome (123. 124) kommt auf Grund seiner Thierversuche (an Kaninchen) mit Staphylokokken zu folgenden Schlüssen:

1. Staphylococcus aureus und albus können eine nekrotische Endocarditis erzeugen, die der Endocarditis ulcerosa des Menschen analog ist, wenn sie in Form leichter Embolen in die Venen eingeführt werden, wobei eine *laesio continui* des Endocardiums nicht unbedingt nothwendig ist.

2. Dieselben Kokken können auch eine infectiöse Myocarditis erzeugen; letztere ist immer von embolischem Charakter und wird durch Einführung in die Jugularis von grossen, mit Kokken inficirten Embolen hervorgerufen. Sind die Embolen nicht inficirt, so entsteht auch keine Myocarditis.

3. Werden die Kokken, suspendirt in Wasser, in die Venen eingeführt, so rufen sie, wenn auch keine makroskopischen Embole sichtbar sind, mikroskopische Infarcte in den Nieren, die als nekrotische Zonen des Epithels (der Glomeruli und Tubuli contorti), die von hämorrhagischen Zonen umgeben sind, auftreten.

4. Die directe Einführung durch Stich von Kokken in das Nierenparenchym erzeugt der Länge des Stichcanals nach einen Sequester, der aus mortificirtem Epithel und Bindegewebe der Glomeruli und Tubuli contorti besteht.

5. Die temporäre Anämie der Niere (durch zweistündige Ligatur der Arteria renalis erzeugt) vermindert die Resistenzkraft dieses Organs gegen die Kokkeninvasion und begünstigt die Ausbreitung des nekrotisch-eitrigen Processes.

6. Die Staphylokokken können in Form einer Mischinfection die Lungen- und Pleuratuberculose compliciren.

7. Sie können eine Allgemeininfection mit zahlreichen und bedeutungsvollen Localisationen, besonders im Respirations- und Circulationsapparate, erzeugen. Die Localisationen können auch in den Muskeln in Form kleiner eitriger Herde und in der Haut in Form kleiner miliärer Bläschen mit serös-eitrigem Inhalt auftreten.

Die Reihe der Arbeiten vom Jahre 1887 eröffnet Pernice (125) mit seinen Untersuchungen über die experimentelle Erzeugung der Peritonitis. Es galt die Frage zu lösen, ob chemische Reizmittel Peritonitis erzeugen können. Zu diesem Zwecke wurden in die Bauchhöhle von Kaninchen und Meerschweinchen concentrirte Lösungen von Mineralsäuren, Essigsäure, Phenol, Sublimat und Argentum nitricum eingeführt, worauf immer Peritonitis, manchmal sogar mit Nekrose und Perforation der Darmwand eintrat. Die Peritonitis war immer eine seröse oder serofibrinöse, nie eine eitrige.

Im Exsudate fand Pernice stets Diplokokken, die die Nährgelatine verflüssigten. Reinculturen dieser Diplokokken erzeugten keine Peritonitis. In die Bauchhöhle gelangten die Kokken wahrscheinlich aus dem Blute, wo sie nicht nur bei den operirten, sondern auch bei gesunden Thieren, mit welchen sie zusammen gehalten waren, nachzuweisen waren. In der Luft des Laboratoriums und des Stalles waren dieselben Diplokokken in ziemlich grosser Quantität vorhanden.

Wie aus Obigem ersichtlich, ist die Hauptfrage, um derentwillen Pernice seine Versuche unternahm, unbeantwortet geblieben. Er hat nicht bewiesen, dass chemische Agentien allein acute Peritonitis erzeugen, da bei seinen Versuchen stets Mitwirkung von Bacterien eintrat. Der Umstand, dass die von ihm im Exsudate gefundenen Diplokokken allein keine Peritonitis erzeugten, ändert an der Sache Nichts, da es ja nicht unmöglich ist, dass die Zusammenwirkung beider Factoren (Diplokokken und chemische Reizmittel) eine Entzündung zur Folge haben kann, die keiner von beiden allein erzeugen kann. In seiner Versuchsreihe fehlen die Versuche mit chemischen Agentien mit Ausschluss von Bacterien, und nur diese konnten in diesem Falle entscheidend sein.

Guttmann (126) untersuchte bei drei Kranken den Varicelleninhalt auf Bacterien und isolirte drei Bacterienarten: 1. Staphylococcus pyogenes aureus, 2. Staphylococcus viridis flavescens (Guttmann) und 3. einen weisse Colonien bildenden Coccus, der dem Streptococcus erysipelatis ähnlich ist.

Mit allen diesen Mikroben machte er Thierversuche.

Staphylococcus aureus erzeugte bei Mäusen, in die Schwanzwurzeltasche geimpft, Eiterung, während subcutane Injectionen von 1 ccm von Gelatinereinculturen für Kaninchen und Meerschweinchen unschädlich waren.

Die Injection in die Ohrvene von Kaninchen hatte einmal den Tod in 24 Stunden zur Folge, wobei die Section die Ursache des Todes nicht klarstellte, das andere Mal folgte ein allgemeines Unwohlsein, das in einigen Tagen vollständig verschwand. Der zweite und dritte Coccus erzeugte bei den Versuchsthieren (Mäusen, Kaninchen und Meerschweinchen) keine entzündliche Reaction.

Gruber (127) experimentirte mit dem Bacillus des grünen Eiters und kam zum Schlusse, dass die allgemein verbreitete Meinung, wonach dieser Mikroorganismus unschädlich sei, irrig ist. In seinen Fällen folgte auf die Infection mit Bacillus pyocyaneus Eiterung.

Wagenmann (128) beschreibt einen Fall von doppelseitiger metastatischer Ophthalmie im Puerperium, die in wenigen Stunden zum vollständigen Erblinden der Patientin führte. Die Section der bald verschiedenen Kranken zeigte auf den Herzklappen, im Herzmuskel und in den Nieren Localisationen des pyämischen Processes, deren Ursache in multipler ausgedehnter Embolie der Gefässe mit Streptokokken zu suchen war. Von da aus drangen die Kokken auch in die Gewebe der Retina, des Glaskörpers und des Pigmentepithels (in beiden letzteren entwickelten sie sich besonders üppig).

Bossowski (129) untersuchte in der Krakauer chirurgischen Klinik von Prof. Mikulicz 50 Fälle von acuten Eiterungen und fand in allen die Rosenbach'schen *Pyogenetici* mit Ausschluss von Micrococcus pyogenes tenuis. Weiter unterwarf er einer bacterioskopischen Prüfung das Secret von 50 antiseptisch verbundenen Wunden (Jodoformverband); es zeigte sich dabei, dass nur $^1/_5$ dieser Wunden vollständig bacterienfrei war und $^1/_6$ frei von pathogenen Mikrobien; alle diese Wunden heilten *per primam intentionem*. In 50 % der Wunden fand sich Staphylococcus pyogenes albus vor, doch heilten $^2/_3$ davon *per primam* und in den anderen war nur sehr geringe Eiterung bemerkbar. In 9 Wunden wurde Staphylococcus aureus gefunden und in 2 Streptococcus pyogenes; diese 11 Wunden eiterten, doch auch nicht bedeutend.

Zu höchst interessanten Ergebnissen gelangte Bockhart (130) bei seinen Untersuchungen über die Aetiologie der Impetigo, des Furunkels und der Sykosis.

Er untersuchte zunächst 12 Fälle von selbstständiger Impetigo (unter Impetigo versteht Bockhart mit Wilson die als solche auftretenden Pusteln mit Ausschliessung aller Pusteln, die anfangs als Knötchen auftreten und erst später zu Pusteln werden) und 10 Fälle von accidenteller Impetigo (d. h. die als Complication anderer Hautkrankheiten auftrat) mittelst Cultur und Mikroskop.

Immer wurden im Eiter kleine Staphylokokken (0·5—0·8 $\mu$) gefunden, die theils frei, theils im Protoplasma der Eiterkörperchen lagen. Plattenculturen zeigten, dass es sich hier um die zwei Rosenbach'schen Staphylokokkenarten handelte, den Staph. aureus und albus. Sie fanden sich in den Pusteln zumeist beisammen; manchmal aber war nur eine Art in der Pustel vorhanden.

Im Furunkeleiter fand Bockhart dieselben Bacterien, wie im Inhalt der Impetigopusteln.

Bockhart beobachtete zu wiederholten Malen, wie eine nicht eröffnete Impetigopustel in einen Furunkel überging; auf der Spitze des Furunkels war dann mehrere Tage hindurch die eingetrocknete Impetigopustel noch deutlich erkennbar. Es lag also die Vermuthung nahe, dass die Impetigopustel der Anfang, die Vorstufe eines Furunkels ist. Um die Frage zu entscheiden, experimentirte der Verfasser auf sich selbst. 3 Mal inficirte er sich mit einer Mischcultur von Staphylococcus aureus und albus (2 Mal am Vorderarm, 1 Mal am Finger in die Cutis) und erhielt Impetigopusteln, deren einzelne zu Furunkeln wurden. Bei der dritten Impfung erhielt der Verfasser auch einen Abscess.

Die histologische Untersuchung der Pusteln (an Schnitten aus einem dem Verfasser von Dr. Cramer excidirten Hautstückchen mit Pusteln) brachte Bockhart zum Schlusse, dass in der That Impetigopusteln zu Furunkeln werden können. Diese Metamorphose findet aber nur bei denjenigen Pusteln statt, die im Zusammenhange mit einem Haarfollikel oder mit dem Ausführungsgange einer Knäueldrüse stehen. Hat die Pustel damit keinen Zusammenhang, so bleibt sie Impetigo, oder kann, wenn die Eiterkokken tiefer in die Cutis dringen, zum Abscesse werden.

Bei der sogen. Bartfinne (Folliculitis barbae, Sykosis), deren Aetiologie bisher unbekannt war, fand Bockhart auch im Eiter dieselben Staphylokokken, deren pyogene Eigenschaften alle Erscheinungen dieser chronischen Hautkrankheit genügend erklären.

J. v. Christmas-Dircking-Holmfeld (131) beschreibt in seiner Arbeit über Immunität und Phagocytenlehre, die hauptsächlich der Kritik der Metschnikoff'schen Hypothesen gewidmet ist, ausführlich die Veränderungen, die sich an der Impfstelle nach Impfungen von etwas abgeschwächtem Milzbrand einstellen.

Die Versuche sind an Mäusen, Kaninchen und Ratten ausgeführt worden; sie zeigten vor Allem, dass je nach der grösseren oder geringeren Empfänglichkeit der Thiere gegenüber dem Impfstoff der Wundverlauf ein verschiedener ist.

Während bei Mäusen und Kaninchen an der Impfstelle stets nur schwaches locales Oedem fast ohne Beimischung von Eiterkörperchen vorhanden war, fand sich bei Ratten stets Eiter im Wundsecret und zwar in verschiedener Menge, je nach der Empfänglichkeit des Versuchsthieres. Bei älteren Ratten erzeugte die Impfung dicken, gelben Eiter, welcher nach einigen Tagen schwand, bei jungen Thieren und denjenigen älteren, die der Infection nicht widerstanden, nur dünnen Eiter.

Stark abgeschwächter Milzbrand rief bei Kaninchen eine kleine von Eiterbildung begleitete Entzündung hervor.

Ein Vergleich dieser localen Infectionserscheinungen und der gleichzeitig auftretenden Erscheinungen der Allgemeininfection bei den verschiedenen Versuchsthieren führt den Verfasser zur Ansicht, dass die Eiterung ein hochwichtiger Process ist, dass sie als eine heilbringende Reaction des Organismus angesehen werden muss.

In dem dünnen Eiter (seropurulentem Secret) sind von Christmas stets zahlreiche, gut erhaltene Anthraxstäbchen gefunden worden, während im dicken Eiter anfangs ein Zerfall in kürzere Stäbchen, dann in Körner oder ganz kurze Stäbchen, die gewöhnlich nicht mehr auswachsen und nicht virulent sind, zu beobachten war.

Jacobs (132) studirte an Kaninchen die durch Staphylokokken hervorgerufenen acuten Entzündungen der Cornea. Seine Arbeit, die in Ribbert's Institute ausgeführt worden ist, hatte zum Zwecke, hauptsächlich die histologische Seite der Frage einer Prüfung zu unterwerfen.

Jacobs verfolgte die Veränderungen, die sich nach Staphylokokkeneinimpfung in der Cornea abspielen, 18 bis 168 Stunden nach der Impfung, und fand, dass die Eiterkokken zunächst Nekrose des umliegenden Gewebes erzeugen; dann folgt dichte Infiltration mit Leukocyten. Eine weitere Erscheinung ist die Defectbildung, die durch Ausfall der nekrotischen Zone zu Stande kommt, und endlich folgt eine regenerative Wucherung des angrenzenden normalen Gewebes (durch Mitosis).

Was die Eiterkokken betrifft, so gehen dieselben in dem nekrotischen Abschnitte inmitten der dicht angesammelten Rundzellen zu Grunde; die fixen Gewebszellen betheiligen sich an diesem Untergange der Kokken nicht. Wie die Leukocyten auf die Kokken wirken und durch welche Kräfte letztere zum Absterben gebracht werden, diese Fragen bleiben einstweilen unbeantwortet.

Zuckermann (133) publicirte bald nach Erscheinen einer kurzen vorläufigen Mittheilung im Centralblatt für Bacteriologie (1887. Bd. I. S. 497), seine ausführliche Arbeit: „über die Ursachen der Eiterung“ in russischer Sprache.

Da in der vorläufigen Mittheilung nur die Ergebnisse und zwar in sehr knapper Form veröffentlicht worden sind und keine genauere Angabe der Methodik stattgefunden hat, konnte selbstverständlich diese Arbeit nicht kritisch beurtheilt werden; erst die russische (ausführliche) Publication erlaubt Zuckermann gerecht zu werden.

Schon im ersten Capitel (Litteratur der Lehre über die pyogene Wirkung chemischer Reizmittel) erscheint Zuckermann als sehr energischer Kritiker; mit leichtem Herzen macht er alle diejenigen herunter, deren Methodik ihm strengen Anforderungen nicht zu entsprechen schien, und nach dieser Einführung wäre der Leser geneigt zu hoffen, dass Zuckermann auch gegen sich selbst ebenso kritisch wie gegen andere verfahren würde. Das zweite Capitel aber (eigene Experimente) bringt eine Enttäuschung: aus ihm ersehen wir, dass Zuckermann weder mikroskopisch noch mittelst Culturen den experimentell erhaltenen Eiter untersucht hat und ohne jede Berechtigung alle Fälle von Eiterung nach Einführung von chemischen Reizmitteln als „unreine Experimente" ansieht. Für viele Fälle ist diese Erklärung wohl richtig, jedenfalls ist sie unbewiesen; für die Fälle von Eiterung nach Terpentin- und Quecksilberinjection ist sie aber unanwendbar, denn sämmtliche neueren Forscher (De Bary und Grawitz, Rosenbach und Kreibohm, Christmas u. s. w., siehe weiter unten), die sowohl mikroskopisch wie auch mittelst Culturen den bei diesen Versuchen erhaltenen Eiter geprüft haben, sind darin einig, dass derselbe, ebenso wie die Abscesswände dabei völlig bacterienfrei sind, dass also keine Verunreinigung stattfindet und die Eiterung ausschliesslich der Wirkung des chemischen Reizmittels zuzuschreiben ist.

Der zweite Theil von Zuckermann's Arbeit berichtet über seine klinisch-bacteriologischen Untersuchungen von 38 Fällen acuter Eiterung und ist von einer litterarischen Uebersicht eingeleitet, die den Inhalt von einem Dutzend Arbeiten über Eiterkokkenbefunde, also nur dasjenige, was in jedem Lehrbuche zu finden ist, wiedergiebt.

Was Zuckermann's eigene klinisch-bacteriologischen Untersuchungen betrifft, so sind sie (im Jahre 1886, also zur Zeit, wo Koch's Culturmethoden schon zum Gemeingut der Forscher der ganzen Welt geworden sind) ausschliesslich mikroskopische gewesen. Zuckermann sagt ausdrücklich, er habe diese Untersuchungen unternommen, um zu erfahren, „welche Arten von Mikrobien im Eiter am öftesten zu finden sind" und „ob immer im Eiter Bacterien zu finden sind". Da aber keine Culturen angelegt worden sind, so hat er nur die Genera, nicht die Arten diagnosticiren können (in 28 Fällen fand er Staphylokokken, in 6 Fällen Streptokokken); ausserdem konnte er sich auch nicht mit Sicherheit überzeugen, ob in den 4 Fällen, in welchen er keine Bacterien durch die mikroskopische Analyse auffinden konnte, auch wirklich keine anwesend waren.

Endlich machte Zuckermann auch Infectionsversuche mit Staphylokokken, 6 Mal an Thieren, 4 Mal an sich selbst. Diese Versuche führten zur Bestätigung der Ergebnisse früherer Forscher.

Zum Schlusse dieses Referates erlaube ich mir noch die ersten zwei Thesen des Verfassers hier anzuführen:

1. Weder chemische noch mechanische oder thermische Agentien, wenn sie bacterienfrei sind, vermögen Eiterung zu erzeugen.

2. In denjenigen Fällen, in welchen sie scheinbar eine solche erzeugten, gesellte sich wahrscheinlich Bacterieneinwirkung hinzu.

Etwaige Commentarien sind hier wohl vollständig überflüssig.

Biondi (134) beschäftigte sich in Koch's Institute mit der Untersuchung der pathogenen Mikroorganismen, die er im menschlichen Speichel gefunden hat. In die Einzelheiten seiner Methodik werden wir hier nicht eingehen und begnügen wir uns mit der Notiz, dass die pathogenen Eigenschaften der 5 gefundenen Arten (Bac. salivarius septicus, Cocc. salivar. septic., Micrococc. tetragenus, Streptococcus septicopyaemicus und Staphyl. saliv. pyogenes) an Mäusen, Kaninchen und Meerschweinchen geprüft worden sind.

Von diesen 5 Arten sind nur die 2 letzten für unsere specielle Frage von Wichtigkeit, da nur ihnen, nach Biondi's Untersuchungen, pyogene Eigenschaften zukommen.

Der Streptococcus septicopyaemicus ist 3 Mal im Speichel gefunden worden und zwar 1 Mal bei Angina phlegmonosa und 2 Mal bei primärem Larynxerysipel.

Kaninchen, die mit diesem Coccus geimpft wurden, gingen meistens nach 15—20 Tagen an chronischer Septicämie zu Grunde. An der Infectionsstelle war gewöhnlich Nichts, manchmal aber circumscripte Infiltration mit eitrigem Centrum zu finden. Bei Meerschweinchen und Mäusen trat gewöhnlich an der Impfstelle Eiterung mit Tendenz zur progressiven Ausbreitung ein; erstere überstanden oft diese Eiterung, während die Mäuse gewöhnlich erlagen.

Der Staphylococcus salivarius pyogenes (bei Angina scarlatinosa gefunden) ist äusserst klein und nur beim Gebrauch sehr guter Linsen zu bemerken. Er zeigt immer nur locale Wirkung — Abscesse mit crêmeartigem Eiter ohne rothe Blutkörper und nekrotische Fetzen. Die Kokken liegen (wie Koch's Kokken der progressiven Abscessbildung der Kaninchen) nicht in der Mitte des Abscesses, sondern in grosser Zahl in der Peripherie, in den Abscesswänden.

Döderlein (135) bewies durch sorgfältige Untersuchungen, dass die

Lochien des Uterus von gesunden (nicht fiebernden) Puerpern immer völlig bacterienfrei sind und dass subcutane und intravenöse Injection dieser Lochien bei Kaninchen keine Reaction hervorruft, während die Lochien der Vagina derselben Wöchnerinen verschiedene Mikrobien enthalten, unter anderen auch pathogene, was durch die positiven Resultate der Injection dieser Lochien bei Kaninchen bewiesen wird. Bei fiebernden Wöchnerinen enthalten auch die Lochien des Uterus Mikroorganismen, und zwar meistentheils den Streptococcus pyogenes.

Paul Ernst (136) fand in den grün gewordenen Verbänden aus der chirurgischen Klinik zu Heidelberg einen Bacillus, der von dem typischen bis jetzt beschriebenen Bacillus pyocyaneus in mehreren culturellen Merkmalen abwich. Die Unterschiede bestehen darin, dass der Ernst'sche Bacillus die Gelatine schneller verflüssigt, und zwar in Form eines Trichters, und die Pigmentbildung bei ihm schneller vor sich geht. Auch der Farbenton ist verschieden, nämlich heller, als beim typischen. Auch die Bouillon-, Agarculturen u. s. w. weisen charakteristische Unterschiede auf.

Ernst hält seinen Bacillus für eine Varietät des Bacillus pyocyaneus, nicht für eine selbstständige Art.

In A. Mosso's (137) Abhandlung über die Metamorphose rother Blutkörperchen in Leukocyten und ihre Nekrobiose bei der Gerinnung und Eiterung, im Capitel über Eiterbildung (S. 290), ist folgendes Experiment beschrieben worden, das für unsere Frage eine gewisse Bedeutung hat: „Den 26. März haben wir einer 6910 $^{grm}$ schweren Hündin 2 $^{ccm}$ Terpentin unter die Haut am Halse injicirt.... Im Verlauf der nächsten Tage bildete sich ein Abscess, wobei die Haut an der Injectionsstelle weder entzündet, noch schmerzhaft war.... Den 3. April war der Abscess schon bedeutend angewachsen und es wurde zu dieser Zeit der Eiter mit dem Dieulafoie'schen Aspirator entleert.... Um den Eiter vollständig zu entleeren, musste ausserdem noch ein kleiner Einschnitt gemacht werden. Der Eiter (210 $^{ccm}$) war gelb, dick und roch schwach nach Terpentin; die letzten Tropfen waren sanguinolent."

„Was die Beziehung der Eiterung zu den Mikrobien betrifft, eine Frage, die zur Zeit in der Pathologie sehr heiss discutirt wird, so kann ich sagen, dass weder in diesen 210 $^{ccm}$ Eiter Mikrobien anwesend waren, noch entwickelten sich in ihm später Fäulnissbacterien; der Eiter stand 10 Tage bei gewöhnlicher Zimmertemperatur und weder verfaulte er, noch unterlag er etwaigen anderen Veränderungen."

Mosso hat nur diesen einen Versuch beschrieben, er bemerkt aber, dass mehrere mit demselben Resultate ausgeführt worden sind.

Pawlowsky (138) hat aus 5 Fällen von pyämischen Abscessen und

Gelenkaffectionen in 4 durch Reinculturen den Staphylococcus pyogenes aureus, in 1 den Streptococcus pyogenes nachgewiesen.

Bei Injection dieser Kokken in grosser Menge in die Blutbahn oder bei Combinirung solcher Injectionen mit intravenöser Einführung von Zinnober, Alkohol, Liquor ferri sesquichlorati oder mit Anbringung von Knochenfracturen erhielt Pawlowsky bei den Versuchsthieren Eiterherde in verschiedenen Organen.

Auf Grund der Sectionsbefunde schliesst er, dass die Staphylokokkenpyämie hauptsächlich die inneren Organe, die Streptokokkenpyämie mehr die Gelenke afficirt, was Kranzfeld schon im Jahre 1886 constatirt hat (vgl. Nr. 98).

P. Guttmann (139), in Weiterverfolgung seiner bacteriologischen Untersuchungen über den Inhalt der Pockenpusteln (vgl. Nr. 116), fand darin ausser den früher schon gefundenen noch folgende zwei Kokkenarten: den Staphylococcus albus und den Staphylococcus viridis flavescens, der schon früher von ihm im Varicelleninhalt beobachtet worden war (vgl. Nr. 126).

Die Arbeit von Grawitz und de Bary (140) über die Aetiologie der acuten Eiterungen ist ohne Zweifel die erste, in welcher bei der Lösung der Frage über die Möglichkeit von Eiterung ohne Bacterien sowohl die Versuchsanordnung rationell, wie auch die Deutung der Versuchsergebnisse einwandsfrei war.

Die Fragen, die die Verfasser zu beantworten suchten, waren die folgenden:

1. Wie verhält sich die Resorption vom subcutanen Gewebe aus bei indifferenten Flüssigkeiten?

2. Wie verhält sich die Resorption differenter in Wasser löslicher Flüssigkeiten?

3. Wie verhält sich die Resorption differenter öliger Substanzen? und

4. Wie verhalten sich bei subcutaner Injection die Eiterkokken?

Was die indifferenten Flüssigkeiten betrifft, so zeigten die Versuche, dass sie ohne Weiteres durch die Lymph- und Blutbahnen resorbirt werden; sind ihnen einige Oesen von Staphylococcus aureus beigemischt, so ändert dieses an der Sache Nichts, da die Kokken zu schnell resorbirt werden, um eine schädliche Wirkung ausüben zu können. Nur dann tritt Eiterung ein, wenn der Stichcanal inficirt wird; dann sind auch immer Bacterien im Eiter nachweisbar. Sterilisirte concentrirte Kochsalz- und Zuckerlösungen erzeugen auch keine Eiterung. Zusatz von Eiterkokken ist irrelevant; Eiterung entsteht nur dann, wenn die Haut nekrotisirt wird.

Bei Sublimat tritt auch nur dann Eiterung ein, wenn der Stichcanal inficirt wird.

0·5 % $AgNO_3$ wird resorbirt, selbst bei Zusatz von Eiterbacterien; stärkere absolut sterile (da schon dünne Lösungen die Eiterkokken tödten) Lösungen führen bei Hunden immer zur Abscessbildung. Diese Eiterung ist eine Reaction auf die chemische Reizung mittelst $AgNO_3$; der Eiter ist immer bacterienfrei.

Alkohol absolutus führt selbst bei Zusatz von Eiterkokken nicht zur Eiterung; ebenso Chlorzink.

Mineralsäuren und Essigsäure bewirken niemals Eiterung. Kali- und Natronlauge, obwohl sie in schwachen Lösungen nicht sicher keimtödtend wirken, führen auch bei Zusatz von Eiterkokken nicht zur Eiterung.

Ammoniak wird in dünnen Lösungen, selbst bei Zusatz von Eiterkokken, einfach resorbirt, während concentrirte Lösungen trotz sorgfältigster Sterilisation Abscesse mit Gasgehalt im Eiter bei Hunden hervorrufen; der Eiter ist immer steril.

Terpentin ist für Hunde ein Eitererreger par excellence, während es bei Kaninchen und Meerschweinchen nichteitrige Entzündungen, nie aber eitrige erzeugt. Zusatz von Eiterkokken ändert an der Sache Nichts. Crotonöl, wenn steril, erzeugt bei den Versuchsthieren Entzündung mit serösem oder fibrinösem Exsudate; bei Zusatz von Eiterkokken kommt es zur Eiterung.

Die oben referirten Versuchsergebnisse beweisen also, dass gewisse chemische Substanzen, ohne jede Mitwirkung von Bacterien, in gewisser Concentration und bei gewissen Thierarten, Eiterung erzeugen können; andere Substanzen machen nur die Gewebe für die Kokkeninvasion mehr empfänglich.

Weiter studirten die Verfasser die Wirkung einiger Bacterien. Sie überzeugten sich dabei, dass der Micrococcus prodigiosus in Gelatine-Reinculturen bei Hunden, Kaninchen und Ratten Abscesse erzeugt. Gleiche Resultate erhält man, wenn man statt lebender Culturen durch Hitze abgetödtete einführt, mit dem einzigen Unterschiede, dass im ersten Falle aus dem Eiter der Prodigiosus wieder in Reinculturen gewonnen werden konnte, während in letztem Falle der Eiter sich als steril erwies. Sind den abgetödteten Gelatineculturen des Bacillus prodigiosus einige Oesen von lebenden Staphylokokken (St. aureus) beigegeben worden, so erhielten die Verfasser nach Einführung dieses Gemisches unter die Haut der Versuchsthiere Abscesse, deren Eiter sehr reich an Staphylokokken war; in diesen Fällen bereiten also die Umsetzungsproducte eines Mikroben die Gewebe für die Invasion eines zweiten vor. Dieser Schluss ist völlig berechtigt, da dieselben Quantitäten von Staphylococcus-aureus-Culturen *per se* eingeführt keine Eiterung erzeugen, N.B. wenn keine Infection der Stichwunde sich hinzugesellt. Um sicher mittelst Staphylococcus aureus

Eiterung zu erzeugen, müssen grosse Quantitäten desselben injicirt werden.

Endlich machten Grawitz und de Bary auch Versuche mit Injection von abgetödteten Staphylococcus-aureus-Culturen; sie erhielten danach nur bei Hunden Eiterung, und auch hier ausschliesslich dann, wenn grosse Quantitäten injicirt worden sind.

Mazza (141) erhielt ebenso, wie fast gleichzeitig mit ihm Chotzen (vgl. Nr. 147), nach subcutaner Injection von Calomel (in Glycerin) bacterienfreie Eiterungen beim Menschen und bei Hunden.

Fick (142) untersuchte zum Theil mikroskopisch, zum Theil mittelst Culturen Conjunctivalsecrete von 85 Augen (bei 57 Kindern), wovon 49 gesunde, 36 chronisch katarrhalische waren, und 50 gesunde Bindehäute von 26 Erwachsenen.

Aus der ersten Reihe erwiesen sich nur 6 Augen bacterienfrei; aus der zweiten — 32, insofern eine ausschliesslich mikroskopische Analyse letzterer nicht irre geleitet hat.

In allen anderen Fällen sind verschiedene Mikroorganismen gefunden worden, und zwar mehrere saprophytische Bacillen und folgende Kokken: Staphylococcus aureus, Coccus albus non liquefaciens (*an* Micrococcus candicans, Flügge), Streptococcus sp.? und Sarcina lutea.

Fick behauptet, dass der Staphylococcus aureus für die unverletzte Conjunctiva und Cornea gänzlich schadlos ist, während er auf die verletzte Cornea sehr energisch pathogen wirkt.

Pernice (143) hat die Frage nach der Wirkung localer Blutentziehungen auf acute Hautentzündungen einer experimentellen Prüfung unterworfen und ist zu folgenden Schlüssen gekommen.

Die Blutentziehung ist von günstigem Einfluss bei solchen Hautentzündungen, die durch chemische Reizmittel erzeugt worden sind, da in Folge der Blutentziehung die Resorption beschleunigt wird, was seinerseits eine Verdünnung des betreffenden chemischen Reizmittels, also Schwächung der Wirkung nach sich zieht. Dann ist sie auch bei Erysipelas günstig, da auch hier durch schnelle Resorption die Entzündungserreger ohne Schaden für das Allgemeinbefinden vom Entzündungsherd entfernt werden.

Nachtheilig ist die Blutentziehung aber bei den durch Staphylokokken erzeugten Hautentzündungen, wenn die Möglichkeit nicht gegeben ist, hinterher antiseptische Flüssigkeiten zu appliciren, die die Bacterien *in loco* abtödten könnten, oder aber durch die Spaltung der eigentlichen Infectionsquelle einer neuen Infection vom Centrum aus vorzubeugen.

Neumann und Schäffer (144) fanden bei der bacterioskopischen Untersuchung von 4 Fällen genuiner acuter Meningitis in einem —

Fränkel's Pneumokokken, im zweiten — Streptococcus pyogenes, in einem dritten — gar keine Mikrobien, im vierten endlich einen Bacillus, welcher seinen morphologischen, tinctoriellen und culturellen Merkmalen nach viel Aehnlichkeit mit dem Bacillus typhi abdominalis hatte, sich von ihm jedoch durch das Aussehen der Kartoffelculturen leicht unterscheiden liess.

Doch der schärfste Unterschied lag in der pathogenen Wirkung.

Der neue Bacillus meningitidis erzeugt immer bei Thieren Eiterung, was, nach des Verfassers Meinung, bei Infection mit Bacillus typhi abdominalis nie stattfindet (dass diese Meinung irrthümlich ist, beweist die weiter unten zu referirende Arbeit von Roux [vgl. Nr. 165]).

Sterilisirte Culturen des neuen Bacillus riefen in der Verfasser Versuchen bei Kaninchen und Meerschweinchen nicht die geringste locale Reizung hervor, so dass in diesem Falle wenigstens den Ptomainen allein — ihrer Meinung nach — die pyogene Wirkung der lebenden Culturen nicht zugeschrieben werden könne. Dieser Schluss scheint uns nicht zwingend. Vor Allem ist es ja möglich, dass die pyogenen Umsetzungsproducte (die, nebenbei gesagt, keine Ptomaine sein müssen) flüchtig sind und bei der Sterilisation sich verflüchtigt haben. Neumann und Schäffer sprechen ja nicht über Sterilisation in zugeschmolzenen Röhren, welches Verfahren das einzig fehlerfreie wäre. Dann ist ja nicht unmöglich, dass in diesem Falle sehr grosse Quantitäten der Umsetzungsproducte nothwendig sind, um eine wahrnehmbare Wirkung zu erzeugen; vegetiren die Bacterien im Körper, so kann es zu einer genügenden Anhäufung dieser Producte kommen, da immer frische von den Bacterien erzeugt werden, im Falle aber, wo eine kleine Quantität dieser Producte eingeführt wird, die bald wieder aus dem Organismus eliminirt wird, ist die Wirkung gleich Null, aber dieses beweist nicht, dass ausser den chemischen Umsetzungsproducten noch „Etwas“ existire, dem die pathogene Wirkung zuzuschreiben wäre.

H. Hartmann (145) theilt seine Abhandlung über die Aetiologie des Erysipelas und des Puerperalfiebers in zwei Theile: im ersten sind die Ergebnisse klinisch-bacteriologischer, in dem zweiten die der experimentellen Studien niedergelegt.

Der Verfasser hatte 16 Fälle zur Verfügung, die er folgendermassen gruppirt: 1. erysipelatöse Erkrankungen, bei welchen der Krankheitsprocess sich durch entzündliche Veränderungen der Haut und der Schleimhäute mit charakteristischem klinischen Verlauf kundgab; 2. erysipelatöse Infectionen, die, ohne Exanthem verlaufend, fast nur die inneren Organe befielen (als Beispiele dieser Gruppe werden puerperale Processe angeführt, die mit grösster Sorgfalt in bacteriologischer Hinsicht untersucht worden sind und Hartmann zur Aufstellung eines „inneren puerperalen Erysipels“ führten); 3. Fälle, in welchen Erysipelas andere acute Infectionen complicirte oder von ihnen complicirt war.

Diesen ersten Theil resumirt Hartmann in folgenden Schlüssen.

Der Fundort der Erysipelkokken ist bei Weitem nicht so beständig, wie man es bis jetzt glaubte; ausser den Lymphgefässen und Hautlymphspalten lassen sich die Kokken auch in den Schleimhäuten der oberen Abschnitte des Respirations- und Intestinaltractus, und zwar in den Lymphbahnen der Mucosa und Submucosa, finden. Eine dem analoge Ansiedelung findet auch in der Schleimhaut der weiblichen Geschlechtsorgane statt, namentlich in der postpuerperalen Periode. Vom histologisch-bacteriologischen Standpunkte aus kann ein oberflächliches (Haut-)Erysipel und ein tieferes (selbstständiges phlegmonöses Erysipel des Gesichtes) unterschieden werden; beide werden durch einen und denselben Coccus verursacht. Die Erysipelkokken können auch in die Blutbahn dringen; dementsprechend sind sie auch in den inneren Organen nachweisbar.

Erysipelas kann auch zum Tode durch Allgemeininfection mit dem Erysipelgift führen. Die Erysipelkokken erzeugen nie in der Haut und in den inneren Organen Eiterung; aber in lymphgefässreichen Geweben und in Lymphdrüsen können sie pyogene Eigenschaften aufweisen. Gewisse Formen von Puerperalfieber sind mit erysipelatöser Infection der Schleimhaut der Sexualorgane innig verbunden und können in keinem Falle durch putride Infection erklärt werden. Die Zahl der erysipelatösen Erkrankungen ist grösser als gewöhnlich angenommen wird; ihnen muss die erysipelatöse Peritonitis, gewisse Formen von Puerperalfieber, das Erysipel bei Diphtheritis und Scarlatina zugerechnet werden.

Im zweiten Theile berichtet der Verfasser über seine Impfungen der Erysipelkokken in die Haut, das Unterhautgewebe, in die Schleimhäute, die Bauchhöhle und die Venen von Kaninchen, Mäusen, weissen Ratten und Meerschweinchen. Die Ergebnisse dieser Impfungen können folgendermassen resumirt werden.

Ausser den Mäusen starben keine der Versuchsthiere (mit der Ausnahme von einem Kaninchen, dem eine colossale Dosis in die Bauchhöhle eingeführt worden ist, einem zweiten Kaninchen, dem die Kokken intravenös injicirt wurden, und einer Ratte, der die Kokken direct in die Lungen eingeführt wurden). Je mehr Kokken bei der Impfung eingeführt wurden, desto energischer war die Reaction. Bei den Mäusen trat immer eine tödtliche Allgemeininfection ein; die Meerschweinchen sind im Allgemeinen gegen das Erysipelgift immun, während Ratten von ihm inficirt werden können; doch führt bei ihnen die Infection nicht zum Tode.

Bei subcutanen Impfungen kann der Uebergang der Kokken in die Blutbahnen nachgewiesen werden. Die Krankheitserscheinungen bei den inficirten Thieren sind denen, die bei dem menschlichen Erysipel zur Beobachtung kommen, vollständig gleich.

Rinne (146) aus Greifswald besprach in der chirurgischen Section der 60. Naturforscher- und Aerzteversammlung zu Wiesbaden (September 1887) die Resultate seiner Untersuchungen über die Entstehung der metastatischen Eiterungen.

Rinne suchte durch Experimente an Hunden namentlich die Fragen zu beantworten, wie es sich mit der Ansiedelung von Kokken vom Blute aus verhält, welche Schäden bei Einführung von Kokken in's Gewebe noch überwunden werden und was wir dem zufolge als einen *locus minoris resistentiae* zu verstehen haben.

Als Resultate stellt er folgende Sätze auf:

1. Der menschliche und thierische Organismus besitzt die Fähigkeit, eine grosse Menge selbst der markant pathogenen Eiterkokken zu eliminiren, wenn diese, in die Gewebe eingebracht, dem directen Zutritt von Sauerstoff entzogen sind.

2. Eine Ueberwanderung von Kokken in eine subcutane Verletzung oder in bacterienfreie subcutane Abscesse, die durch Injection steriler chemischer Substanzen erzeugt sind, findet nicht statt von räumlich getrennten bacterienhaltigen Abscessen und Phlegmonen aus, auch nicht bei Injection in die Blutbahn und Bauchhöhle.

3. Selbst bei directer Einspritzung von Kokkenaufschwemmungen in frische subcutane Wunden, in junges und altes Narbengewebe, um Fremdkörper, wie Glassplitter, Wollfäden u. s. w., tritt keine Eiterung ein.

4. Daraus folgt, dass Gewebsläsionen, welche eine entzündliche Reaction bedingen, nicht praedisponirend für die Entstehung metastatischer Eiterungen sind. Auch Thromben, welche durch Einführung von Wollfäden in die Arteria pulmonalis hervorgebracht waren, gelang es nicht von der Blutbahn aus zu inficiren.

5. Wohl aber gelingt es, lädirte Gewebstheile zum *locus minoris resistentiae* zu machen durch Einverleibung der chemischen Producte von Mikroorganismen. *Locus minoris resistentiae* ist also für Eiterkokken ein solches Gewebe, welches durch chemische oder mechanische und chemische Läsionen seine normale Widerstandsfähigkeit gegenüber den Kokken verloren hat. Sofern die Läsionen eine heftige entzündliche Reaction bedingen, bringen sie keinen *locus minoris resistentiae* hervor.

Chotzen (147) berichtete in derselben Versammlung über die Wirkung von subcutanen Calomelinjectionen bei Thieren. Seine Versuche zeigten, dass dieses Gift diffuse Infiltrationen bis hühnereigrosse Abscesse hervorruft, was schon Mazza (vgl. Nr. 141) constatirt hat. Chotzen untersuchte die entstehenden Gewebsläsionen 1—26 Tage nach der Injection von Calomel und überzeugte sich, dass die Eiterung unter seinem Einflusse ohne Mitwirkung von Bacterien zu Stande kommt.

Wyssokowitsch (148) bemerkte bei Thierversuchen mit etwas abgeschwächtem Milzbrand, dass subcutane Einimpfungen desselben bei Kaninchen Abscedirung an der Impfstelle hervorrufen. Schon $^1/_2$ Pravaz-spritze einer Anthraxbouilloncultur rief in $1^1/_2$ bis 2 Tagen die Entstehung eines Eiterherdes hervor, der die Tendenz besass, sich in die Tiefe, in die Muskeln auszubreiten. Als er dieselben Versuche mit sterilisirten Culturen wiederholte, fand er, dass auch diese Eiterung hervorrufen. Um die Frage zu lösen, was in diesem Falle pyogen wirkte, die in der Bouillon gelösten Stoffe oder aber die todten Bacillen und Sporen, befreite Wyssokowitsch die Bouillon von den Bacillen und Sporen und injicirte erstere unter die Haut von Kaninchen — es trat keine Eiterung ein.

Selbstverständlich war bei allen diesen Versuchen streng auf Antiseptik geachtet und der Eiter war immer sowohl mikroskopisch, wie auch mittelst Culturen auf Bacterien untersucht.

Somit bewies diese Versuchsreihe, dass nur die Bacillen und Sporen, sowohl lebende wie auch todte, pyogene Eigenschaften besitzen; die durch ihre Lebensthätigkeit veränderte Bouillon besitzt dieselben nicht.

Dass dabei die Bacillen und Sporen nicht etwa die Rolle gewöhnlicher Fremdkörper spielen, bewiesen Versuche mit verschiedenen Fremdkörpern, nach deren Einführung Eiterung nie eintrat; man muss also annehmen, dass die von den Anthraxbacillen erzeugten Toxine bei der Erzeugung von Eiterung die Hauptrolle spielen, dass sie sich aber nicht in dem Nährsubstrate lösen, sondern im Zusammenhange mit den Mikrobien selbst bleiben, sich in ihnen concentriren. Versuche mit vom Nährsubstrat abfiltrirten Bacillen und Sporen bestätigten die Richtigkeit obiger Voraussetzung.

Weiter führte Wyssokowitsch eine Reihe von Versuchen mit lebenden und abgetödteten Culturen des Micrococcus prodigiosus und Bacillus neapolitanus aus; beide erzeugten — lebend, sowohl wie abgetödtet — Eiterung. Endlich überzeugte sich der Verfasser, dass gleiche Ergebnisse auch mit unabgeschwächtem Anthrax zu erhalten sind. Aus alledem schliesst Wyssokowitsch, dass es nicht die Bacterien sind, die auf die Gewebe und Gefässwände schädlich einwirken und Eiterung erzeugen, sondern ihre toxischen Umsetzungsproducte.

Pawlowsky (149) hat in Rosenbach's Laboratorium Grawitz'

(vgl. Nr. 114) Untersuchungen über die Aetiologie und Entstehungsweise der acuten Peritonitis einer Prüfung unterworfen.

Pawlowsky führte zu diesem Zwecke 101 Thierversuche aus.

Er begann mit chemischen Reizmitteln — Crotonöl und Trypsin; beide erzeugten bei Hunden und Kaninchen in die Bauchhöhle eingeführt starke, acute hämorrhagische, doch keine eitrige Peritonitis.

Dann wurde von ihm die Wirkung nichtpathogener Bacterien geprüft; es zeigte sich, dass dieselben selbst in grossen Quantitäten und bei gleichzeitiger Einwirkung von kleinen Dosen von Crotonöl keine Peritonitis erzeugen konnten.

Pathogene resp. pyogene Mikrobien (bei diesen Versuchen wurde nebenbei bestätigt, dass Bacillus pyocyaneus pyogen wirkt) riefen selbst in minimalen Quantitäten eine tödtliche fibrinös-eitrige Peritonitis hervor. Dieses Ergebniss steht im Gegensatz zu den Resultaten von Grawitz, wonach die Injection von Eiterkokken in die normale Bauchhöhle keine Peritonitis zur Folge hat.

Die Injection von frischem, normalem Kaninchendarminhalt in die Bauchhöhle von Hunden bewirkte auch eine tödtliche fibrinös-eitrige Peritonitis, deren Ursache Pawlowsky in einem Bacillus (Bacil. peritonitidis ex intestinis cuniculi) gefunden zu haben glaubt.

Die Einführung von chemischen Reizmitteln oder abgetödteten Eiterbacterienculturen in die Bauchhöhle begünstigt die Entwickelung der Peritonitis; in solchen Verhältnissen genügen minimale Quantitäten von Eiterkokken, die auf eine normale Bauchhöhle gar nicht eingewirkt haben würden, um eine eitrige Peritonitis zu erzeugen.

Schliesslich hebt Pawlowsky noch hervor, dass selbst bei den stärksten, durch chemische Reizmittel erzeugten Peritonitiden, eine Secundärinfection durch Mikrobien aus dem Darm nie stattfindet.

Nachdem Grawitz in Gemeinschaft mit de Bary (vgl. Nr. 140) bewiesen hatte, dass Eiterung auch ohne Mikrobien zu Stande kommen kann und dass selbst bei den bacteriellen Eiterungen eigentlich nur den Umsetzungsproducten der Bacterien die pyogene Wirkung der Culturen zuzuschreiben ist, unternahm er (150) eine Reihe von Versuchen mit dem Cadaverin, um die Frage zu lösen, ob dieses Ptomaïn, ein Umsetzungsproduct nichtpyogener Mikrobien, Entzündung und Eiterung bei Thieren zu erzeugen vermag.

Die Lösung dieser Frage war um so interessanter, da das Cadaverin sich als ein starkes Antisepticum erwies: $2^1/_2\,\%$ Cadaverinlösungen tödten die Eiterkokken nach einstündiger Einwirkung.

Die Versuche von Grawitz zeigten, dass nach subcutanen Cadaverininjectionen, je nach der Menge und Concentration, entweder Aetzwirkung oder Entzündung mit Ausgang in Eiterung oder entzündliches Oedem mit späterer Resorption und einfacher Heilung eintritt.

Bei Hunden trat Eiterung nach Injection von 0·3—0·5 ccm einer 5% Lösung; 0·2 ccm einer 50% Lösung oder 1 ccm einer 8% Lösung erzeugte schon in 3 Tagen einen Abscess. Schwache Lösungen (0·5 bis 1·0%) tödten die Eiterkokken nicht, erzeugen auch keine Eiterung; auch eine absichtliche Beimischung von Eiterkokken zu schwachen Lösungen hat keine Reaction seitens des Versuchsthieres zur Folge.

Bei etwas stärkeren Lösungen, die aber das Leben der Eiterkokken nicht gefährden, wirkt die Beimischung von Eiterkokken ganz anders: sie steigert bedeutend die von dem Cadaverin eingeleitete Eiterung.

C. Hess (151) studirte an der Hornhaut von Kaninchen und Katzen die Folgen von Impfungen mit Staphylococcus aureus.

Wird mittelst Lancette eine kleine Menge einer Aureuscultur einem Kaninchen *intra corneam* eingeführt, so entwickelt sich constant an der Impfstelle eine Infiltration, die in den nächsten Tagen an Intensität immer zunimmt.

Die Conjunctiva röthet sich, schwillt und ist mit einem schleimig-eitrigen Secret bedeckt.

Schon nach 24—36 Stunden tritt an der Impfstelle die bekannte helle nekrotische Zone auf und um diese erfolgt eine Immigration von den Randschlingen der Scleragefässe aus. Gewöhnlich ist schon am zweiten Tage ein circumscripter Beschlag an der hinteren Corneawand sichtbar, der allmählich grösser wird, sich senkt und zur Bildung des Hypopion führt. Letzterer nimmt bis zum vierten Tage zu, um dann in 6 bis 7 Tagen zu schwinden, wonach das ganze Geschwür in bekannter Weise vernarbt.

Die histologische Untersuchung der Augen in verschiedenen Entwickelungsstadien des oben skizzirten Processes zeigte, dass sich die Kokken anfangs lebhaft vermehren (es entstehen Kokkenballen in der bekannten Spiessform). Schon 36 Stunden nach der Infection kann man in unmittelbarer Nähe dieser Ballen kokkenhaltige Leukocyten bemerken.

In dem Maasse nun, als der Geschwürsprocess seiner Heilung entgegengeht, nimmt die Zahl der intracellularen Kokken zu.

Schon am 6. Tage nach der Impfung fand der Verfasser in einzelnen Fällen keine Kokken in der inficirten Cornea mehr.

In zwei letal geendeten Fällen, die nicht nach dem oben geschilderten Typus vor sich gingen, und wo das Hypopion colossal zunahm, hat der Verfasser Phagocytose so gut wie gar nicht wahrgenommen.

Bei den Katzen hatte die Infection gleiche Folgen, nur gingen hier alle Processe viel rascher und leichter vor sich.

Eine analogische Untersuchung ist unter Ribbert's Leitung von Laehr (152) ausgeführt worden. Laehr suchte das Schicksal des in die Lunge (von Kaninchen) durch die Trachea eingeführten Staphylococcus aureus zu verfolgen. Die Ergebnisse seiner Arbeit sind die folgenden.

Der Staphylococcus aureus ruft, von der Trachea aus in die Lungen injicirt, je nach der Menge, grössere und kleinere lobuläre Verdichtungen hervor. Ist die Menge nicht zu gross, so überstehen die Thiere die Infection sehr leicht und erkranken auch nicht an anderweitigen Localisationen der Kokken in inneren Organen.

Die Verdichtungen in den Lungen werden bedingt durch Ansammlung von desquamirten, proliferirenden und Riesenzellen bildenden Epithelien und Leukocyten.

Beide Zellformen nehmen die Kokken sämmtlich in sich auf, so dass schon wenige Stunden nach der Infection gar keine Kokken extracellulär mehr zu finden sind. Die meisten liegen in den Epithelien.

Die Kokken gehen in den Epithelien, wahrscheinlich auch in den Leukocyten, zu Grunde. Sie sind schon, wie durch Culturen nachzuweisen, zu einer Zeit abgestorben, wo sie mikroskopisch noch leicht aufzufinden sind, z. B. am vierten Tage. Sie zerfallen in den Zellen allmählich und verschwinden schliesslich ganz.

Die Entzündungsprocesse der Lunge schützen den übrigen Körper vor der Infection, indem die Kokken wegen der in die Alveolen vor sich gehenden Exsudation nicht in das Lungengewebe hineingelangen.

Scheuerlen (153), gleich Grawitz auf dem Standpunkte stehend, dass die Wirkung der Bacterien eine chemische ist, untersuchte in Weiterverfolgung seiner Studien über die Aetiologie der Eiterung, die Spaltungs- und Umsetzungsproducte einiger Bacterien.

Er begann seine Experimente (an Kaninchen) mit einem Extract, den er aus verfaultem Kaninchenfleisch bereitete. In die Einzelheiten der Bereitungsmethode werden wir hier nicht eingehen, denn dieses würde uns zu weit führen, nur soviel werden wir sagen, dass der Extract in Form einer klaren, tief braunen, abscheulich riechenden Flüssigkeit von meist neutraler Reaction erhalten wurde.

Ein Cubikcentimeter dieses Extractes, mittelst Pravaz'scher Spritze unter die Haut von Kaninchen eingeführt, gab nur einiges Unwohlsein mit Temperatursteigerung. Wurde es aber in Röhrchen unter die Haut eingeführt, nach derselben Methode, die Scheuerlen schon früher zur Anwendung brachte (vgl. Nr. 78), so entfaltete der Extract eine ganz eigenthümliche locale Wirkung.

In den Röhrchen, deren zugeschmolzene Enden nach Heilung der

Wunde subcutan abgebrochen wurden, fand sich an beiden Seiten eine gelbweisse, dickbreiige Masse, die die nunmehr etwas getrübte Extractflüssigkeit in der Mitte des Röhrchens vollständig absperrte.

Die Masse erwies sich mikroskopisch als Eiter (Eiterzellen in geringer Menge Flüssigkeit). Weder die mikroskopische Prüfung noch Culturen konnten die Anwesenheit von Mikroorganismen nachweisen. Scheuerlen erhielt also eine bacterienfreie Eiterung, deren Typus aber ein ganz anderer war, als bei bacterieller Erkrankung. Die Eiterung geht nicht auf das Gewebe über, sie hat nicht den progredienten Charakter bacterieller Erkrankungen.

Dieses Experiment nennt Scheuerlen mit Recht eklatant und überzeugend; seine unbequeme Seite ist aber die, dass der Extract kein chemisch reiner Körper ist, was bei Nachprüfung die Ergebnisse beeinträchtigen kann. Um die Nachprüfung zu erleichtern, giebt Scheuerlen eine Reaction an, die es zu entscheiden ermöglicht, ob der bereitete Extract eitererregend wirken wird oder nicht; wirkt der Extract gerinnungshemmend, so kann er auch Eiterung erzeugen. Weigert und Klemperer machten schon darauf aufmerksam, dass das eitrige Exsudat im Gegensatz zum fibrinösen nicht gerinnt. Auf dieser Thatsache fussend, meint Scheuerlen schliessen zu können, dass das Exsudat gerinnungshemmend wirken muss, um eine eitrige Exsudation bewirken zu können, sonst würde das vom Extracte hervorgerufene Exsudat gerinnen. In der That besass sein Extract gerinnungshemmende Eigenschaften.

Gleiche Ergebnisse erhielt Scheuerlen mit Extracten aus verflüssigten Gelatineculturen des Staphylococcus aureus und albus, die die Gerinnung auch hinderten.

Dann wandte sich Scheuerlen den reinerhaltenen Ptomaïnen zu, und zwar dem Cadaverin und dem Putrescin.

Mit Lösungen dieser Körper erhielt er auch bei Einführung in Röhrchen Eiterpfröpfe an beiden Enden der Röhrchen. Gerinnungshemmend wirkten auch diese Lösungen, und zwar in weit grösserem Grade als Fäulniss- und Culturextracte.

Zum Schlusse führt Scheuerlen noch die Ergebnisse seiner Versuche mit $MgSO_4$, das, wie bekannt, auch gerinnungshemmend wirkt; die Ergebnisse waren negative, es bildeten sich keine Eiterpfröpfe.

Unserer Ansicht nach, hat Scheuerlen ohne genügende Gründe den Schwerpunkt auf die gerinnungshemmenden Eigenschaften verlegt; für die Entstehung der Eiterung ist sie nicht der entscheidende Moment, als solcher muss die Fähigkeit angesehen werden, die Ansammlung von Leukocyten zu bewirken. Diese Fähigkeit besitzen aber Körper, die nicht gerinnungshemmend wirken, wie z. B. das Terpentinöl, während gerinnungshemmende, wie z. B. $MgSO_4$, ihrer entbehren.

Gleichzeitig mit der Arbeit von Scheuerlen erschien die Abhandlung von Fehleisen (154): „Zur Aetiologie der Eiterung“, in welcher der Verfasser vor Allem darauf hinweist, wie zusammengesetzt und räthselhaft die Erscheinungen der Infection bei den Wundinfectionskrankheiten sind; er stellt diese Erscheinungen denen gegenüber, die beim Milzbrand und bei der Rose zu beobachten sind, wo der specifische Mikrobe eine streng definirte und genau bekannte Reihe von Krankheitserscheinungen erzeugt. [Diese Gegenüberstellung ist nicht einwandfrei, auch diese Mikrobien erzeugen nicht immer ein und dasselbe Krankheitsbild; vgl. hierzu Christmas (Nr. 131) und Hartmann (Nr. 145)]. Furunkel und tödtliche Pyämien sind oft von einem und demselben Mikroorganismus erzeugt und zwei nebeneinander entstandene Abscesse enthalten nicht selten verschiedene Mikrobien. Bei Ueberimpfung eines und desselben pyogenen Kokken auf zwei Individuen kann man zwei völlig verschiedene Krankheitsbilder entstehen sehen; ganz anders beim Tripper, beim Typhus, bei der Cholera u. s. w.

Thierexperimente haben bewiesen, dass die Eiterbacterien, nicht wie andere pathogene Formen, schon in kleinster Menge genügen, um eine Infection hervorzurufen, sondern dass stets eine verhältnissmässig grosse Menge dazu gehört; sie sind auch nur unter gewissen Umständen pathogen.

Fehleisen war früher der Ansicht, dass es für jede Form von Eiterung — vom Furunkel bis zur Pyämie — möglich sein wird, einen specifischen Mikroorganismus aufzufinden; jetzt ist er aber zur Ueberzeugung gelangt, dass es viel nützlicher für die Lehre von den Wundinfectionskrankheiten ist, die Verhältnisse zu studiren, in welchen die Eiterbacterien gedeihen, sich vermehren und inficiren können, als *à tout prix* nach neuen Formen zu suchen.

Ist die Verschiedenheit in der „Intensität“ der Infection mit Eiterkokken (und dementsprechend auch in der „Form“ der Infectionserscheinungen) nicht davon abhängig, welcher Art der inficirte Mikroorganismus angehört, dann fragt es sich, worin die Ursachen dieser Verschiedenheit zu suchen sind. Fehleisen glaubt, dass die Lösung des Räthsels in den „giftigen Ptomaïnen“, die unter gewissen Umständen von den Bacterien erzeugt werden, zu finden ist.

Nach einer Reihe von Thierversuchen mit cutanen, subcutanen, intraarticulären, intraperitonealen und intravenösen Impfungen mit Eiterkokken und Eiter verschiedener Provenienz, Impfungen, die gezeigt haben, dass je kleiner die Menge des inficirenden Materials, desto schwächer die

Reaction (die bis zu Null sinken kann), und dass die Zahl der Bacterien in der zu injicirenden Flüssigkeit nicht in geradem Verhältnisse zur Reaction steht, unternahm es Fehleisen, die Bedeutung des freien Zutritts von Luft zu den inficirten Geweben zu untersuchen. Es zeigte sich, dass selbst in offenen Wunden die Infection mit grossen Mengen von Eiterkokken keine Allgemeinerkrankung zur Folge hatte. Die Thiere reagirten nur mit einer localen Eiterung.

Weiter überzeugte sich Fehleisen, dass kokkenhaltiger Eiter im Allgemeinen stärker wirkt als Aufschwemmungen von Reinculturen derselben Kokken; was aber die grössere Giftigkeit des ersten bedingt, gelang es nicht zu ermitteln.

Weiter suchte der Verfasser die Umstände zu ermitteln, unter welchen minimale Mengen von Eiterkokken inficirend wirken können — eine Frage von eminenter Bedeutung, da ja bei der Wundinfection beim Menschen gewöhnlich sehr kleine Mengen des Infectionsstoffes sich als wirksam aufweisen.

Kleine Holzstückchen, welche mit Eiterkokken imprägnirt waren, heilten ohne Reaction ein. Kreatinin, Trimethylamin (die durch Staphylococcus-aureus in den Culturen gebildet werden) brachten in Verbindung mit Eiterkokken nur kleine Abscesse hervor. 0·5 $^{ccm}$ 10 % Cadaverinlösung mit $^1/_2$ Tropfen einer sehr verdünnten Aufschwemmung von Staphylococcus aureus vermischt, gaben schon bessere Resultate: grosse Abscesse im Subcutangewebe, eiterige Peritonitis in der Bauchhöhle.

Muskelstücke, auf welchen Staphylococcus aureus gezüchtet war, kapselten sich in der Bauchhöhle von Kaninchen ab, von einer kleinen Eitermenge umgeben; die Thiere blieben am Leben.

Die Bearbeitung (nach Brieger's Methode) eines wegen plötzlicher Sepsis nach complicirter Fractur des Unterschenkels amputirten Beines gab eine Substanz, die in 0·2—1·0 % wässerigen Lösungen in Verbindung mit sehr geringen Mengen von Staphylococcus aureus grosse Abscesse erzeugte, die nach einiger Zeit den Tod der Versuchsthiere zur Folge hatten.

Endlich legte Fehleisen an einem amputirten, nicht inficirten Unterschenkel, dessen Schnittfläche frisch verschorft und durch Sublimat gereinigt wurde, an etwa 60 Stellen Culturen von Staphylococcus aureus an, entnahm nach 3 tägiger Aufbewahrung bei 30° C. Muskelstückchen und brachte sie unter die Haut und in die Bauchhöhle von Kaninchen. Die Wirkung war bedeutend intensiver als in den früheren analogen Versuchen; aus diesem Bein suchte Fehleisen, nach Brieger's Methode, Toxine zu isoliren, doch führte dieses zu keinem Resultate.

Fehleisen's Arbeit ist die letzte aus der Reihe des Jahres 1887;

wir gehen jetzt zu den Arbeiten vom Jahre 1888 über, die sowohl ihrer Zahl, wie auch ihrer Bedeutung nach diejenigen von 1887 noch überflügeln.

Die erste hier zu referirende Arbeit ist Jakowsky's (155) Bericht über die Thätigkeit des bacteriologischen Laboratoriums des Kindlein Jesu-Hospitals (Warschau) für die Zeit vom 18. September 1886 bis zum 13. Januar 1888.

Während dieser Zeit sind 60 Eiteranalysen ausgeführt worden.

In 35 Fällen acuter Eiterung sind verschiedene Formen von Staphylokokken und Streptokokken (in einigen Fällen auch zusammen mit Bacillus pyogenes foetidus) gefunden worden. In einem Empyem und einmal im Exsudate bei Peritonitis saccata konnten keine Mikrobien gefunden werden und in zwei Fällen von Gonorrhoea fanden sich Gonokokken. Endlich wurden in einem acuten Abscesse Staphylococcus albus und Streptococcus erysipelatis zusammengefunden.

Ausser diesen (zusammen 39) Fällen von acuter kamen 21 Fälle von chronischer Eiterung zur Untersuchung. In 3 Fällen von Orchitis tuberculosa fand Jakowsky 1 Mal den Bacillus tuberculosis allein, 1 Mal den Streptococcus pyogenes allein, das dritte Mal beide zusammen; in 5 Fällen von Spondylitis — 3 Mal den Bac. tubercul. allein, 1 Mal den Streptococcus pyogenes allein, das fünfte Mal — gar keine Mikrobien; in 3 Fällen von Arthritis chronica — 1 Mal Bacil. tubercul., 1 Mal Streptococcus pyogenes und Staphylococcus aureus, das dritte Mal den Staphylococcus aureus allein; in 4 kalten Abscessen bei Knochenleiden — 2 Mal Bacil. tubercul., 1 Mal denselben zusammen mit Streptococcus pyogenes und 1 Mal die Staphylokokken aureus und albus; bei Lymphadenitis chronica — den Bacil. tubercul. Die seropurulente Punctionsflüssigkeit bei Nephritis tuberculosa erwies sich als bacterienfrei. In einem kalten Abscesse (*an* Malleus?) — Staphylococcus aureus, in einem anderen bei Tetanus — Bacillus tetani (?) und Staphyl. aureus und albus. Endlich bei Periostitis mandibulae et cranii (Actinomycosis) — Bacillus tuberculosis.

Ullmann (156) berührt in seiner Arbeit über die Fundorte der Staphylokokken die Frage über die Möglichkeit von Eiterung ohne Mikrobien; ohne etwaige eigene Experimente anzuführen, aus rein theoretischen Gründen spricht er sich gegen eine solche Möglichkeit aus.

Da die Staphylokokken äusserst verbreitet sind, sich überall dort vorfinden, wo lebende Wesen existiren, so ist es — meint Ullmann — weniger wunderbar, dass schon nach der geringsten Operation früher Eiterung immer eintrat, als dass nicht alle Kranken bez. Operirten starben.

Afanasjeff (157) macht in seiner Vorlesung über die Ursachen der

Eiterung ein Résumé der wichtigsten Arbeiten auf diesem Gebiete. Von eigenen Befunden ist hier nur die Beschreibung eines Bacillus angegeben, den Afanasjeff im fötiden Eiter eines Abscesses (über der Symphysis pubis, in der Nähe des Uterus) gefunden hat. Der Bacillus ist 2—4 $\mu$ lang und 0·75 $\mu$ dick, manchmal ist er gerade, manchmal leicht gebogen und färbt sich schwach mit Anilinfarben. Culturen dieses Bacillus, die Orloff anlegte, gaben keine Resultate.

Jurgensen (158) referirte auf dem VII. Congress für innere Medicin über die Ergebnisse seiner Untersuchung der seit 1881 in Tübingen epidemisch auftretenden Krankheit, die Leube als kryptogenetische Septicopyämie bezeichnet. Die Ursachen dieser Krankheit sind bis jetzt ein Räthsel.

Verfasser schildert auf Grund der Beobachtung von mehr als 100 Fällen dieser Krankheit ihr klinisches Bild, das wir hier nicht wiedergeben zu brauchen meinen. Wichtig sind für uns die Ergebnisse seiner bacteriologischen Untersuchung, die die Betheiligung bez. Anwesenheit von Staphylococcus pyogenes aureus und Streptococcus pyogenes und zwar nur in den tödtlich verlaufenden Fällen, bewies.

Petersen (159) hielt auf dem XVII. Congresse der deutschen Gesellschaft für Chirurgie einen interessanten Vortrag über eine neue Krankheitsform, nämlich über eine „eiterige durchlöchernde Hautentzündung.“ Petersen hatte im Verlaufe der letzten Monate fünf Fälle dieser Krankheit beobachtet, die grosse Aehnlichkeit mit Herpes tonsurans hat, die er aber als eine besondere Krankheitsform aufstellen zu sollen glaubt. Der klinische Verlauf der Krankheit ist in Kürze folgender. An verschiedenen Theilen des Körpers, besonders im Gesichte und auf der behaarten Kopfhaut, entstehen kleine rothe, etwas erhabene Flecke, die sich allmählich vergrössern und schliesslich zu subepidermoidalen Eiterbläschen werden, nach deren Entfernung kleine Substanzverluste sichtbar werden. Die Haare werden dabei nicht glanzlos und brechen nicht ab, wie bei Herpes tonsurans.

Interessant ist das Verhalten der Kopfhaut unter den Eiterbläschen. Es kommt zu eitriger Einschmelzung und einer feinen Durchlöcherung der Haut. Der Eiter breitet sich im Unterhautszellgewebe rasch aus und die ganze befallene Partie wird eitrig unterminirt. Drückt man darauf, so quillt unter derselben durch die Löcher Eiter hervor. Eine Sonde, die man in eines der Löcher einführt, kann man unter der Haut frei bewegen.

Die subjectiven Beschwerden der Kranken sind nur mässig, das Allgemeinbefinden scheint nicht gestört, Fieber nicht vorhanden zu sein.

Die bacteriologische Untersuchung der Krankheitsproducte fiel in

Bezug auf Trichophyton tonsurans negativ aus, dagegen wurden zahlreiche Eiterkokken gefunden. Petersen vermuthet, dass es sich um eine Mischinfection handelt, bei der ein noch nicht festgestellter Pilz den Boden bereitet, auf dem sich der Staphylococcus ansiedelt, um den ursprünglich vorhandenen Pilz alsdann zu verdrängen.

Eberth und Schimmelbusch (160) bemerkten im Winter 1887 bis 1888 unter den Frettchen, die in der Gegend von Halle a. S. zur Jagd verwendet werden, eine Epidemie, bei welcher viele dieser Thiere zu Grunde gegangen sind. Zwei derselben wurden von den Verfassern anatomisch und bacteriologisch untersucht. Die Section ergab Pneumonie und Tumor lienis acutus; die mikroskopische Untersuchung — die Gegenwart von Bacillen, die aus dem Herzen, der Leber und der Milz in Reincultur gewonnen wurden.

Weder die morphologischen noch die biologischen Eigenschaften der Bacillen entsprachen bisher bekannten Arten.

In die Einzelheiten ihrer biologischen Eigenschaften werden wir hier nicht eingehen; nur über ihre pathogenen Eigenschaften wollen wir hier referiren.

Sie erwiesen sich gegenüber Sperlingen am virulentesten. Der Tod trat nach 24—36 Stunden ein. An der Injectionsstelle bildete sich ein Abscess; ausserdem entwickelte sich immer purulente Pleuritis, Pericarditis und Hyperämie des Darmes. Im Blute waren zahlreiche Bacillen vorhanden. Bei Kaninchen und Meerschweinchen folgte auf die Infection nur locale Entzündung; Hühner reagirten gar nicht.

Leber (161) baut auf Grund seiner Untersuchungen über Entzündung und Eiterung eine neue Theorie der Entzündung.

Nachdem er sich überzeugt hatte, dass Reinculturen von Staphylococcus aureus selbst nach mehrstündiger Sterilisation in strömenden Dämpfen ihre pyogenen Eigenschaften nicht einbüssen, suchte er die chemische Substanz zu isoliren, die in diesem Falle eitererregend wirkte. Es erwies sich vor Allem, dass wässerige Extracte der Staphylococcusculturen auch ohne Mitbetheiligung von Bacterien eitererregend wirken; alcoholische Extracte wirkten ebenso, doch viel intensiver.

Nach längerem Suchen gelang es endlich Leber aus den Culturen einen krystallinischen Körper zu gewinnen, welcher sich als der wirksame Bestandtheil erwies. Soviel bis jetzt ermittelt, enthält er kein Stickstoff, mit den meisten Reactionen auf Alcaloïde giebt er negative Resultate und hinterlässt auf chemisch reinem Gold und Silber braune, nicht abwischbare Flecken. Schon diese wenigen Data beweisen, dass dieser Körper, den Leber Phlogosin nennt, nicht zu den Ptomaïnen gehört.

Phlogosin, in den Conjunctivalsack eingeführt, bewirkt schon in minimalen Quantitäten eine starke Entzündung mit Ausgang in Eiterung und Nekrose.

Auf Grund einer Reihe von Versuchen, die Leber mit dem Phlogosin an der Hornhaut und der vorderen Augenkammer ausgeführt hat, legt er eine neue Theorie der Entzündung vor.

Er schreibt dem Phlogosin die Eigenschaft, auf die activen Bewegungen der Leukocyten einzuwirken, zu.

Die Botaniker Pfeffer und Engelmann haben bewiesen, dass verschiedene chemische Substanzen auf Mikroorganismen in anziehender oder abstossender Weise einwirken.

Eine ähnliche „hämotactische“ Wirkung (und zwar eine anziehende) auf die Leukocyten beweist Leber für das Phlogosin in folgender Weise: ein dünnes Glasröhrchen mit einer winzigen Quantität Phlogosin führt er in die vordere Augenkammer eines Kaninchens; das Röhrchen füllt sich nach kurzer Zeit vollständig mit Eiterkörperchen. Bei stärkerer Einwirkung ist das Röhrchen auch von Eiterkörperchen umgeben. In ähnlichen mit sterilisirtem Wasser gefüllten Röhrchen konnten nur sehr wenige Leukocyten gefunden werden.

Diese Versuche beweisen — nach Leber — dass das Phlogosin die Leukocyten anzieht, sie in sein Wirkungsareal einzudringen zwingt, wo sie dann eine doppelte Rolle spielen: einerseits nehmen sie in sich den reizenden Körper auf, andererseits lösen oder verdauen sie die nekrotischen Theile des Entzündungsherdes.

Somit sieht Leber in der Entzündung einen teleologischen Vorgang, mittelst dessen der Körper sich vor schädlichen Einflüssen schützt.

Arloing (162) injicirte in's Subcutangewebe von Ochsen lebende und durch Hitze getödtete Bouillonculturen des von ihm entdeckten Mikroorganismus der Peripneumonie der Ochsen.

Erstere erzeugten einen handgrossen Tumor, der im Centrum ziemlich derb, heiss und schmerzhaft, an der Peripherie aber weich war — also ein entzündliches Oedem, das von einer Zone passiven Oedems umgeben war.

Letztere erzeugten ähnliche Erscheinungen, doch war der Tumor nicht so derb in der Mitte und weicher an der Peripherie; auch schwand die Entzündung viel schneller.

Gleiche Wirkungen zeigte der sterilisirte Lungensaft von Ochsen, die an der Peripneumonie gelitten hatten; es wird also dieselbe phlogogene Substanz auch bei der Vegetation der Mikrobien in den thierischen Geweben erzeugt.

Genaueres über diese Substanz verspricht der Verfasser später zu geben, hier theilt er nur noch mit, dass ausser Ochsen auch Ziegen auf ihre Einwirkung in gleicher Weise reagiren, während Hunde, Kaninchen und Meerschweinchen sich als refractär erwiesen.

A. Besser (163) führte an 23 Pyämischen bacteriologische Untersuchungen des Eiters und des Blutes während des Lebens und, insofern die Fälle tödtliche waren, auch an den Leichen aus, wobei auch die inneren Organe der Untersuchung unterworfen wurden.

A. Besser gruppirt seine Fälle folgendermassen: 1. Fälle, die sich während und nach Typhus entwickelten (7 Fälle); 2. solche, die sich nach Traumen entwickelten (2 Fälle); 3. Pyämie wegen bösartig gewordenen Localerkrankungen (4 Fälle) und 4. solche Fälle, deren Aetiologie unklar geblieben ist (10 Fälle). Bei der Untersuchung sind sowohl Culturen, wie das Mikroskop angewandt worden.

Im Blute und im Eiter aller Kranken der ersten Gruppe (ausser einem Falle mit Staphylococcus aureus) wurden Streptokokken gefunden.

In einem der zwei Fälle der zweiten Gruppe fanden sich auch ausschliesslich Streptokokken, im zweiten — dieselben zusammen mit Staphylococcus aureus und Bacillus saprogenes III von Rosenbach.

In den Fällen der dritten Gruppe sind jedesmal Staphylokokken gefunden worden, einmal mit Streptokokken gemischt. Aus der vierten Gruppe waren 4 Fälle mit Staphylokokken und 6 mit Streptokokken.

Diese Ergebnisse führen den Verfasser zum Schlusse, dass typische Pyämie sowohl durch Streptokokken wie auch durch Staphylokokken erzeugt werden kann.

Gleichzeitig publicirte A. Besser (164) auch die Ergebnisse seiner Untersuchungen über die Bacterien der Septicämie. Alle untersuchten Fälle waren traumatischen Ursprungs und sind vom Verfasser folgendermassen gruppirt worden: 1. 5 Fälle von Septicämie in der postpuerperalen Periode; 2. 3 Fälle — nach schweren Verletzungen; 3. 14 Fälle — nach leichten Verletzungen.

In allen Fällen der ersten Gruppe sind ausschliesslich Streptokokken gefunden worden.

In einem Falle der zweiten Gruppe, der nur *intra vitam* untersucht wurde, sind keine Mikrobien gefunden worden; in den anderen waren im Blute Streptokokken vorhanden, während im Eiter in allen Fällen Streptokokken gefunden wurden, 1 Mal zusammen mit Staphylococcus aureus et albus.

In der dritten Gruppe von Fällen sind ausschliesslich Streptokokken gefunden worden.

Es sind also die Streptokokken, die Septicämie erzeugen; die Staphylokokken sind kein Mal allein gefunden worden.

Roux (165) hat bei der Untersuchung von Abscessen, die einen Fall von Typhus abdominalis complicirten, im Eiter sowohl mikroskopisch, wie auch durch Culturen ausschliesslich Typhusbacillen nachweisen können.

Da verschiedene Autoren (vgl. z. B. Dunin, Nr. 96) die Thatsache hervorgehoben haben, dass die Eiterungen bei den Typhuskranken nicht durch den Typhusbacillus, sondern durch Eiterkokken erzeugt werden, war es lohnend, die Frage, ob der Typhusbacillus pyogen wirken kann, einer experimentellen Prüfung zu unterwerfen.

Zu diesem Zwecke injicirte Roux Reinculturen von Bacillus typhi in das Subcutangewebe von Hunden. Es entstanden Abscesse und im Eiter konnten wieder ausschliesslich Typhusbacillen nachgewiesen werden — „le bacille typhique est donc capable de déterminer à lui seul la suppuration.“

v. Ott (166) untersuchte die Lochien aus dem Uterus und aus dem oberen Theile der Vagina von 9 normalen Puerpern und von einer, die an einer leichten Endometritis putrida litt. Die ersteren erwiesen sich als vollständig mikrobenfrei, letztere enthielten Diplo- und Streptokokken, die vom Verfasser nicht näher diagnosticirt worden sind.

Behring (167) studirte die Wirkung des Pentamethylendiamins, der von Ladenburg synthetisch erhalten worden ist und völlig mit dem Cadaverin identisch ist, den Brieger aus Choleraspirillenculturen isolirt hat.

Durch seine Untersuchungen hat er die Ergebnisse der Versuche von Scheuerlen und Grawitz (vgl. Nr. 150 und 153), wonach diese Substanz Eiterung ohne Mitwirkung von Mikrobien zu erzeugen vermag, bestätigt.

Ausserdem bewies Behring, dass das Cadaverin ein starkes Gift ist. Mäuse erliegen 0·03 bis 0·04 g, Meerschweinchen — 0·4 bis 0·6 g dieses Ptomaïns; für Hunde ist die toxische Dosis noch nicht festgestellt worden. Bei einmaliger Einführung des Giftes wirken kleinere Quantitäten tödtlich, als bei mehrmaliger, da das Cadaverin sehr schnell durch die Nieren ausgeschieden wird.

Bei Meerschweinchen zeigt die Section ein Bild, das dem sehr ähnlich ist, welches bei Cholera asiatica gefunden wird.

Seinem Versprechen gemäss (vgl. Nr. 162), publicirte Arloing (168) vier Wochen nach der ersten Mittheilung über seine „matière phlogogène“ einige Details über ihre chemischen Eigenschaften. Aus den Culturen des Peripneumoniemikroben und aus dem Saft der kranken Lungen kann sie durch Alcohol gefällt werden; der Niederschlag ist in Wasser löslich.

Die elementare Analyse der fraglichen Substanz ist noch nicht zu Ende gebracht; nur soviel kann gesagt werden, dass die Substanz mit den Diastasen verwandt ist.

Netter (169) fand bei der Untersuchung des Speichels von 127 gesunden Menschen 7 Mal Streptokokken (5·51 %), in etwa 20 % die Fränkel'schen Pneumokokken, in 3·93 % die Friedländer'schen. 2 Mal sind Pneumokokken und Streptokokken zusammen gefunden worden.

Karliński (170) untersuchte auf Mikrobien die Milch einer an Erysipelas faciei leidenden fiebernden Wöchnerin (die Brust war völlig intact) und die Leiche ihres Kindes.

Aus der Milch erhielt er auf den Platten Colonien von Staphyl. pyogenes albus, citreus und aureus und Staphyl. cereus albus und flavus.

Die Section des Kindes zeigte das Bild der septischen Infection, ausserdem noch Gastritis und Enteritis catarrhalis, Peritonitis, Pleuritis, lobuläre Pneumonie und beiderseitige Parotitis. Im Blute und in dem Darminhalt sind dieselben Mikrobien wiedergefunden worden, die aus der Milch der Mutter erhalten wurden. Ausserdem wurden aus dem Darminhalt noch Bacterium coli commune, Bacillus fluorescens liquefaciens und einige nicht näher diagnosticirte Kokken und Bacillen isolirt.

Im Peritonealexsudate fanden sich Staphylococcus pyogenes albus und Staphylococcus cereus flavus.

Boswell Park (171) fand in einem Abscesse am Unterkiefer bei Caries dentium ausser Staphylokokken auch den Micrococcus tetragenus. Ob hier dem Micr. tetragenus bei der Erzeugung der Eiterung eine Mitwirkung zuzuschreiben ist, bleibt natürlich unentschieden.

Héricourt und Richet (172) entdeckten in einem Geschwür bei einem Hunde Staphylokokken, die morphologisch mit den gewöhnlichen Eiterstaphylokokken völlig identisch waren, in Culturen aber bedeutende Verschiedenheiten aufwiesen. Die Verfasser nennen diese neue Art Staphylococcus pyosepticus. Der Mikrobe erwies sich bei den Thierversuchen als sehr energisch pathogen. 1—2 Tropfen einer Cultur tödteten Kaninchen schon in 24 Stunden. An der Impfstelle entwickelte sich sehr rasch ein äusserst starkes entzündliches Oedem und — wenn das Thier nicht allzu schnell zu Grunde ging — ein Abscess. Hunde starben nicht nach der Impfung; es entwickelten sich bei ihnen nur locale Abscesse.

Sehr interessante Beiträge liefert die Abhandlung von Ledderhose (173) über den blauen Eiter.

Vor Allem bestätigt der Verfasser den Befund von Ernst (vgl. Nr. 136), wonach zwei Formen des Bacillus pyocyaneus zu unterscheiden sind: die eine (Bacillus pyofluorescens Ledderhose = Bac. pyocyaneus, var. $\alpha$. Ernst) producirt kein Pyocyanin, während die andere (B. pyocyaneus Ledderhose = var. $\beta$. Ernst) solches producirt.

Die Ergebnisse des Studiums der morphologischen und biologischen

Eigenschaften beider Arten werden wir hier nicht wiedergeben und verweisen auf das Original.

Was ihre pathogenen Eigenschaften betrifft, so weist Ledderhose vor Allem darauf hin, dass solche bis vor Kurzem unbekannt waren. Nur Charrin[1] beschrieb genauer die toxischen Wirkungen intravenöser Injectionen von Bouillonculturen von Bac. pyocyaneus unter dem Namen „Maladie pyocyanique". Als Hauptsymptom dieser Krankheit bezeichnet er die Albuminurie; ihr Ausgang ist immer ein tödtlicher (nach 2 bis 20 Tagen).

Weiter giebt Ledderhose die Ergebnisse eigener Versuche mit beiden Bacillen wieder. Intraperitoneale Injectionen von Reinculturen gaben bei Meerschweinchen (5 Versuche mit B. pyofluorescens, 4 — mit B. pyocyaneus) entweder Peritonitis, manchmal mit tödtlichem Ausgange, oder aber gar keine Reaction; bei Kaninchen (7 Versuche) erhielt er gleiche Ergebnisse. Subcutane Impfungen führten bei Meerschweinchen (14 Versuche) zu fibrinöser Entzündung oder aber zu eitrigen Phlegmonen und Abscessen, bei Kaninchen (8 Versuche) zu Abscessen mit käsigem Eiter und bei Hunden zu entzündlicher Infiltration oder auch zu Abscessen. Der B. pyocyaneus wirkte im Allgemeinen intensiver als der B. pyofluorescens. In allen Fällen, wo Eiterung eintrat, erhielt er aus dem Eiter Reinculturen des injicirten Mikroben wieder.

Ledderhose experimentirte auch mit abgetödteten Culturen beider Bacillen. Im Allgemeinen waren die Ergebnisse der intraperitonealen und subcutanen Injectionen denen, die bei den Versuchen mit lebenden Culturen erhalten waren, gleich; nur war die Wirkung der abgetödteten Culturen etwas schwächer. Im Eiter konnten weder mikroskopisch noch durch Culturen Mikroorganismen nachgewiesen werden.

Behring (174) giebt in seiner Arbeit „über Cadaverin, Jodoform und Eiterung" experimentelle Beweise für seine theoretischen Anschauungen, die er vor einem Jahre[2] über Cadaverineiterung und die Bedeutung des Jodoforms bei ihr veröffentlicht hatte.

Bei Einführung von concentrirten Cadaverinlösungen (in Glasröhrchen, nach Scheuerlen's Methode; vgl. Nr. 153) unter die Haut von Kaninchen, erhielt er Resultate, die den von Scheuerlen beschriebenen völlig entsprechen und die „unzweifelhaft beweisen, dass das Cadaverin richtigen rahmartigen Eiter erzeugt, welcher sich im Inneren der Röhrchen befindet."

Um die Einwirkung des Jodoforms zu studiren, versetzte er Cadaverin

[1] *Comptes rendus de la société de biologie.* 1885. T. II. p. 375 u. 677.

[2] *Deutsche medicinische Wochenschrift.* 1887. Nr. 20.

mit demselben und führte es in ähnlicher Weise in Röhrchen unter die Haut von Kaninchen: es trat nie Eiterung ein.

Entsprechende Versuche bewiesen, dass unter dem Einfluss von Jodoform das Cadaverin zerlegt, wohl auch in jodwasserstoffsaures Cadaverin überführt wird.

Auf diesen Ergebnissen fussend, versucht es der Verfasser, die Wirkung des Jodoforms bei den Eiterungen, nämlich die Verwandlung von virulentem Eiter in gutartigen und die Beschränkung der Eiterung, zu erklären.

Nehmen wir an, sagt Behring, dass die krankmachenden Wirkungen des virulenten Eiters nicht bloss von der Anwesenheit der Eiterbacterien abhängig sind, sondern auch von den chemischen Producten derselben; nehmen wir ferner an, dass diese chemischen Producte in ähnlicher Weise wie das Cadaverin durch das Jodoform beeinflusst werden, so wird es verständlich, dass das Jodoform Heilwirkung bei bösartigen Eiterungen ausüben kann, ohne dass dabei die Mikroorganismen direct wesentlich geschädigt werden.

Verfasser glaubt mit Recht, dass die erste Annahme in der heutigen Zeit kaum auf begründeten Widerstand stossen kann; die zweite Annahme ist durch seine und de Ruyter's Untersuchungen wahrscheinlich gemacht. Obgleich also das Jodoform kein Antisepticum *sensu stricto* ist, die Eiterkokken nicht tödtet, dennoch kann es heilwirkend sein und zwar durch seine Wirkung auf ihre Umsetzungsproducte.

Auf dem VII. ophthalmologischen Congresse zu Heidelberg (vom 8. bis 11. August 1888) stand auf der Tagesordnung die Frage über „die Bedeutung der Bacteriologie für die Augenheilkunde.“ Es referirten Leber (175) und Sattler (176).

Leber hebt hervor, dass der mykotische Ursprung für viele Augenkrankheiten schon bewiesen, für viele andere wahrscheinlich gemacht ist.

Leber unterscheidet ectogene und endogene Infection; bei der ersteren gelangen Mikrobien von aussen her, also zunächst auf die äussere Oberfläche oder in eine Wunde des Organs, während bei der letzteren zuerst der übrige Körper oder Theile desselben Sitz von Mikroorganismen werden und diese erst von da aus auf das Auge übergehen.

Staphylokokken kommen beim Menschen häufig auf der normalen Conjunctiva vor, sie sind aber bei intactem Epithel unschädlich; desgleichen die Tuberkelbacillen.

Nach Traumen und bei directer Impfung in die Gewebe entwickeln sich dagegen die Mikrobien sehr leicht und erzeugen verschiedene pathologische Processe.

Die Keratitiden, die sich nach Impfung von Aspergilluspilzen in die

Kaninchenhornhaut einstellen, geben die Möglichkeit, die Thatsache festzustellen, dass die in der Hornhaut sich entwickelnden Pilze eine Fernwirkung auf die benachbarten gefässhaltigen Theile ausüben, indem sie in diesen Theilen entzündliche Hyperämie, Exsudation und Auswanderung von Leukocyten erregen.

Auf Reflexvorgänge, auf Vermittelung sensibler Nerven kann diese Wirkung nicht bezogen werden; es muss angenommen werden, dass hier entzündungserregende Stoffe erzeugt werden, die, löslich und diffusionsfähig, sich in die Umgebung verbreiten und zu den Gefässen gelangen. Stütze für diese Annahme geben die Versuche, in welchen durch chemische Stoffe Eiterung in der Hornhaut erzeugt worden ist, so die Versuche des Referenten mit Quecksilber und Kupfer und seine schon oben (vgl. Nr. 161) referirten Untersuchungen über die Wirkung des Phlogosins.

Aus Sattler's Referate werden wir hier nur hervorheben, dass dieser Forscher auf Grund eigener Versuche die Zahl der pyogenen Bacterien vergrössert. So isolirte er aus dem Thränensacksecret zwei Bacillenarten, die Hypopion bei Impfung in die Hornhaut hervorriefen. Dann sind auch noch folgende Arten pyogen: Micrococcus cereus, Micrococcus tetragenus, ein dem Friedländer'schen Pneumococcus sehr nahe stehender Mikroorganismus, ein plumpes, aus dem Thränensackeiter isolirtes Stäbchen, und Micrococcus prodigiosus; doch unterscheiden sich die durch obige Mikrobien hervorgerufenen Eiterungen dadurch, dass ihnen die Tendenz zur weiteren Verbreitung vollständig fehlt.

Aehnliche umschriebene Eiterungen erzeugen auch gewisse chemische Stoffe; hierin stimmen Sattler's Ergebnisse mit denen Leber's völlig überein; nur nach Kupfereinführung konnte er keine Eiterung beobachten — im Gegensatz zu Leber.

Karliński (177) prüfte die Wirkung des Terpentinöls und sterilisirter Culturen von Staphylococcus aureus an Hunden und Kaninchen. Die erste Reihe von Versuchen mit Terpentinöl war schon 1886 ausgeführt und bestand in subcutaner Einführung, nach Strauss' Methode (Thermocauterisation der Haut vor und nach der Injection). Aus den 9 Versuchen an Hunden und 4 an Kaninchen trat nur in 2 (bei Hunden) Eiterung ein und zwar, wie es sich herausstellte, durch zufällige Infection mit Staphylokokken.

Im Jahre 1887 erschien Grawitz' und de Bary's Arbeit (vgl. Nr. 140), worin die Verfasser das Terpentinöl als Eitererreger *par excellence* für Hunde bezeichnen und unter Anderem bewiesen haben, dass die Thermocauterisation bei subcutanen Injectionen unzweckmässig ist, da dieses Verfahren die Resorption bedeutend beschleunigt.

Dieses bewog Karliński, eine neue Reihe von Versuchen mit Terpentin anzustellen; diesmal führte er 4 Versuche an Hunden und 2 an Kaninchen aus; es trat kein Mal Eiterung ein.

Doch sind diese Versuche nicht beweisend, denn Karliński hat auch diesmal thermocauterisirt, da er die Bemerkung über Unzweckmässigkeit von Thermocauterisation als eine rein theoretische und unbewiesene ansieht, obgleich sie das Ergebniss von Versuchen und nicht von theoretischen Erwägungen ist.

Die zwei Versuche, in welchen Karliński nach der Injection nicht thermocauterisirt hat und trotzdem keine Eiterung erhalten hat (K. sagt nicht, an Thieren welcher Art diese Versuche ausgeführt worden sind; wenn an Kaninchen, so waren sie völlig überflüssig, denn auch Grawitz und de Bary haben bei diesen Thieren nie Eiterung mittelst Terpentin erhalten), ändern an der Sache Nichts, selbst wenn sie an Hunden ausgeführt worden sind, da vor der Injection die Haut doch thermocauterisirt wurde.

Wenn Karliński glaubt, dass seine Versuche die Unrichtigkeit der Ergebnisse von Grawitz und de Bary beweisen, so irrt er gewaltig.

Weiter experimentirte Karliński mit abgetödteten Culturen von Staphylococcus aureus, die 9 Mal Hunden und Kaninchen unter die Haut und 2 Mal Kaninchen in die vordere Augenkammer eingeführt wurden. In allen Fällen erhielt er bacterienfreie Eiterungen. Bei diesen Versuchen ist über Thermocauterisirung nicht mehr die Rede.

Hansen (178) untersuchte einen Fall von Meningitis cerebrospinalis bei einem dreizehnjährigen Knaben; die Leichenschau ergab, ausser Leptomeningitis purulenta convexitatis mit Uebergang auf die Basis, noch lobuläre pneumonische Herde in den beiden unteren Lungenlappen.

Für die bacteriologische Untersuchung gelang es dem Verfasser nur das Gehirn und die Hirnhäute zu gewinnen.

Es erwies sich, dass in den eiterig infiltrirten Theilen massenhafte Kokken angesammelt waren, ebenso wie im Exsudate. Eine genauere Untersuchung zeigte, dass diese Kokken mit Friedländer's Pneumokokken identisch waren. In der Hirnsubstanz wurden gar keine Mikrobien gefunden.

Kryloff (179) berichtet über die Ergebnisse seiner Versuche (an Hunden, Kaninchen und Meerschweinchen) mit der Einreibung von Stibiokali tartaricum in die Haut und mit cutaner, subcutaner und intravenöser Injection von Staphylococcus albus.

Bei Einreibung der nichtsterilisirten Salbe in die nichtsterilisirte Haut erhielt er bei Kaninchen und Meerschweinchen keine Eiterpusteln; bei sehr starker Einwirkung wurde die Haut gangränös. Bei Hunden führten die gleichen Versuche zur Bildung von Eiterpusteln mit Staphylococcus-albus-Gehalt im Eiter.

Bei Einreibung von sterilisirter Salbe in die sterilisirte Haut von Hunden erhielt der Verfasser keine Eiterpusteln, doch war Staphylococcus albus in den nekrotisirten und gangränösen Stellen der Haut immer nachzuweisen.

Daraus folgert Kryloff, dass Stibio-kali tartaricum Eiterung nicht erzeugt; letztere tritt bei Anwesenheit von Eiterkokken, und auch nicht immer, sondern nur unter gewissen Umständen ein. Auffällig war es, dass in allen Fällen, wo bei Hunden Eiterung eintrat, Staphylococcus albus gefunden wurde; eine Erklärung dieser auffälligen Thatsache gab die Untersuchung der normalen Hundehaut: sowohl auf ihrer Oberfläche, wie auch in ihr selbst, ist Staphylococcus albus äusserst oft zu finden.

Culturen von Staphylococcus albus, in die Hundehaut eingerieben, wirkten sehr schwach, es entstanden höchstens unbedeutende und wenig zahlreiche Eiterpusteln; war die Haut durch Stibio-kali tartaricum verändert, so war die Wirkung der Kokken viel intensiver.

Subcutane Impfungen ziehen nach sich starke Eiterungen, bisweilen auch Pyämie; desgleichen intravenöse Injectionen.

Straus und Sanchez (180. 181) führten interessante bacteriologische Untersuchungen der Uterushöhle und ihres Inhaltes nach dem Gebären aus.

Der erste Theil dieser Untersuchungen bestand darin, dass an Kaninchen, Meerschweinchen, Mäusen und Ratten die Uterushöhle sammt Inhalt in verschiedenen Zeitpunkten nach der Niederkunft (3 Stunden bis 3 Tage) auf Bacterien geprüft wurde. Es fanden sich kein einziges Mal Bacterien, während solche in der Vagina und an den äusseren Genitalien immer nachweisbar sind. Daraus folgt, dass entweder die Keime nicht in's Innere des Uterus vordringen, oder aber darin schnell zerstört werden.

In der zweiten Reihe von Versuchen wurden zu verschiedenen Zeiten, meist 3—6 Stunden (Maximum 1—2 Tage) nach der Niederkunft, pathogene Bacterien (Bac. anthracis, Vibrion séptique, Staphylococcus pyogenes aureus, Micr. cholerae gallinarum) in den Uterus eingeführt.

Diese Versuche bewiesen, dass alle geprüften Mikrobien (mit der einzigen Ausnahme des Micrococcus cholerae gallinarum), selbst in grossen Quantitäten (bis 3 Pravaz-Spritzen von Bouillonculturen), in der Uterushöhle unschädlich sind, während sie, unter die Haut eingeführt, tödtlich wirken. Was den Micrococcus der Hühnercholera betrifft, so war er für Kaninchen auch in der Uterushöhle schädlich; es darf aber nicht vergessen werden, dass Kaninchen auf die Infection mit diesem Coccus äusserst empfindlich sind.

Christmas (182) bemerkt in seiner Arbeit „über Eiterung" (S. 472), dass nicht in der Unzuverlässigkeit der Methoden die Ursache vieler Meinungsverschiedenheiten, die bis heute in der Frage über die pyogenen Wirkungen chemischer Reize existiren, zu suchen ist; eine und dieselbe chemische Substanz kann für gewisse Thiere sich als pyogen aufweisen, während sie auf Repräsentanten anderer Thierarten gar nicht einwirken wird. Nicht die Versuchsergebnisse, sondern die Schlüsse der Forscher sind miteinander unversöhnlich.

Seine eigenen Versuche hat Christmas (in Cornil's und Duclaux' Laboratorien) an Hunden und Kaninchen ausgeführt, denen verschiedene chemische Reizmittel inoculirt wurden, wobei zum Theil positive Ergebnisse (Eiterung), zum Theil auch negative erhalten wurden.

Folgende Substanzen gaben bei subcutaner Einführung negative Ergebnisse an Kaninchen: Terpentinöl, Quecksilber, Petroleum, $ZnCl_2$ (10 %), Glycerin, $AgNO_3$ (5 %) — alle in einer Dosis von 0·5 g. Nur 1 Mal trat nach Terpentinöleinführung Eiterung ein; im Eiter wurde dabei der Staphylococcus aureus gefunden. In allen anderen Fällen (etwa 30) trat nur Nekrose oder seröse Entzündung, nicht Eiterung ein.

Dieselben Substanzen führte Christmas auch in die vordere Augenkammer derselben Thiere ein; hier entfaltete das Quecksilber pyogene Wirkung — es trat immer bacterienlose Eiterung bei den Versuchen mit dieser Substanz ein, während alle anderen auch hier keine Eiterung zu erzeugen vermochten.

Bei Hunden sind schon zahlreichere positive Resultate erzielt worden; Christmas meint, dass die Ursache davon darin zu suchen ist, dass aus der Subcutis der Hunde die Resorption langsamer vor sich geht, als bei Kaninchen, doch, sagt er, muss dieses erst durch entsprechende Versuche festgestellt werden, einstweilen ist es nur eine Hypothese.

Soviel wir wissen, ist diese Frage schon vor Jahren in Angriff genommen und von Wegner (vgl. Nr. 28) durch entsprechende Versuche im Sinne der Christmas'schen Hypothese entschieden worden.

$AgNO_3$, Quecksilber und Terpentinöl erzeugten in den Versuchen von Christmas bei Hunden in der Subcutis Eiterung; im Eiter konnte durch keine Mittel die Anwesenheit von Bacterien nachgewiesen werden.

Weiter untersuchte Christmas die Wirkung von Bouillonculturen des Staphylococcus aureus, die bei 100° C. abgetödtet waren. In der Subcutis von Hunden und in der vorderen Augenkammer von Kaninchen erzeugten sie Eiterung ohne Mikrobien.

Die Erhöhung der Temperatur bis auf 120° C. vernichtete die pyogenen Eigenschaften der Culturen.

Die Filtrirung durch Pasteur's Filter gab eine Flüssigkeit, die in der vorderen Augenkammer von Kaninchen schwache Eiterung erzeugte; aus dieser Flüssigkeit fällt Alkohol eine eiweissartige Substanz, die — nach sorgfältigem Auswaschen mit Alkohol in wässeriger Lösung in die vordere Augenkammer von Kaninchen gebracht — Eiterung, ebenso wie das ursprüngliche Filtrat, erzeugt, also als der wirksame Bestandtheil der Cultur angesehen werden kann.

Die von Christmas erhaltene Substanz ist von derjenigen verschieden, die Leber (vgl. Nr. 161) aus gleichen Culturen isolirte, und nähert sich der von Arloing (vgl. Nr. 162 und 168) aus Culturen eines anderen Mikroben erhaltenen.

Auf Grund aller seiner Versuche baut Christmas folgenden Schluss: „La suppuration doit donc être considérée comme l'effet d'une réaction des tissus contre certaines substances chimiques, qu'elles soient produites par des êtres vivants ou de nature purement chimique.“

Fräulein M. A. Rasskin (183) untersuchte die den Verlauf des Scharlachs complicirenden Entzündungen der Lymphdrüsen, Phlegmonen des Zellgewebes des Halses, Gelenkentzündungen, Bronchopneumonien, Ohreneiterungen u. s. w. auf einem grossen klinischen Material und mit Zuhülfenahme aller modernen Methoden der bacteriologischen Forschung.

Diese umfassenden Untersuchungen, deren Einzelheiten hier wiederzugeben für uns unmöglich ist, führten die Verfasserin zu folgenden Schlüssen:

1. Die malignen Complicationen des Scharlachs werden durch Infection mit Streptococcus pyogenes erzeugt; selten gesellen sich hierzu noch andere Mikrobien: die Staphylokokken, der Micrococcus pyogenes tenuis.

2. Die Infection erfolgt durch den vorläufig vom Scharlach befallenen Rachen.

3. Die Streptokokken stehen in keinem directen Zusammenhang mit dem Scharlach.

J. Felser (184) kommt auf Grund klinischer Untersuchungen und Thierversuche zu dem Ergebnisse, dass im Conjunctivalsack immer zahlreiche Mikrobien zu finden sind; die zu Grunde gegangenen werden bald durch frische aus der Luft in das Auge gelangende ersetzt.

Von pathogenen sind die folgenden am öftesten zu finden: Staphylococcus albus, citreus, aureus und Diplokokken.

Die Panophthalmitis, die sich manchmal nach der Kataraktoperation einstellt, ist durch den Staphylococcus aureus des Conjunctivalsackes erzeugt.

Albarran und Hallé (185) fiel bei Untersuchung von sauer reagirendem Urin bei verschiedenen Krankheiten ein Bacillus auf, der besonders oft in eiterigem Urin anwesend war. Der Bacillus ist an beiden Enden abgerundet und zeigt auf Praeparaten aus Reinculturen alle möglichen Uebergänge vom regelmässigen Oval bis zur völlig ausgesprochenen Fadenform.

Auf 50 untersuchte Kranken wurde der Bacillus im Urin bei 47 gefunden, und zwar 15 Mal in Reincultur und 29 Mal in Gemisch mit anderen Mikroorganismen.

In den Wänden der Blase war er bei Cystitis immer in Reincultur vorhanden; im Nierenbecken (bei verschiedenen Erkrankungen der Geschlechtsorgane) wurde er 78 Mal auf 79 untersuchte Fälle gefunden, und zwar meistens in Reincultur.

Thierversuche mit Reinculturen ergaben, dass der Bacillus bei Einführung in die Harnblase keine Cystitis erzeugt; eine solche entstand nur, wenn gleichzeitig in die Blase ein Fremdkörper eingeführt wurde.

Bei subcutanen Injectionen entstanden Abscesse; bei 2 Kaninchen und 3 Ratten führte die subcutane Injection zu einer Allgemeininfection mit tödtlichem Ausgange.

Einführung in die Körperhöhlen zog Allgemeininfection nach sich; desgleichen Injectionen in's Blut.

Auf der letzten Versammlung deutscher Naturforscher und Aerzte in Köln referirte Schimmelbusch (186) über folgende Versuche.

Um der Frage über die Möglichkeit einer Infection durch die gesunde Haut näher zu treten und der Versuche von Garré (vgl. Nr. 74) und Bockhardt (vgl. Nr. 130) gedenkend, rieb er in die Haut von Sterbenden Reinculturen von Staphylokokken ein, wonach impetiginöse Pusteln oder Abscesse sich entwickelten.

Nach dem Tode der Versuchsmenschen wurden die betreffenden Hautstücke herausgeschnitten und einer mikroskopischen Untersuchung unterworfen. Diese zeigte, dass die Infection durch die intacte Haut erfolgte; die eingeriebenen Kokken drangen in die Haarbälge, vermehrten sich hier und pressten einander tiefer zwischen die Haarzwiebel und die Haarwurzelscheide ein. Eine Infection durch die Schweissdrüsen fand nie statt.

Ausserdem rieb Schimmelbusch noch in die Haut von Kaninchen Mikroorganismen, die bei der Infection hauptsächlich im Blute zu finden sind, nämlich Bacillus anthracis, Bacillus septicaemiae cuniculi und Micrococcus cholerae gallinarum.

Aus 14 Kaninchen, denen Anthraxbacillen in die Haut eingerieben waren, gingen 4 zu Grunde. Aus 6, denen Septicämiebacillen eingerieben waren, — 2, und endlich aus 3, denen Cholera gallinarum eingerieben war, — 1.

Hohnfeld (187) studirte die Histogenese der Abscesse, die nach subcutaner Injection von Staphylococcus aureus bei Kaninchen entstehen. Es stellte sich heraus, dass die Kokken sich ohne jede Regelmässigkeit im inficirten Gewebe ausbreiten und sehr bald in die Gefässwände dringen.

Die pyogenen Eigenschaften der Staphylokokken können hauptsächlich dadurch erklärt werden, dass die Kokken den anatomischen Elementen das Nährmaterial rauben; im Beginn zieht das eine regere Nahrungszufuhr nach sich; doch tritt bald das Umgekehrte ein, die Nahrungszufuhr wird geringer, die Ernährung der Gewebe (unter Anderem auch der Gefässwände) leidet und dieses zieht Entzündung, verstärkte Diapedese nach sich.

Durch die Wirkung der chemischen Umsetzungsproducte der Kokken wird wohl die Nichtgerinnung des Exsudats erklärt werden können, während die Erweichung des ganzen Gewebsstückes wahrscheinlich durch die Peptonisirung der elastischen Fasern und des Collagens bedingt wird.

Die Eiterkörperchen sind aus den Gefässen herausgetretene Leukocyten; Phagocytose nimmt Hohnfeld nicht an; im Gegentheil sind, nach ihm, die Zellen für die Kokken ein sehr guter Nährboden.

Aus A. Fränkel's (188) Abhandlung über seine bacteriologischen Untersuchungen pleuritischer Exsudate notiren wir hier Folgendes.

Fränkel beobachtete 12 Fälle von Empyem, die er folgendermassen gruppirt: 1. Fälle, deren Pathogenese eine unsichere war; 2. Fälle von Empyem *post pneumoniam;* 3. Pyothorax tuberculösen Ursprungs; 4. Empyem bei Infectionsherden, die ausserhalb der Pleurahöhle lagen.

In die erste Gruppe gehören 3 Fälle, bei denen nur Wahrscheinlichkeit einer vorausgegangenen Pneumonie existirte — im Exsudate wurde ausschliesslich Streptococcus pyogenes gefunden.

In den 3 Fällen der zweiten Gruppe fand der Verfasser ausschliesslich seinen Pneumococcus.

Aus den 4 Fällen der dritten Gruppe gesellte sich 2 Mal Pyothorax zu Pneumothorax; in einem der reinen Fälle von Pyothorax wurde Streptococcus pyogenes gefunden, im zweiten liessen sich keine Mikrobien nachweisen.

Was endlich die vierte Gruppe betrifft, so gehören hierher 2 Fälle mit Streptococcus pyogenes im Exsudate. In einem dieser Fälle sind die Kokken aus dem Becken durch das Diaphragma in die Brusthöhle gedrungen, im zweiten (nekrotische Entzündung der Halsorgane) — durch das retropharyngeale Zellgewebe in das Mediastinum posticum und von da aus in die Pleurahöhle.

Diagnostisch gleich wichtig ist das Auffinden von Tuberkelbacillen und der Nachweis der Abwesenheit von Mikrobien — Beides deutet auf die tuberculöse Natur des betreffenden Processes.

Brieger (189) untersuchte (in Verbindung mit Herrlich) den Eiter und das Blut in 7 Fällen von Puerperalfieber.

Im Blute wurden keine Bacterien gefunden und dieses Blut, Thieren injicirt, rief keine Reaction hervor.

Im Eiter waren ausschliesslich die bekannten Eiterkokken (Staphylokokken und Streptokokken) vorhanden; nur in einem Falle gesellte sich zu diesen ein nicht näher bestimmter Bacillus. Auf Grund der negativen Ergebnisse der Blutuntersuchung äussert Brieger die Vermuthung, dass in schweren Fällen von Septicämie bei Wöchnerinen die Ursache des Todes wohl in „Toxinen" zu suchen ist.

Auf dem XVII. Congresse der deutschen Gesellschaft für Chirurgie sprach Rosenbach (190. 191) über Eiterung ohne Mitbetheiligung von Mikroorganismen.

Die noch immer unversöhnten Meinungsverschiedenheiten, die in dieser Frage bis jetzt existiren, bewogen Rosenbach, die Frage noch einmal in Angriff zu nehmen.

Während er mit entsprechenden Versuchen (in Verbindung mit Kreibohm) beschäftigt war, erschien die bekannte Arbeit von de Bary und Grawitz (vgl. Nr. 140), worin nachgewiesen worden ist, dass das Misslingen der Versuche einiger Forscher, die Eiterung mittelst chemischer Substanzen zu erzeugen bemüht waren, durch eine nicht entsprechende Wahl der Versuchsthiere zu erklären ist. So z. B. kann bei Kaninchen mittelst Terpentinöl Eiterung nicht erzeugt werden, während es für Hunde ein Eitererreger *par excellence* ist.

Zu gleichen Ergebnissen kommen Rosenbach und Kreibohm auf Grund ihrer Versuche mit Quecksilber.

4—8 $^{g}$ dieses Stoffes, Kaninchen unter die Haut eingeführt, erzeugten keine Eiterung, während dieselbe Quantität bei Hunden in 3—6 Tagen zur Bildung eines Abscesses führte, aus welchem nach Incision Eiter in grosser Quantität floss. Zahlreiche Röhrchen- und Plattenculturen überzeugten die Verfasser, dass dabei Bacterien nicht mitbetheiligt waren.

In der Discussion nach Rosenbach's Vortrag theilte Mikulicz (192) mit, dass er beim Menschen nach Injection von 10—20 $^{0}/_{0}$-Lösungen von Hydrargyrum nitricum bacterienfreie Abscesse entstehen sah, und Hirschberg (193) — dass er mikrobienfreien Eiter im Auge nach Verletzung durch Eisensplitter zu beobachten Gelegenheit hatte.

Alphons Nathan (194) scheint Eiterung ohne Mikroorganismen eine Unmöglichkeit zu sein, und glaubt er durch eine Reihe von Versuchen mit Liquor ammonii caustici, $AgNO_3$ und Terpentinöl beweisen zu können, dass in denjenigen Experimenten, in denen diese Substanzen Eiterung erzeugten, die Versuchsanordnung eine fehlerhafte war, so dass die an der Eiterung betheiligten Mikrobien übersehen worden sind.

In seinen Versuchen erzeugte Liquor ammonii caustici (1 : 8 Aq.), in einer Quantität von 2—4 $^{ccm}$ unter die Haut von Hunden und Kaninchen gebracht, Nekrose, und nicht Eiterung, wie in denjenigen von Grawitz (vgl. Nr. 140).

$^1/_2$ $^{ccm}$ $AgNO_3$ (5 $^0/_0$) gab bei Hunden in 3 Fällen Eiterung, in 5 Fällen seröse Entzündung und Coagulationsnekrose. Endlich Terpentinöl (0·6 $^{ccm}$) erzeugte in 2 Fällen auf 3 Eiterung.

Mikroskopisch und durch Culturen in Probirgläsern konnten im $AgNO_3$- und Terpentinöleiter keine Mikrobien nachgewiesen werden.

Wohl aber entwickelten sich solche auf Platten, und zwar in Form von Kokken, die die Gelatine nicht verflüssigten und keine charakteristische Gruppirung aufwiesen.

Somit erwies sich also — nach Nathan — die scheinbar bacterienfreie Eiterung als eine durch Kokken bedingte.

Warum entwickelten sich aber die Kokken in den Probirgläsern nicht? Nathan meint, dass das Terpentinöl, welches mit dem Eiter bei Stichculturen in die Gelatine eingeführt war, die Entwickelung hemmte. Auf den Platten verflüchtigte sich das Terpentinöl sehr schnell und die Keime entwickelten sich dann ungehindert; in den Probirgläsern konnte keine Verflüchtigung, also auch keine Bacterienentwickelung stattfinden.

Analoge Verhältnisse nimmt Nathan auch für den $AgNO_3$-Eiter an, der auch nur auf Platten sich als keimhaltig erwies. Worin hier eine Analogie zu erkennen ist, können wir nicht recht einsehen. Oder meint etwa Nathan, dass das $AgNO_3$ sich auf den Platten verflüchtigt? Nehmen wir selbst an, dass die Kokken keine zufällige Verunreinigung der Platte darstellen und in der That im Eiter anwesend waren, so muss doch jedenfalls nachgewiesen werden, dass sie pyogene Eigenschaften besitzen, sonst bleibt ja unentschieden, ob sie, oder aber die chemischen Reizmittel die Eiterung erzeugt haben.

Dieses zu prüfen hat Nathan vollständig vergessen. Doch nehmen wir an, dass sie pyogen sind; wenn sie wegen Anwesenheit von Terpentinöl sich in den Probirgläsern nicht entwickeln konnten, so konnten sie — unserer Ansicht nach — sich auch nicht im Subcutangewebe entwickeln und vermehren, wo ja eine unvergleichbar grössere Quantität von Terpentinöl war, angenommen natürlich, dass mit dem Terpentinöl Keime eingeführt worden sind. Die Abscesse aber als Resultat der Anwesenheit (und nicht der Vermehrung und Umsetzungsproducte) einiger Kokken anzusehen, dieses wäre heutzutage zum Mindesten riskirt.

*Ergo*, wären auch die Kokken pyogen, so konnten sie in diesen Fällen ihre specifischen Eigenschaften doch nicht zur Geltung bringen.

Einen Beweis dafür, dass sie sich im Subcutangewebe nicht vermehrt haben (angenommen, dass sie dort waren), liefert der Umstand, dass in den mikroskopischen Praeparaten keine Mikrobien gefunden wurden; ein, zwei Exemplare können im Praeparate unbemerkt bleiben, grössere Quantitäten aber, wie sie gewöhnlich im bacterienhaltigen Eiter gefunden werden, würden kaum unbemerkt geblieben sein können.

Wir haben im Beginn angenommen, dass die betreffenden Kokken pyogen sind und im Eiter vorhanden waren; es zeigte sich, dass selbst wenn dies der Fall wäre, die Schlüsse des Verfassers doch aus der Luft gegriffene bleiben würden. In der That ist aber ersteres unbewiesen geblieben, letzteres — kaum wahrscheinlich.

Ist der Eiter mit flüssiger Gelatine vermischt und dann auf Platten gegossen worden, so durchtränkte das im Eiter vorhandene Terpentinöl die ganze Gelatine und konnte, nach Erstarren letzterer, sich kaum so leicht und schnell verflüchtigen, wie es Nathan anzunehmen geneigt ist, jedenfalls nicht so schnell, wie bei einer Strichcultur im Probirglase oder selbst bei einer Stichcultur im oberen Theile des Stiches. Wären also im Eiter Keime vorhanden gewesen, so hätten sie sich vorerst in den Probirgläsern entwickelt, und erst später auf den Platten.

Fragen wir jetzt, wie die Entwickelung der Kokken auf den Platten erklärt werden kann, so kann darauf folgende Antwort gegeben werden.

Nathan hält die Plattenculturen für das „Hauptpostulat jeder bacteriologischen Untersuchung"; er hat aber augenscheinlich vergessen, dass diese Methode nicht in allen Fällen eine zweckmässige ist.

Wollen wir aus Mischculturen die einzelnen Arten isoliren, wollen wir die Zahl der zur Entwickelung gelangenden Colonien (natürlich nur *à peu près*) feststellen u. s. w, so giebt uns das Plattenverfahren einzig und allein die Möglichkeit dieses auszuführen.

Wenn wir aber die Frage lösen wollen, ob in dem Untersuchungsobjecte lebende Bacterienkeime vorhanden sind oder nicht, so kann das Plattenverfahren allein als *ultima ratio* nicht betrachtet werden und erst eine kritische Beurtheilung der Ergebnisse von Platten- und Probirglasculturen kann uns den wahren Sachverhalt klar machen.

Beim Plattengiessen ist nie die Möglichkeit völlig ausgeschlossen, die Platte oder die zu giessende Gelatine von der Luft aus zu verunreinigen; jeder Mykologe weiss aber, dass jedes Laboratorium, jede Klinik etc. ihre Pilzarten hat, die immer wieder auf die Bühne treten, wenn eine Verunreinigung stattfindet.

In Nathan's Falle sind die Platten von einem Kokkus verunreinigt worden, in anderen Fällen sind es Stäbchen, Schimmel u. s. w.

So z. B. entwickelten sich auf Rosenbach's Platten aus dem Eiter von Abscessen, die sich nach Quecksilbereinwirkung einstellten (vgl. Nr. 190 und 191), einige Colonien von Kokken, Schimmeln u. s. w., und doch sagt dieser bewährte Forscher, dessen Meinung in diesen Fragen ja nicht von der Hand gewiesen werden darf, direct, dass diese Colonien unzweifelhafte Verunreinigungen der Platten sind, nicht aber ein Beweis der Bacterienhaltigkeit des untersuchten Eiters. Kurz, die Schlüsse von Nathan sind unbegründet, die Abhängigkeit der von ihm erhaltenen Eiterungen von Mikroorganismen ist nicht festgestellt worden, schon eher ist ihre Unabhängigkeit von denselben bewiesen worden.

Odo Bujwid (195) bemerkte, dass bei einer Diabeteskranken Abscesse in der Sacralgegend, die immer wieder auftraten, nach Beginn der antidiabetischen Cur endgültig schwanden, und stellte die Hypothese auf, dass die Anwesenheit von Zucker in den Geweben deren Energie im Kampf gegen die Invasion von Kokken in dieser oder jener Weise vermindern müsse. Um zu prüfen, inwiefern diese Hypothese richtig ist, führte er eine Reihe von Versuchen an Kaninchen, weissen Mäusen und Ratten aus.

Er begann mit subcutanen Injectionen von Staphylokokken-Aufschwemmungen (in 0·5 % NaCl), um die Quantität festzustellen, die nicht mehr pyogen einwirken kann.

Nachdem diese festgestellt worden ist, injicirte er solche unschädliche Quantitäten, aber nicht in NaCl, sondern in 25 % Traubenzuckerlösungen; es zeigte sich, dass in solchen Verhältnissen Eiterung immer eintrat.

Weiter modificirte Bujwid folgendermassen seine Versuche: gleiche Quantitäten, wie in der ersten Reihe, führte er in 12 % Zuckerlösung ein; wurden dann vier Tage nacheinander 12 % sterilisirte Zuckerlösungen demselben Thiere subcutan injicirt, so entstand Eiterung, wurde kein Zucker mehr eingeführt, dann blieb solche aus. Controlthiere, die statt Zucker — 0·5 % NaCl-Lösung erhielten, wiesen keine Reaction auf.

Wurde Kaninchen 10 ccm 10 % Zuckerlösung in die Ohrvene injicirt und bald darauf 1 ccm einer Staphylokokken-Aufschwemmung subcutan eingeführt, so unterlag die Stelle, wo die Kokken injicirt wurden, der Mortification.

Weitere Versuche des Verfassers zeigten, dass, wenn man Kaninchen nicht pyogene Quantitäten von Staphylokokken-Aufschwemmungen nach vorläufiger Einführung von 1 ‰ Sublimatlösung oder 2 % Carbolsäurelösung injicirt, an der Impfstelle Abscesse entstehen.

Ich werde mir hier nur erlauben, daran zu erinnern, dass Roser und Kraske (vgl. Nr. 46) schon längst auf den diabetischen Zustand, als auf ein Moment, das zu Eiterungen praedisponirt, hingewiesen haben und die Unmöglichkeit, die Eiterungen zu hemmen, bevor die diabetische Cur zur Anwendung gekommen ist bez. bevor die Glykosurie schwindet, wohl kannten.

Vor zwei Jahren injicirten Grawitz und de Bary (vgl. Nr. 140), gleich Bujwid, Zuckerlösungen, die mit Staphylokokken versetzt waren, in die Subcutis und erhielten keine Eiterungen ausser den Fällen, in welchen die Haut nekrotisirt wurde. Zu gleichen Ergebnissen kam ich bei Nachprüfung dieser Versuche. Eine Erklärung dieser Unterschiede in den Versuchsergebnissen werde ich weiter unten bei Besprechung meiner Experimente zu geben Gelegenheit haben.

Alexander Fränkel (196) suchte durch Thierversuche die Schicksale von Fremdkörpern in Wunden festzustellen. Aus seinen Versuchen sind folgende für unsere speciellen Fragen von Interesse. Die erste Versuchsreihe bestand in der Einführung (unter antiseptischen Cautelen) unter die Haut von Kaninchen von unsterilisirten, sterilisirten und mit Staphylokokken und Streptokokken imbibirten Tuch- und Wäschestücken. In allen diesen Versuchen war die Reaction sehr gering; die Fremdkörper waren bis auf einen Fall, wo geringe Eiterung eintrat, ohne Eiterung eingeheilt. Mit Crotonöl und Terpentinöl getränkte Fremdkörper bewirkten eiterige Phlegmonen, zum Theil mit Gewebsnekrose.

Wurden Tuchstücke mit Culturen eines vom Verfasser in einem Abscesse (beim Kaninchen) gefundenen Bacillus imbibirt, so entstand progrediente Eiterung mit tödtlichem Ausgange. Gleiche Wirkung zeigte die Imbibirung mit Culturen eines von Kowalski aus einer gelb atrophirten Leber reingezüchteten Coccus.

Im letzten Hefte der Zeitschrift für Hygiene habe ich (197) über das Auffinden von Micrococcus tetragenus bei Abwesenheit anderer pyogenen Bacterien im Eiter eines acuten Abscesses in der Gegend des rechtsseitigen Angulus mandibulae bei einem 8jährigen Mädchen berichtet. In den mikroskopischen Praeparaten sind ausschliesslich colossale Mengen der charakteristischen Tetraden (mit Kapseln) gefunden worden. Die Culturen gaben aus einer Eiterprobe eine Reincultur des Micrococcus tetragenus, aus einer zweiten eine Mischcultur desselben mit der saprophytischen Form, die Flügge als Bacillus luteus bezeichnet.

Durch diese Beobachtung wird die Pyogenität des Micrococcus tetragenus für den Menschen, die seit Jakowski's (vgl. Nr. 120) Befunden wahrscheinlich war, zur Thatsache erhoben.

Zum Schlusse dieser Litteratur-Uebersicht werden wir hier noch über eine Anfang 1889 erschienene Arbeit berichten, nämlich über die Abhandlung von E. Grawitz: „Ueber Niereverletzungen“ (198).

Grawitz hat sich unter Anderem mit der Frage nach dem Zustandekommen von Eiterung im verletzten Nierengewebe beschäftigt.

Er erinnert daran, dass früher die Meinung allgemein verbreitet war, wonach die Urininfiltration an und für sich ein ausreichendes Moment für die Eiterung darböte; doch haben schon im Jahre 1869 Simon und Menzel gezeigt, dass saurer Harn im gequetschten Gewebe an und für sich völlig unschädlich ist, dass aber durch Gährung (nicht durch caustische Alkalien) alkalisch gewordener Harn Abscesse im verletzten Gewebe hervorruft. Menzel liess damals die Frage unentschieden, ob hier das Ammoniak oder die „Vibrionen" die eigentlichen Erreger der Eiterung sind; heute kann nicht mehr gezweifelt werden, dass die Einwirkung der Bacterien bez. deren Abscheidungsproducte nöthig sind, um in dem harninfiltrirten Nierengewebe Eiterung zu erzeugen. Versuche, die Grawitz an Kaninchen anstellte, überzeugten ihn, dass grobe Läsionen, verbunden mit umfangreichem Defect, Einführung von Fremdkörpern vom Nierengewebe ertragen werden, ohne dass als Reaction Eiterung hervortritt.

Und doch giebt die Klinik Belege dafür, dass nach solchen Verletzungen manchmal Eiterung eintritt. Es muss also in diesen Fällen eine Infection des Nierengewebes stattfinden. Wie kommt diese zu Stande?

Der erste Weg, auf welchem die Infectionsträger gelangen können, ist das Blut. Doch zeigen Rinne's Experimente (vgl. Nr. 146), dass Verletzungen der Niere aus derselben noch keinen günstigen Boden zur Ansiedelung von Mikrobien machen; *in praxi* kommt noch zur Verletzung der Austritt des Urins in Betracht; dieser ist ein höchst günstiger Nährboden und darum können die urininfiltrirten Gewebe vom Blute aus inficirt werden.

Der zweite Weg wäre der Harnapparat (bei Tripper, Blasenkatarrh), der dritte endlich der Lymphstrom, der von benachbarten inficirten Organen Bacterien in das Nierengewebe einführen kann.

---

Die oben geschilderte Geschichte der Forschungen über die Aetiologie der Eiterung beweist, dass auch auf diesem Gebiete, wie überall, der Fortschritt kein ungehinderter war, dass die Ideen, die einer Reihe von Untersuchungen zu Grunde lagen und ihren Ausgangspunkt bildeten, durch andere ersetzt wurden, die ihrerseits neue Untersuchungsreihen zu Tage förderten, u. s. w. Jede Ideenreihe, bis zu Ende entwickelt, führte die Forscher zu Schlüssen, die oft unglaublich einseitig waren, und es war eben diese Einseitigkeit, die die alten Bahnen zu verlassen zwang und auf neue lenkte. Selbstverständlich war nicht immer die neue Bahn der richtigen näher, im Gegentheil führte sie oft auf ähnliche Irrwege wie die alte; es kann aber nicht gezweifelt werden, dass jeder neuen Bahn die Beleuchtung einer neuen Seite der Frage zu verdanken ist.

Die verschiedenen Standpunkte, die sozusagen schon im Voraus im allgemeinen Plan der wissenschaftlichen Entwickelung aufgezeichnet sind, ersetzen einander in dem Maasse, als es den Forschern gelingt, den Inhalt der respectiven Anschauungen und Thatsachen zu erschöpfen. Die Ordnung, in welcher dieser Standpunktwechsel vor sich geht, hängt zum Theil von der Natur des Untersuchungsobjectes ab, die sich nicht auf einmal *in toto*, sondern nur stufenweise enthüllt, zum Theil aber auch von den allgemeinen logischen Gesetzen der Ideenassociation.

Die verschiedenen Standpunkte sind an und für sich nicht unbedingt richtig, aber sie können uns in ihrem logischen Zusammenhange zur Erkenntniss der reinen, von allen Extremen und Einseitigkeiten befreiten Wahrheit führen.

Selbstverständlich sind wir noch weit entfernt davon, in der Frage über die Aetiologie der Eiterung in Besitz dieser reinen Wahrheit zu treten, viele Ideen sind jetzt kaum angedeutet, viele anderen haben noch nicht ihr letztes Wort gesagt, andere sind schon in die Archive der Wissenschaft übergegangen, wo sie wohl lange liegen werden, bevor die Gedanken der Forscher, von neuer Erfahrung bereichert und in der Erklärung von neuen Thatsachen aufgeklärt, wieder zu ihnen zurückkehren werden. Endlich werden wohl auch noch ganz neue Gesichtspunkte auftauchen, die wir jetzt nicht einmal ahnen können.

Selbst ein flüchtiger Ueberblick der neueren Litteratur über die Aetiologie der Eiterung belehrt bald, dass die Aufmerksamkeit der Forscher in den letzten Zeiten sich immer mehr auf der Frage nach den pyogenen Eigenschaften chemischer Reizmittel concentrirt.

Unsere Hauptaufgabe war eben eine Nachprüfung der Versuche, die zur Klärung dieser Frage vorgenommen worden waren; bei dieser Nachprüfung haben wir uns auch bemüht, die Ursachen der Widersprüche zwischen den verschiedenen Autoren aufzuklären.

In welcher Weise wir unsere Aufgabe gelöst haben, wird aus den folgenden Abschnitten zu ersehen sein. Zum Schlusse dieses Capitels werden wir nur flüchtig andeuten, welche specielle Fragen, unserer Ansicht nach, jetzt auf die Tagesordnung wohl auftreten werden.

Wir thun dieses, um uns vor dem Vorwurfe der Einseitigkeit zu schützen. Die unten anzudeutenden Fragen würden wir gerne schon in Angriff genommen haben, hätten es uns die Umstände nicht unmöglich gemacht, diese Untersuchungsreihe weiter zu führen.

Nachdem die scharfe Differenz zwischen den mechanischen und den chemischen Reizen endgültig festgestellt worden ist, ist die Frage, wodurch diese Differenz bedingt ist, wohl am Platze. Zweifelsohne muss vor Allem in der Wirkung der chemischen Reizmittel ihre chemische Structur zur Geltung kommen, mit welcher wir bei den mechanischen Reizen nicht zu rechnen haben.

Es muss also ergründet werden, welche chemische Structur denjenigen Stoffen zukommt, die Eiterung erzeugen können, und zwar was in ihrer Structur das bedingende Moment ist. Wie kann man sich aber in diesen Fragen orientiren? Da sehr verschiedenen chemischen Verbindungen eine gleiche Wirkung, d. h. Erzeugung von Eiterung zukommt, so liegt die Vermuthung sehr nahe, dass sie in ihrer Structur Etwas gemein haben. Von dieser Idee ausgehend stossen wir aber gleich auf gewaltige Schwierigkeiten. In der That, was hat Calomel mit Cadaverin, Quecksilber mit Terpentin gemein? Es führt uns also dieser Ausgangspunkt in eine Sackgasse; wir kehren um und suchen einen anderen Weg. Es ist ja noch gar nicht bewiesen, dass das Effect, welches nach Einwirkung verschiedener pyogener chemischer Körper, in der That, in allen Fällen ein und dasselbe ist, wie es auf den ersten Blick auch scheinen mag. Das, was wir Eiter nennen, ist ein pathologisches Product, das in verschiedenen Fällen sehr bedeutende morphologische und genetische Verschiedenheiten aufweisen kann. Weiter unten werden wir sehen, dass selbst bei den schwachen Untersuchungsmitteln, die uns zur Zeit zu Gebote stehen, einige der morphologischen Verschiedenheiten bemerkt werden können. Es ist auch schwer daran zu zweifeln, dass, vom genetischen Standpunkte aus betrachtet, die Eiterung in verschiedenen Fällen ein verschiedener Process sein kann.

Die jetzt dominirende Hypothese von Cohnheim erklärt sehr viel, aber bei Weitem nicht Alles. Die Lehre von der Karyokinese greift in Cohnheim's Lehre ein und die Revolution, die durch die Entdeckung und das Studium der Karyokinese in der Lehre über Zelle und Gewebe gemacht worden ist, hat auf die Lehre über Entzündung noch nicht in gebührender Weise eingewirkt.

Bis heute bleibt es noch dahingestellt, ob die Eiterkörperchen nur metamorphosirte Leukocyten sind oder auch anderen Elementen ihren Ursprung verdanken können. Noch vor Kurzem hat ja ein nicht autoritätsloser Forscher — A. Mosso[1] — eine Lehre aufgestellt, wonach die Eiterkörperchen metamorphosirte rothe Blutkörperchen sein sollen.

Wir können uns auch nicht verhehlen, dass die halbvergessene Lehre über endogene Eiterzellenbildung in keinem Falle als endgültig zu Gräbe getragen angesehen werden kann.

[1] A. Mosso: De la transformation des globules rouges en leukocytes etc. *Archives Italiennes de Biologie.* t. VIII. p. 252—316.

All' dieses führt uns zum Schlusse, dass das Suchen nach Analogien in der chemischen Structur von eitererregenden Substanzen sehr umsichtig geführt werden muss; dabei muss immer die Aufmerksamkeit auf die morphologischen und genetischen Eigenthümlichkeiten der eiterigen Producte wach bleiben. Vielleicht wird es in der Zukunft möglich werden, hier einige Gruppen typischer Erscheinungen aufzustellen, demgemäss auch die Beurtheilung des Einflusses der chemischen Structur einen weniger riskirten Charakter annehmen wird.

Aber selbst dann wird die Frage noch nicht gelöst werden. Die Sache wird erst völlig klar werden, wenn es gelingen wird, diese oder jene chemische Structur mit den in den Zellen und Geweben sich abspielenden Processen in Zusammenhang zu bringen. Es muss also gefunden werden, auf welche Theile der Zellen das eindringende Gift wirkt, in welche physiko-chemischen Processe, die in ihrer Gesammtheit das Leben der Zelle ausmachen, das giftige Molecül mit seinen specifischen Affinitäten eingreift. Es liegt auf der Hand, dass auch in diesem Gebiete die Forscher auf bedeutende Schwierigkeiten stossen werden. Jeder weiss ja, dass heutzutage nur die ersten Schritte auf dem Wege zur Erklärung der Giftwirkungen von diesem Standpunkte aus gestellt werden; der Fortschritt auf diesem Gebiete ist nur in dem Maasse denkbar, in welchem die Cellularphysiologen und Pathologen in ihren Schlüssen fortschreiten werden. In unserer Specialfrage ist die Sache aber noch bedeutend complicirter als sonst in der Toxicologie.

In der That wissen wir, dass pyogene chemische Stoffe von gewissen Bacterien erzeugt werden, ihre Umsetzungsproducte sind; wir wissen auch, dass die Bacterien Zellen oder wenigstens zellenähnliche Gebilde sind.

Von selbst taucht die Frage auf: können unter gewissen Umständen die Zellen, die den thierischen Organismus bilden, nicht ähnliche Producte erzeugen? Mit anderen Worten: sind wir nicht berechtigt, eine Kategorie von „autochtonen" Eiterungen aufzustellen?

Es muss gestanden werden, dass die sogenannten kalten Abscesse bis jetzt, trotz Allem, doch noch oft ungelöste Räthsel bleiben. In vielen Fällen sind wir wohl berechtigt, die Einwirkung der Tuberkelbacillen anzunehmen, in manchen sind aber gar keine Bacterien nachzuweisen. Diejenigen Forscher, die auch für diese Fälle tuberculösen Ursprung annehmen, sind gezwungen, Erklärungen sehr zweifelhafter Natur in Gang zu setzen.

Nicht unerwähnt wollen wir hier noch folgende Seite der Frage lassen. Die Zahl der pyogenen Mikrobien wächst immer mehr. Bacterien, die früher als unschädlich für den Menschen angesehen waren, erweisen sich als pyogene, wie z. B. der Micrococcus tetragenus;[1] gleiche Eigenschaften besitzen auch viele für den Menschen pathogene Arten, denen früher pyogene Eigenschaften abgesprochen wurden, so z. B. der Bacillus typhi abdominalis.[2]

Weiter zeigen die neuesten Versuche, dass Mikrobien, die bei Thieren einer Art acute Eiterungen hervorrufen, für Thiere einer anderen Art völlig unschädlich sein können. Wieder taucht von selbst eine Vermuthung auf: können nicht sehr viele Bacterien unter gewissen Umständen pyogene Eigenschaften erwerben? Vielleicht wäre es richtiger, über die Bedingungen der Pyogenität von Bacterien im Allgemeinen zu reden, als über specifisch-pyogene Bacterien. Unserer Ansicht nach ist eine derartige Fragestellung nicht ohne Bedeutung. Selbstverständlich dürfen noch keine Verallgemeinerungen darauf basirt werden. Wenn wir auf diese Fragestellung aufmerksam machen, so wollen wir damit nur darauf hinweisen, dass das thatsächliche Material uns in die allgemeinen somatischen Bedingungen, unter welchen die Bacterien ihre pyogenen Wirkungen auf den Organismus entfalten, tiefer einzudringen bewegt. Einige dieser Bedingungen können schon jetzt formulirt werden; als Beispiel wollen wir hier die Bedeutung der schnellen Resorption anführen. Allgemein bekannt sind auch die Eiterungen bei Diabetes mellitus.

Es kann kaum bezweifelt werden, dass in dieser Richtung eine reiche Ernte zu erwarten ist.

Um nicht zu weit in die Zukunft zu dringen, werden wir uns hier nicht in die Aufzählung anderer Zukunftsfragen einlassen. Das nächste Ziel dieser Schlussbemerkungen, glauben wir, ist mit dem Gesagten erreicht.

[1] Vgl. Steinhaus, Zur Aetiologie der Eiterung. *Zeitschrift für Hygiene.* 1889. Band V. Heft 3.

[2] Roux, Bacille d'Eberth est pyogène. *Lyon médical.* 1888. Nr. 26.

# II.
# Experimenteller Theil.

## Erstes Capitel.
## Methodik.

In jeder experimentellen Arbeit ist die Frage nach der Methodik eine Hauptfrage. In unserem Falle ist sie es wohl mehr als je; alle diejenigen, die die Möglichkeit der Entstehung von Eiterung ohne Mikrobien, ausschliesslich durch die Wirkung von chemischen Reizmitteln, zu leugnen glauben müssen, führen gegen die Versuche, die diese Möglichkeit beweisen, immer nur ein Argument in's Feld: die Methodik schloss die Mitwirkung von Bacterien nicht aus. In manchen Fällen war dieses allerdings der Fall, doch zweifelsohne nicht in allen. Wir haben uns bemüht, unsere Versuche der Art anzustellen, dass dieses einzige Argument falle; unsere unten detaillirt wiedergegebene Methodik wird hoffentlich den strengsten Anforderungen genügen und uns vor dem Vorwurfe schützen, dass wir leichtfertig an's Werk gegangen sind und „Schein für Sein" gehalten haben.

### § 1.
### Operationstechnik.

Bei subcutaner oder intraperitonealer Einführung von Substanzen, die ausschliesslich mechanisch oder chemisch wirken sollen, müssen natürlich alle Anstrengungen dahin gerichtet werden, dass die Mitwirkung von Mikroorganismen ausgeschlossen bleibe.

Um dieses zu erreichen, muss man die Versuche der Art anordnen, dass die eingeführte Substanz keine Mikroorganismen enthalte, dass Mikroorganismen nicht bei der Einführung in die Wunde mit eindringen und die Wunde nach der Einführung der betreffenden Agentien vom Zutritt von Mikrobien geschützt bleibe.

Die Sterilisirung der einzuführenden Substanzen ist der leichteste Theil der Arbeit und doch ist auch sie nicht immer einwandfrei ausgeführt worden.

So begnügte sich Uskoff (Nr. 49) bei Sterilisirung von Wasser mit einfachem Aufkochen desselben; dieses Verfahren tödtet viele Bacterien bez. Sporen, jedoch nicht alle. Noch schlimmer ging es bei ihm mit der Sterilisirung von Milch; letztere war immer nach dem Aufkochen durch Papier filtrirt, wobei natürlich, da das Filtriren an der Luft geschah, Keime aus derselben ungehindert in die Milch gelangten.

So verstand man „Sterilisirung" noch im Jahre 1881; später, nachdem die Sterilisirungsapparate von Koch in Anwendung kamen, war sie nicht mehr so oberflächlich wie bei Uskoff.

Die Ausfüllung der zweiten Bedingung der Reinheit der Versuche — das Ausschliessen des Miteindringens von Bacterien während der Einführung der betreffenden chemischen Substanz — ist schon viel schwieriger; sie war auch bei vielen Versuchen der Stein des Anstosses.

Bei Einführung von Flüssigkeiten in das Unterhautsgewebe und in die Bauchhöhle sind drei Methoden zur Anwendung gekommen.

1. Die erste und älteste Methode ist das Einspritzen mittelst Pravaz'scher oder Koch'scher Spritze.

Besteht die Spritze ausschliesslich aus Glas und Metall, so kann sie sehr leicht absolut keimfrei gemacht werden. Dazu braucht man sie nur 1—2 Stunden in 3—5% Carbolsäurelösung zu kochen und dann in sterilisirtem Wasser von der Säure zu befreien.

Die Einführung mittelst Spritze besitzt den wichtigen Vortheil, dass dabei die Haut nur von einer dünnen Nadel durchbohrt wird, was keinen bedeutenden traumatischen Eingriff darstellt. Doch ist eine derartige Einführung von stark reizenden Flüssigkeiten mit der Gefahr verbunden, dass die Eintrittsstelle der Nadel mit dem Reizmittel in Berührung komme, nekrotisch und somit zum günstigen Boden für die Ansiedelung von Keimen werde, die während des Einstichs aus der Luft auf die Haut gelangen. Von dieser nekrotisirten und oft auch vereiternden Zone kann sich eine eiterige Entzündung sehr leicht auf das Unterhautsgewebe durch den Stichcanal verbreiten.

Es kann aber auch diese Eventualität ausgeschlossen werden.

Vor Allem muss zu diesem Zwecke die Nadel erst dann auf die Spritze aufgesetzt werden, wenn letztere schon gefüllt ist, so dass beim Einstich die Nadel nur mechanisch einwirken kann.

Um beim Herausziehen der Nadel auch die Gefahr der chemischen

Reizung der Einstichstelle nach Möglichkeit auszuschliessen, habe ich Folgendes in Anwendung gebracht. Statt der kurzen ($3^{cm}$) Nadeln, die gewöhnlich gebraucht werden, habe ich mir $12^{cm}$ lange angeschafft, so dass die reizende Substanz weit von der Einstichstelle in das Gewebe gelangte, und wischte immer die Nadel während des Herausziehens mit der inneren Seite der Hautfalte, in welche die Nadel eingeführt war, ab, so dass die Nadel wieder ganz rein in die Stichwunde zurückkam.

Sehr oft gelingt es auch ohnedem die Einspritzung ganz rein auszuführen, man ist aber dabei vom Zufall zu sehr abhängig.

2. Eine andere Methode ist von Straus (Nr. 59) eingeführt worden. Später wurde sie von Klemperer (Nr. 72), Zuckermann (Nr. 133), Karliński (Nr. 177), v. Christmas (Nr. 182) und Rosenbach (Nr. 191 und 192) mit kleinen Modificationen angewandt.

Straus' Methode bestand darin, dass er eine lange, an einem Ende ausgezogene und zugeschmolzene Glasröhre mit der einzuführenden Flüssigkeit füllte, das zweite offene Ende mit einem Wattepfropf stopfte und das Ganze sterilisirte; dann wurde das ausgezogene Ende in die Haut eingestochen, die Spitze subcutan abgebrochen und der Inhalt der Röhre in das Gewebe durch das andere mit Wattepfropf versehene Ende eingeblasen.

Vor dem Einstich und nach beendeter Einführung des Reizmittels thermocauterisirte Straus die Haut an und um die Stichstelle. Dasselbe thaten auch Karliński, Zuckermann u. A. Die Thermocauterisirung ist ohne Zweifel ein sicheres Mittel gegen Infection der Wunde, es hat aber eine schlechte Seite, um derentwillen ihr Gebrauch wohl ein für allemal abgerathen werden sollte. Die Thermocauterisirung beschleunigt, wie es de Bary und Grawitz (Nr. 140) bewiesen haben, die Resorption, so dass sie in vielen Fällen die Versuche vollständig verderben kann: fallen die Versuchsergebnisse negativ aus, so bleibt immer die Frage offen, ob keine Eiterung eingetreten wäre, wenn die Resorption des chemischen Reizmittels nicht durch die Thermocauterisation beschleunigt gewesen wäre.

Rosenbach, der mit Quecksilber experimentirt hat, modificirte das Straus'sche Verfahren folgendermassen. Er schmolz das Quecksilber in eine retortenförmige Glasröhre ein, deren Stiel sehr lang (bis $20^{cm}$) ausgezogen war zum Einstich und weitem Einschieben in das Subcutangewebe. Nach Abbrechen der Spitze des vorgeschobenen Stieles wurde das kolbenförmige Ende des Rohres umgedreht und durch Erwärmen desselben das Quecksilber in das Zellgewebe ausgetrieben.

3. Die dritte Methode ist von Cohnheim ersonnen und zum ersten Male von Councilman (Nr. 57) in Anwendung gebracht worden. Sie

besteht darin, dass die betreffende Flüssigkeit in dünnen zugeschmolzenen Glasröhrchen durch eine Schnittwunde in die Subcutis — natürlich unter den Cautelen der Asepsis — eingeführt wird. Die Wunde wird nach Lister's Methode behandelt und nachdem sie vollständig geheilt ist, wird das Röhrchen subcutan zerbrochen und dadurch ihr Inhalt in das Gewebe ergossen.

Die Cohnheim-Councilman'sche Methode garantirt in hohem Maasse gegen eine störende Mitwirkung von Bacterien, sie hat aber in der Form, in welcher sie von Councilman benutzt wurde, auch ihre schlechten Seiten. Während nämlich die Wunde heilt, wird das Röhrchen incapsulirt; wenn dann das Röhrchen zerbrochen wird, so ergiesst sich ihr Inhalt nicht in das normale Gewebe, sondern in ein junges Narbengewebe, das mit ihm ja nicht identisch ist.

Statt der Röhrchen wandte Brewing (Nr. 86) Glaskugeln an, was aber kaum Vortheile bieten kann, erstens weil bei der Einführung von Kugeln die Wunde grösser sein muss als bei Einführung von Röhrchen — bei gleichem Volumen —, dann aber auch, weil eine Kugel viel leichter durch Zufall im Subcutangewebe zerbrochen werden kann als ein Röhrchen, besonders wenn das Versuchsthier sehr beweglich ist.

Scheuerlen (Nr. 78) arbeitete Anfangs nach Councilman's Methode, später (Nr. 135) vervollständigte er dieselbe und führte einige nützliche Modificationen ein. Vor Allem zog er die beiden Enden der Röhrchen aus, was das Zuschmelzen erleichtert, und brach in der Subcutis nur diese Enden ab, statt das ganze Röhrchen zu zerdrücken; diese letzte Modification macht eine zu schnelle Resorption der eingeführten Flüssigkeit zur Unmöglichkeit, es wird im Gegentheil, die Resorption hierdurch verzögert, was nicht ohne Einfluss auf die Versuchsergebnisse bleibt.

Ausserdem, um die Wirkung auf junges Narbengewebe auszuschliessen, schob Scheuerlen die Röhrchen subcutan von der Stelle, wo sie während der Wundheilung lagen, in eine andere, und erst hier brach er die Spitzen ab.

Nach Councilman's Methode haben Passet (Nr. 67), Klemperer (Nr. 72), Kranzfeld (Nr. 98) und Zuckermann (Nr. 133) gearbeitet. Die neuen Modificationen Scheuerlen's wandte auch Behring (Nr. 174) an. Einen Theil meiner Versuche habe ich auch nach Scheuerlen's Methode ausgeführt.

Die Röhrchen habe ich gewöhnlich in der Sacralgegend unter die Haut eingeführt und von da aus in der Subcutis bis in die Halsgegend weitergeschoben, so dass sie — je nach der Grösse der Versuchsthiere — 10—50 $^{cm}$ von der Hautwunde entfernt zu liegen kamen.

Nach voller Heilung der Wunde wurden die Röhrchen wieder unter der Haut an eine andere Stelle verschoben (gewöhnlich, wenn sie links von der Wirbelsäule lagen, wurden sie nach rechts von ihm verschoben oder umgekehrt) und hier erst wurden die spitzen Enden abgebrochen, so dass die in den Röhrchen enthaltene Flüssigkeit sich in normales, nicht in Narbengewebe ergoss.

Bei der Einführung von Röhrchen in die Peritonealhöhle entstanden neue Schwierigkeiten. Unter dem Einfluss der Darmperistaltik wandern die Röhrchen zwischen den Darmschlingen umher und es wäre völlig unmöglich, sie zum Zwecke des Abbrechens der Spitzen wiederzufinden. Es musste also ein Mittel ersonnen werden, um die Röhrchen an einer bestimmten, durch die Haut erreichbaren Stelle festzuhalten.

Dieses wurde folgendermassen erzielt. Die Röhrchen wurden an sterilisirten Seidenfäden befestigt, deren freie Enden als Ligaturen bei der ersten Nahtenschicht in der Wunde gebraucht wurden. Somit entstand eine Art „Ballon captif": das Röhrchen konnte sich nur zwischen gewissen, durch die Fadenlänge bestimmten Grenzen hin- und herbewegen. Auf die Wundheilung übten die Seidenfäden keinen Einfluss und das Röhrchen war immer leicht wiederzufinden.

Was endlich die Röhrchen selbst betrifft, so war ich nicht in der glücklichen Lage, sie fix und fertig aus einer Fabrik beziehen zu können (wie Scheuerlen), da keine der hiesigen Fabriken die Bestellung ausführen wollte, und musste sie eigenhändig fabriciren.

Zu diesem Zwecke nahm ich lange Glasröhren mit mitteldicken Wänden und innerem Durchmesser von $0 \cdot 3^{\mathrm{cm}}$, zog sie in bestimmten Abständen bei starker Erhitzung aus, wodurch der ganzen Länge der Röhren nach $0 \cdot 3^{\mathrm{cm}}$ weite und capilläre Abschnitte aufeinanderfolgten. Indem ich nun in der Mitte jedes capillären Abschnittes das Rohr durchbrach, erhielt ich eine Reihe von Röhrchen, deren centraler Abschnitt einen Diameter von $0 \cdot 3^{\mathrm{cm}}$ hatte, während beide Spitzen capillär endeten. Jedes Röhrchen konnte etwa $0 \cdot 3^{\mathrm{ccm}}$ fassen. Die so bereiteten Röhrchen wurden dann sterilisirt, mit den betreffenden Flüssigkeiten (die auch schon sterilisirt waren) gefüllt, an beiden Enden zugeschmolzen und dann noch einmal gründlich sterilisirt.

Es genügt aber nicht, die zu untersuchenden Flüssigkeiten, die Instrumente, Hände, den Operationstisch u. s. w. aseptisch zu machen; dasselbe muss auch mit der Haut des Versuchsthieres geschehen. — Diejenigen Forscher, die das Thermocauterisiren nicht in Anwendung brachten, führten dieses folgendermassen aus. Sie reinigten nach Abrasiren diejenige Partie der Haut, durch welche die betreffende Substanz in dieser oder jener Weise eingeführt werden sollte, mit Seifenwasser, Alkohol, dann Aether, und desinficirten mittelst $1^{0}/_{00}$ Sublimatlösung, was in der

That, wenn es nur gründlich ausgeführt wird, auch vollständig genügt. Weiter muss dafür Sorge getragen werden, dass das Versuchsthier während der Operation immobilisirt bleibe, sonst kann dieselbe kaum mit voller Reinheit ausgeführt werden. Zu diesem Zwecke müssen diejenigen Tische und Vorrichtungen verwendet werden, die die Physiologen und Experimental-Pathologen bei ihren Versuchen gebrauchen.

Um mit der Technik der Versuche abzuschliessen, müssen wir hier noch die Mittel besprechen, die die Wunden vor Infection nach der Operation, die selbstverständlich unter Carbolspray ausgeführt werden muss, zu schützen bestimmt sind. Zwei Methoden haben hier Anwendung gefunden: der antiseptische Verband und das Jodoform-Collodium.

Vom theoretischen Standpunkte aus wäre der antiseptische Verband dem Jodoform-Collodium vorzuziehen. *In praxi* erweist er sich aber bei Thieren als unzweckmässig. Vor Allem wird er von den Thieren oft weggerissen, da er ihre Bewegungen zu sehr hemmt; aber wenn dieses auch nicht geschieht, so garantirt er doch nicht gegen Wundinfection und zwar aus folgenden Gründen. Am Felle und an der Haut rings um die abrasirte und sterilisirte wunde Stelle haften immer Mikrobien; die Bewegungen des Thieres befördern wegen Reibung gegen die Bandage einen Uebergang dieser Mikrobien auf die Wunde, so dass sie sehr leicht inficirt werden kann. Nur eine Abrasirung und Sterilisirung der ganzen von den Bandagen zu bedeckenden Körperoberfläche könnte diese Gefahr völlig ausschliessen.

Viel bequemer, einfacher und weniger zeitraubend ist die Bedeckung der Wunde mit Jodoform-Collodium, das ja für Mikrobien unpassirbar ist.

Einige Forscher sagen, dass das Jodoform-Collodium bei beweglichen Thieren (z. B. Hunden) unbrauchbar ist, da sie die wunde Stelle kratzen und das Collodium abreissen.

Ich habe bei allen meinen Versuchen ausschliesslich Collodium angewandt und konnte Aehnliches nicht bemerken, vielleicht weil ich eine sehr dicke Schicht Collodium aufgoss und die Versuchsthiere erst dann vom Operationstische befreite, wenn das Collodium völlig trocken war. Ausserdem vielleicht auch desswegen, weil ich das Collodium auf die mit sterilisirter Watte völlig getrocknete Haut aufgoss und nicht auf die nasse Haut, an welcher es nicht oder schlecht haftet. Der trockenen Haut haftet das Collodium so fest an, dass es von ihr fast nicht abzureissen ist.

Bei unseren Hunden und Katzen — von Kaninchen und Meerschweinchen braucht dies kaum hervorgehoben zu werden — haftete das Collodium mehrere Wochen an der Haut und wir konnten nicht einmal Versuche ihrerseits bemerken, sich von ihm zu befreien.

Zum Schlusse sei noch bemerkt, dass von allen einzuführenden Flüssigkeiten nach der Sterilisirung einige Tropfen auf Anwesenheit von lebenden Keimen geprüft wurden (mittelst Aussaat auf Agar-Agar und Gelatine); bei diesen Prüfungen habe ich kein einziges Mal Keime aufgehen sehen.

---

Alles, was bis jetzt gesagt worden ist, gilt für die Versuche mit chemischen Reizmitteln. Ausser diesen Versuchen haben wir auch solche mit der Einführung von Mikrobienculturen ausgeführt.

Der Technik dieser Versuche müssen noch einige Zeilen gewidmet werden.

Aus der Litteratur-Uebersicht hat der Leser wohl schon ersehen, dass, je mehr wir uns dem Jahre 1889 nähern, wir desto mehr Versuchen in Form von subcutanen Infectionen mit pyogenen Bacterien begegnen, bei welchen die betreffenden Mikroorganismen keine Reaction Seitens der Versuchsthiere hervorriefen.

Dieselben Mikrobien, die in den Händen der einen (besonders älteren) Forscher Eiterungen erzeugten, gaben in denen anderer (neuerer) keine Eiterung. Wie ist dieses zu erklären? Soviel wir nach eingehendem Studium der Details all' dieser Versuche urtheilen können, liegt der Grund dieser Unterschiede der Versuchsergebnisse hauptsächlich in den Verschiedenheiten der Versuchsanordnung.

Während den Einen Antiseptik bei Versuchen mit Injection von Bacterien-Aufschwemmungen oder Culturen als überflüssig erschien und an die Möglichkeit einer Infection der Stichwunde von aussen, von wo aus die Eiterung sich weiter durch den Stichcanal in die Subcutis verbreiten kann, nicht gedacht wurde, ordneten die Anderen ihre Versuche ebenso an, wie diejenigen mit chemischen Reizmitteln, d. h. sie bemühten sich, nur dasjenige auf die Gewebe einwirken zu lassen, was zu diesem Zwecke injicirt worden ist, und zwar auf diejenige Partie, in welche die betreffenden Bacterien eingeführt worden sind. Zu diesem Zwecke desinficirten sie die Haut der Thiere, die Instrumente u. s. w. vor der Injection und schützten die Wunde vor Infection nach der Injection.

Die Methodik der Ersten erlaubte ihnen nicht, die Frage zu beantworten, um derentwillen die Versuche angestellt worden sind. Sie konnten nicht entscheiden, ob die pyogenen Mikrobien in der normalen Subcutis Eiterung erzeugen oder nicht. Eine Beantwortung dieser Frage können wir nur bei Denjenigen finden, deren Methodik eine Garantie der Reinheit der Versuche bildete.

Betrachten wir nun die Versuche der letzten Art, so werden wir finden, dass — trotz identischer Methodik — eine Identität der Ergebnisse nicht erzielt worden ist: die Einen erhielten nach Injection von pyogenen Mikrobien Eiterung, die Anderen konnten keine solche erhalten. Es muss also ausser der Methodik noch ein anderer Moment auf die Versuchsergebnisse einwirken.

Die Bacteriologen, die ja so oft mit den Erscheinungen der Empfänglichkeit und Immunität zu thun haben, erklären diese Unterschiede in den Ergebnissen einfach dadurch, dass die Versuche nicht auf Thieren der gleichen Art ausgeführt worden sind; von diesem Standpunkte aus können wir die Unterschiede in der That mit Leichtigkeit erklären, da an Thieren gleicher Art immer dieselben Resultate erhalten worden sind.

Es scheint uns, dass, hätten diejenigen Forscher, die die Frage nach der pyogenen Wirkung von chemischen Reizmitteln zu lösen suchten, ihre Sache von diesem Standpunkte betrachtet, so wären auch auf diesem Gebiete weniger Widersprüche, Meinungsverschiedenheiten u. s. w. entstanden.

Indem wir die Wirkung jeder untersuchten Substanz auf Hunde, Katzen, Meerschweinchen und Kaninchen prüften, hatten wir auf jedem Schritte Gelegenheit, uns von der colossalen Bedeutung der Unterschiede zwischen den verschiedenen Thierarten zu überzeugen.

---

Um möglichst alle Seiten der Frage über die Aetiologie der acuten Eiterungen zu berühren, mussten wir uns auch mit der Nachprüfung der Versuche mit mechanischen Reizen beschäftigen.

Diejenigen Forscher, die sich mit dieser Seite der Frage befassten, rechneten solche Substanzen, wie „Sand“, „Wolle“, „Hollundermark“ u. s. w., den mechanischen Reizmitteln zu. Unserer Ansicht nach ist es kaum möglich, diese Substanzen als unter allen Umständen ausschliesslich mechanisch wirkend zu betrachten. Ist denn eine chemische Wirkung aller möglichen Bestandtheile des Sandes, des Hollundermarkes u. s. w. auf die Bestandtheile des thierischen Körpers ausgeschlossen? Wohl kaum; deshalb haben wir auch nur solche Versuche mit mechanischen Reizen in Betracht gezogen und nachgeprüft, wo der Reiz in der That ausschliesslich ein mechanischer war, wie z. B. Stich, Schnitt, Einführung von reinem Glas in die Subcutis u. s. w. Diese Nachprüfung konnten wir ausführen, ohne zu diesem Zwecke specielle Versuche anzustellen: die Versuche mit chemischen Reizen und mit Bacterien boten dafür ein genügendes Material. Bei jedem dieser Versuche hatte ich ja mit Stich, Schnitt oder Einführung von Glas zu thun und zu hunderten Malen konnte ich mich bei diesen Experimenten überzeugen, dass mechanische Reize an und für sich, ohne Mitwirkung von chemischen Reizen oder Bacterien, keine Eiterung erzeugen können.

§ 2.

## Sectionstechnik.

Bei den Sectionen ist es das Wichtigste, die Einwirkungsstätte der zu prüfenden Agentien zu erreichen, ohne dahin von Aussen Mikroorganismen einzuführen.

Zu diesem Zwecke muss auch hier Sorge dafür getragen werden, dass die Haut des Thieres, die Instrumente u. s. w. keimfrei seien.

Ist die betreffende reizende Substanz mittelst Spritze eingeführt worden und hat sich an der Einwirkungsstelle ein Abscess entwickelt, so muss gleich auf die Incision eine Portion Eiter zur Untersuchung auf Bacterien aufgefangen werden. Von den Abscesswänden muss zum gleichen Zwecke auch etwas Substanz aufgenommen werden.

Endlich müssen die Abscesswände herausgeschnitten und fixirt werden, damit sie zur mikroskopischen Untersuchung entsprechend vorbereitet werden könnten.

Ist an der Einwirkungsstelle keine Eiterung eingetreten, so muss auch eine Probe der Gewebsflüssigkeit von dieser Stelle auf Bacterien untersucht und die ganze Wirkungszone zur späteren mikroskopischen Untersuchung fixirt werden.

Im Falle, wo Glasröhrchen eingeführt worden sind, werden dieselben sammt umgebender Bindegewebskapsel *in toto* herausgeschnitten; es wird sowohl die Kapsel, wie auch der Inhalt des Röhrchens einer genauen Untersuchung unterworfen.

Nach vollendeter Untersuchung der Einwirkungsstelle wurden die inneren Organe, die Gelenke u. s. w. untersucht, wobei die Aufmerksamkeit hauptsächlich darauf gerichtet war, ob keine metastatischen oder sonst welche Eiterungen sich eingestellt haben und — im Falle, wenn giftige Stoffe eingeführt waren — ob keine Intoxicationszeichen zu constatiren sind. In den Versuchen, bei welchen Bacterien injicirt waren, wurden auch Proben der Säfte aus inneren Organen (Leber, Milz, Nieren) und das Herzblut auf Bacterien untersucht.

In den meisten Fällen wurden die Thiere erst zum Zwecke der Section getödtet; nur in wenigen Fällen trat der Tod von selbst ein; auch in diesen Fällen liess die Section nicht lange auf sich warten.

§ 3.

## Bacteriologische Technik.

Wir gehen jetzt zur Beschreibung der Methoden über, mittelst welcher die bei den Sectionen erhaltenen Flüssigkeiten und Gewebe auf

Anwesenheit von Mikroorganismen geprüft worden sind. Da auf den Ergebnissen dieser bacteriologischen Forschungen das ganze Gebäude unserer Schlüsse ruht, so ist es selbstverständlich, dass wir Alles angewandt haben, um hierin keine Fehler zu begehen.

Hätten wir von Methoden Gebrauch gemacht, bei welchen anwesende Bacterien unbemerkt bleiben konnten, oder aber von solchen, die das Eindringen derselben von Aussen in die zu untersuchenden Substanzen nicht völlig ausgeschlossen hätten, so wäre unsere Arbeit gänzlich nutzlos.

Wir haben uns desshalb bemüht, in unserer bacteriologischen Technik alles Dasjenige zu verwerthen, was uns der jetzige Stand der Wissenschaft bieten konnte.

Bis zum Beginn der 80er Jahre begnügte man sich gewöhnlich mit der mikroskopischen Untersuchung bei bacteriologischen Nachforschungen. Jetzt genügt selbst diese nicht mehr, und es macht einen befremdenden Eindruck, wenn im Jahre 1887 Arbeiten publicirt werden, wie diejenige von Zuckermann (vgl. Nr. 133), in welchen experimentell erzeugter Eiter nicht nur ohne Culturen, sondern auch ohne Mikroskop und nur ausschliesslich makroskopisch untersucht worden ist.

Heutzutage muss selbstverständlich bei der Untersuchung, wenn sie als befriedigend angesehen werden soll, sowohl das Mikroskop wie auch das Culturverfahren zur Anwendung kommen.

### *a*) Die Herstellung von mikroskopischen Praeparaten.

Bei der mikroskopischen Untersuchung von Blut, Eiter, Organsaft u. s. w. auf Bacterien behandeln die Bacteriologen gewöhnlich diese Substanzen ebenso wie Bacterienculturen. Sie machen nämlich Deckglas-Trocken-Praeparate, die durch Hitze fixirt, mit Anilinwasser-Farbstoff oder dergleichen gefärbt, dann entsprechend entfärbt und in Balsam eingeschlossen werden. Die Trockenmethode giebt bei Praeparaten von Bacterienculturen befriedigende Resultate; wo aber ausser Bacterien noch zellige Elemente aus dem thierischen Organismus sich befinden, da sind die Ergebnisse der Trockenmethode nie genügend, da dabei diese Elemente zu sehr leiden.

In meinem Falle war die Frage nach der Morphologie der Eiterzellen keine unwichtige, darum habe ich ausser dieser Methode noch eine andere in Anwendung gebracht, bei welcher die oben angegebene schlechte Seite der Trockenpraeparate wegfiel.

Schon lange gebrauchen wir in unserem Laboratorium als Fixirungsflüssigkeit eine concentrirte wässerige Lösung von Sublimat, welche sich selbst für die feinsten Objecte als eine der besten aufwies. Die mittelst Sublimat fixirten Gewebe werden in Alkohol nachgehärtet.

Bei Bearbeitung von bacterienhaltigen Geweben nach dieser Methode haben wir uns überzeugt, dass die Bacterien dabei nicht nur nicht leiden, sondern im Gegentheil prachtvoll conservirt werden und sich sehr leicht färben.

Dieselbe Erfahrung hat auch Hess (vgl. Nr. 151) bei seinen Untersuchungen zur Phagocytenlehre gemacht.

Können nun ganze Gewebsstücke mittelst Sublimatlösung fixirt werden, so ist es ja unmöglich, dass sich diese Methode für kleine Tropfen von Eiter, Blut u. s. w. als ungeeignet erweisen sollte. In der That giebt sie auch hier sehr gute Resultate. Wir haben die zu untersuchenden Eiter-, Blut- oder Safttropfen, direct dem thierischen Organismus entnommen, mittelst Platindraht auf Objectträger in dünner Schicht übertragen und das Objectglas mit der Sublimatlösung beträufelt.

Bei Fixirung von 1—2 $^{cm}$ dicken Gewebsstücken genügt 1—2stündige Einwirkung von Sublimat; um eine dünne Eiterschicht zu fixiren, braucht man das Sublimat nur einige Minuten einwirken zu lassen.

Nach erfolgter Fixirung wird das Objectglas in Wasser ausgewaschen — das Praeparat haftet am Glase ebenso fest wie bei Gebrauch der Trockenmethode — und auf 5 bis 10 Minuten in Alkohol (97 %) gelegt, worauf wieder Auswaschen in destillirtem Wasser folgt. Somit ist das Praeparat zur Färbung vorbereitet.[1]

Ausser der gewöhnlichen Contrastfärbungsmethode habe ich noch eine Methode in Anwendung gebracht, die, wie mir scheint, ebenso gute Resultate giebt, aber viel einfacher ist als die bisherigen.

Diese Methode besteht in einer Doppelfärbung, die in der Histologie schon bedeutende Dienste geleistet hat, nämlich in der Doppelfärbung mittelst Hämatoxylin (nach Böhmer) und Safranin. Ersteres färbt die Kerne, letzteres die Bacterien intensiv, das Protoplasma der Zellen verhältnissmässig schwach. In einzelnen Fällen tritt dabei der rothe Safraninton auch in den Kernen auf, doch vermindert das den Contrast zwischen der allgemeinen Kernfärbung und der der Bacterien nicht in störender Weise.

In Kürze kann das von uns in Anwendung gebrachte Verfahren folgendermassen praecisirt werden.

1. Auftragen der zu untersuchenden Substanz in dünner Schicht auf den Objectträger.

---

[1] Die hier besprochene Sublimatmethode ist nach dem Vorschlag des Herrn Prof. S. M. Lukjanow, auch schon vom Herrn Dr. J. Raum und zwar mit Erfolg angewandt worden. Vgl. Raum, Zur Aetiologie des Tetanus. *Zeitschrift für Hygiene.* 1889. Band V. Heft 3.

2. Beträufeln mit concentrirter wässeriger Sublimatlösung (5 Minuten unter Sublimat zu halten).
3. Auswaschen in destillirtem Wasser.
4. Uebertragen auf 5—10 Minuten in Alkohol.
5. Auswaschen in destillirtem Wasser.
6. Färbung in Böhmer'schem Hämatoxylin (2 Minuten).
7. Uebertragen auf 2 Minuten in 1 $^0/_0$ Alaunlösung.
8. Auswaschen in Wasser (2 Minuten).
9. Entwässerung in Alkohol.
10. Färbung in Safranin (5 Minuten).
11. Entfernen des überschüssigen Farbstoffes mittelst Alkohol.
12. Aufhellen in Nelkenöl.
13. Uebertragen in Xylol.
14. Einbetten in Xylol-Canadabalsam; endlich
15. Auflegen des Deckgläschens.

Die ganze Procedur dauert nicht länger als diejenige bei der Trockenmethode, sie ist aber, wo es sich auch um Fixirung feiner histologischer Details handelt, viel zweckmässiger. Ich habe immer zum Vergleich auch Praeparate nach den gewöhnlichen Methoden gemacht, habe aber dabei weder besseres Hervortreten von Bacterien, wenn solche vorhanden waren, noch selbst annähernd so schöne Fixirung der Structur der Zellen bemerken können.

Wie oben schon gesagt worden ist, sind auch Gewebsstücke (Abscesswände u. s. w.) mikroskopisch auf Anwesenheit von Bacterien untersucht worden.

Auch hier kam Fixirung mittelst Sublimat und Nachhärtung in Alkohol zur Anwendung.

Als Einbettungsmaterial habe ich Paraffin oder Photoxylin mit Paraffin gebraucht.[1]

Hueppe bemerkt in der neuesten Auflage seiner *„Methoden“*[2] (S. 139), dass sich die Paraffineinbettung für das Studium von Mikroorganismen in Schnitten so wenig bewährt hat, dass selbst von einer Schilderung derselben abgesehen werden kann.

Auf Grund eigener Erfahrungen muss ich dagegen protestiren. Ich habe den Bacillus prodigiosus, Bacillus anthracis, Pneumococcus Friedländeri, Micrococcus tetragenus, Staphylococcus aureus und albus, Streptococcus pyogenes u. s. w. in Geweben, die in Paraffin eingebettet waren, studirt und kann diese Einbettungsmethode nur rühmen. Da das Paraffin

[1] Vgl. S. M. Lukjanow, Notizen über das Darmepithel bei Ascaris mystax. *Archiv f. mikroskopische Anatomie.* 1888. Bd. XXXI. S. 293 und folgende.

[2] Hueppe, *Methoden der Bacterienforschung.* Wiesbaden 1889. Vierte Auflage.

vor Färbung der Schnitte gelöst wird, stört es bei der Färbung nicht. Auch können die in Paraffin eingebetteten Gewebe viel dünner geschnitten werden als bei Anwendung anderer Methoden. Ich habe mittelst Leitz'-schen Mikrotoms 5—10 $\mu$ dicke Schnitte erhalten. Nicht ohne Bedeutung ist auch der Umstand, dass die Paraffinschnitte mittelst destillirten Wassers auf den Objectträgern befestigt werden können[1] und die Färbung, Entfärbung u. s. w. auf denselben ausgeführt werden kann.

Ich habe meine Praeparate nach der oben angegebenen Methode mit Hämatoxylin und Safranin gefärbt, aber ausserdem noch andere Tinctionen (isolirte [Gram] und Doppelfärbungen verschiedener Art) angewandt und mit Hülfe von Zeiss' unvergleichbaren apochromatischen Oel-Immersionslinsen untersucht (Linse 1·3 Ap., 2·0 Brennweite und Oculare 4 und 8). Der Gebrauch von Apochromaten ist jetzt zur *conditio sine qua non* geworden, denn zur Zeit geben keine anderen Linsen selbst annähernd so schöne und deutliche Bilder und keine anderen schützen in so hohem Maasse gegen Fehler.

### *b*) Culturen von Bacterien.

Wir haben schon oben gesagt, dass die Anwesenheit oder Abwesenheit von Bacterien in den bei den Sectionen erhaltenen Flüssigkeiten (Eiter, Blut, Gewebssaft u. s. w.) jedesmal mittelst Cultur auf Agar-Agar und Nährgelatine festgestellt worden ist. Dieses geschah sowohl durch Stich- und Strichculturen wie auch durch Plattengiessen.

Die Nährsubstrate habe ich Anfangs nach den classischen Recepten von Koch bereitet, später aber bin ich dem Beispiele von Ratschinsky[2] gefolgt und habe statt Fleisch Cibilsextract angewandt. Natürlich habe ich den Werth der so bereiteten Nährböden durch Probeculturen verschiedener Mikrobien geprüft und überzeugte mich, dass ihre Nährkraft ausgezeichnet ist, dass die Farbstoffproduction der chromogenen Bacterien in ihnen in schönster Weise vor sich geht und dass selbst äusserst wählerische Arten auf ihnen gedeihen.

Die mikroskopischen Praeparate aus Bacterienculturen habe ich nach denselben Principien bereitet, wie diejenigen aus Blut, Eiter u. s. w., nur dass hier einfache Färbung mittelst Methylenblau, Gentianaviolett, Fuchsin oder dergleichen zur Anwendung kam.

---

[1] Darüber vergl. Woinoff, Ueber das Aufkleben von Schnitten. *Wöchentliche klinische Zeitung*. 1887. S. 411. (Russisch.)

[2] *Die Bacterien des Intestinaltractus*. Dissertation. St. Petersburg 1888. (Russisch.)

# Zweites Capitel.

## Eigene Versuche.

Zu unseren Versuchen haben wir Kaninchen, Hunde, Katzen und Meerschweinchen gebraucht; an diesen Thieren ist die Wirkung $\alpha$) mechanischer, $\beta$) chemischer Reize und $\gamma$) bacterieller Infection geprüft worden.

Als chemische Reize sind folgende Substanzen gewählt worden.

I. Anorganische Körper: 1. $H_2O$, 2. NaCl, 3. $ZnCl_2$, 4. $HgCl_2$, 5. $Hg_2Cl_2$, 6. Hg, 7. $AgNO_3$, 8. $MgSO_4$, 9. Liquor ammonii caustici.

II. Organische Körper: 10. Terpentinöl, 11. Crotonöl, 12. Antipyrin, 13. Carbolsäure, 14. Petroleum, 15. Guanidin, 16. Milch, sterilisirte Culturen von 17. Staphylococcus pyogenes aureus, 18. Bacillus prodigiosus, 19. Bacillus pyocyaneus, 20. Bacillus anthracis.

Von lebenden Mikrobien sind folgende auf ihre pyogenen Eigenschaften geprüft worden: Staphylococcus aureus (und albus) allein oder zusammen mit Traubenzucker-Lösungen, Bacillus prodigiosus, Bacillus pyocyaneus.

Die Ergebnisse meiner Versuche werde ich hier einerseits in kurzen Protokollen aller Versuche (in chronologischer Reihenfolge), andererseits in einer systematischen und detaillirten Besprechung der Versuche mit jedem der geprüften Reizmittel im Besonderen niederlegen.

### § 1.

### Die Versuchsprotokolle.

Der Uebersichtlichkeit halber sind die Protokolle in folgenden Tabellen zusammengestellt worden, die: a) die Nummer des Versuchs, b) die Art des Versuchsthieres, c) sein Gewicht, d) das Datum des Versuchs, e) die Versuchsart, f) das Datum des Zerbrechens der eingeführten Glasröhrchen (wenn der Versuch in Einführung solcher bestand), g) das Datum der Section und h) das Versuchsergebniss enthalten.

| Nr. | Thierart | Gewicht in Gramm | Datum des Versuchs | Versuchsart | Datum des Zerbrechens der Röhrchen | Datum der Section | Versuchsergebniss |
|---|---|---|---|---|---|---|---|
| 1 | Kaninchen | 1275 | 1./7. 1888 | Es werden 0·5 ccm einer Staphylococcus-aureus-Aufschwemmung in sterilisirter 0·6% NaCl-Lösung mittelst Spritze unter die Haut eingeführt. | — | 10./7. | Keine Reaction an der Stelle, wo die Aufschwemmung eingedrungen ist. Die Gewebssäfte aus der inficirten Subcutis und aus der Leber sind steril. Aus dem Milzsaft — Staphylococcus aureus in Reincultur. |
| 2 | Kaninchen | 1582 | 1./7. | Dasselbe. | — | 7./7. | Keine Reaction an der Impfstelle. Lebersaft — steril; Subcutis- und Milzsaft geben Culturen von Staphylococcus aureus. |
| 3 | Kaninchen | 1360 | 1./7. | 1 ccm derselben Aufschwemmung wie in Nr. 1 und 2 unter die Haut. | — | 12./7. | Keine Reaction. Subcutis- und Lebersaft steril. Milzsaft giebt Culturen von Staphylococcus aureus. |
| 4 | Kaninchen | 1204 | 2./7. | *In cavum peritonei* wird ein Glasröhrchen (sterilisirt) eingeführt. | — | 19./7. | Das Röhrchen wird zwischen den Dünndarmschlingen gefunden; ist nicht incapsulirt. Peritoneum normal. |
| 5 | Kaninchen | 1310 | 2./7. | Ein gleiches Glasröhrchen wird in die Subcutis eingeführt. | — | 18./7. | Das Röhrchen wird incapsulirt gefunden. Kapsel dick. Keine Eiterung, keine Mikrobien. |
| 6 | Kaninchen | 1091 | 2./7. | 1 ccm derselben Aufschwemmung wie in Nr. 1 wird in die Subcutis mittelst Spritze eingeführt. | — | 12./7. | Keine Reaction. Lebersaft steril. Subcutis- und Milzsaft geben Culturen von Staphylococcus aureus. |
| 7 | Kaninchen | 1500 | 2./7. | Dasselbe. | — | 8./7. | Keine Reaction. Subcutis-, Leber- und Milzsaft geben Culturen von Staphylococcus aureus. |

| Nr. | Thierart | Gewicht in Gramm | Datum des Versuchs | Versuchsart | Datum des Zerbrechens der Röhrchen | Datum der Section | Versuchsergebniss |
|---|---|---|---|---|---|---|---|
| 8 | Kaninchen | 1980 | 3./7. | Es werden 0·5 ccm einer Aufschwemmung von Staphylococcus albus in 0·6% NaCl-Lösung unter die Haut mittelst Spritze eingeführt. | — | 13./7. | Keine Reaction. Subcutis- und Lebersaft steril; Milzsaft giebt Culturen von Staphylococcus albus. |
| 9 | Kaninchen | 1223 | 3./7. | 1 ccm derselben Aufschwemmung wie in Nr. 8. | — | 9./7. | Keine Reaction. Milz-, Subcutis- und Lebersaft geben Culturen von Staphylococcus albus. |
| 10 | Kaninchen | 1178 | 3./7. | Es wird unter die Haut ein Glasröhrchen eingeführt, das circa 1/3 ccm einer bis zur Hälfte des ursprünglichen Volumens eingedampften 14 tägigen Gelatinecultur von Staphylococcus aureus enthält (sterilisirt sammt Inhalt). | 14./7. | 24./7. | An beiden Enden des inzwischen incapsulirten Röhrchens werden Eiterpfropfen gefunden. Die Bindegewebskapsel ist dünn. Die Pfropfen bestehen aus Eiterkörperchen in geringer Menge Flüssigkeit. Proben des Eiters und der umgebenden Gewebssäfte steril. |
| 11 | Kaninchen | 1145 | 3./7. | Dasselbe. | 12./7. | 19./7. | Dasselbe Ergebniss. |
| 12 | Hund | 6720 | 4./7. | Es wird ein Röhrchen mit 1/3 ccm Oleum crotonis in das Unterhautgewebe eingeführt (sterilisirt sammt Inhalt). | 13./7. | 20./7. | Das Röhrchen ist inkapsulirt. Zwischen der Kapsel und dem Röhrchen Oeltropfen; ein Theil des Oels noch im Röhrchen geblieben. Das Oel und die umgebenden Gewebssäfte steril. |
| 13 | Hund | 6345 | 4./7. | Dasselbe. | 13./7. | 22./7. | Dasselbe. |
| 14 | Kaninchen | 1275 | 4./7. | Dasselbe wie in Nr. 12 und 13. | 11./7. | 20./7. | Dasselbe Ergebniss wie in Nr. 12 und 13. |
| 15 | Kaninchen | 1420 | 4./7. | | 12./7. | 20./7. | |

| Nr. | Thierart | Gewicht in Gramm | Datum des Versuchs | Versuchsart | Datum des Zerbrechens der Röhrchen | Datum der Section | Versuchsergebniss |
|---|---|---|---|---|---|---|---|
| 16<br>17 | Hund<br>Hund | 8540<br>6350 | 7./7.<br>7./7. | Es wird beiden Thieren à 1 ccm einer Aufschwemmung des Staphylococcus aureus (von derselben Cultur stammend wie in Versuch Nr. 1) in sterilisirter 0·6⁰/₀ NaCl-Lösung mittelst Spritze in das Unterhautgewebe eingeführt. | —<br>— | 15./7.<br>17./7. | An der Infectionsstelle entwickelte sich bei jedem Thiere ein colossaler Abscess, der mit dem Stichcanale nicht communicirte. Im Eiter fanden sich bei der mikroskopischen Untersuchung massenhafte Traubenkokken. In den Culturen entwickelte sich ausschliesslich Staphylococcus aureus. |
| 18<br>19 | Hund<br>Hund | 7840<br>9680 | 7./7.<br>7./7. | Es wird dem Thiere Nr. 18 1 ccm, dem Thiere Nr. 19 2 ccm einer 16 tägigen Gelatinereincultur des Bacillus prodigiosus mittelst Spritze unter die Haut eingeführt. | —<br>— | 13./7.<br>15./7. | An der Infectionsstelle entwickelten sich bei beiden Thieren grosse Abscesse, die mit dem Stichcanale nicht communicirten. Im Eiter fanden sich Bacillen, die sich als Bacillus prodigiosus-Reinculturen erwiesen. |
| 20<br>21 | Maus<br>Maus | —<br>— | 13./7.<br>13./7. | Es wird beiden Thieren à $^1/_4$ ccm einer Staphylokokken-Aufschwemmung wie in Versuch Nr. 1 unter die Haut eingeführt. | —<br>— | 19./7.<br>24./7. | Keine Reaction an der Infectionsstelle, keine Allgemein-Infection. In Proben aus dem Subcutis-, Milz-, Leber- und Nierensafte entwickeln sich keine Bacterien. |
| 22<br>23<br>24 | Kaninchen<br>Kaninchen<br>Kaninchen | 1450<br>1265<br>1784 | 17./7.<br>17./7.<br>17./7. | Es wird den Thieren Nr. 22 und 23 à 1 ccm, dem Thiere Nr. 24 2 ccm einer Staphylokokken-Aufschwemmung wie in Versuch Nr. 1 in die Bauchhöhle eingeführt. | —<br>—<br>— | 22./7.<br>24./7.<br>26./7. | Keine Peritonitis, keine Allgemein-Infection, nur venöse Hyperämie in den Darmgefässen. Das Herzblut, Peritoneum-, Leber- und Nierensaft sind steril; ebenso Milzsaft der Kaninchen Nr. 23 und 24, während aus dem Milzsafte des Kaninchens Nr. 22 Reinculturen von Staphylococcus aureus erhalten worden sind. |

| Nr. | Thierart | Gewicht in Gramm | Datum des Versuchs | Versuchsart | Datum des Zerbrechens der Röhrchen | Datum der Section | Versuchsergebniss |
|---|---|---|---|---|---|---|---|
| 25<br>26<br>27 | Kaninchen<br>Kaninchen<br>Kaninchen | 1334<br>1681<br>1980 | 20./7.<br>20./7.<br>20./7. | Es wird den Thieren à 1 ccm einer 16tägigen Gelatine-Reincultur des Staphylococcus aureus unter die Haut eingeführt. | —<br>—<br>— | 24./7.<br>25./7.<br>29./7. | Keine Reaction. Alle Gewebssäfte steril. Beim Kaninchen Nr. 25 ist eine unbedeutende Sugillation an der Stelle, wo die Cultur eingedrungen ist, gefunden worden. |
| 28<br>29 | Hund<br>Hund | 7980<br>5240 | 20./7.<br>20./7. | Es wird unter die Haut à 1 ccm sterilisirten Terpentinöls mittelst Spritze eingeführt. | —<br>— | 25./7.<br>26./7. | An der Stelle, wo das Terpentinöl eingedrungen ist, entwickelte sich bei beiden Thieren ein colossaler Abscess, der mit dem Stichcanale nicht communicirte. Weder im Eiter noch in den Abscesswänden konnten bei der mikroskopischen Untersuchung Bacterien nachgewiesen werden. Sämmtliche Culturen fielen negativ aus. Der Eiter roch schwach nach Terpentinöl. |
| 30<br>31 | Kaninchen<br>Kaninchen | 1210<br>1815 | 21./7.<br>21./7. | Es wird jedem Kaninchen ein Glasröhrchen mit sterilisirter (wie in Versuch Nr. 10) Staphylokokkencultur in die Bauchhöhle eingeführt. | 26./7.<br>28./7. | 31./7.<br>4./8. | Die Röhrchen werden incapsulirt vorgefunden; an beiden Enden der Rohrchen — dieselben Eiterpfropfen wie in Versuch Nr. 10. Die Culturen gaben negative Ergebnisse. Die Section ergab keine pathologischen Veränderungen in den Organen. |
| 32<br>33<br>34 | Kaninchen<br>Kaninchen<br>Kaninchen | 1235<br>1326<br>1370 | 21./7.<br>21./7.<br>21./7. | Es wird dem Thiere Nr. 32 $^1/_2$ ccm, den Thieren Nr. 33 und 34 à 1 ccm sterilisirten Terpentinols mittelst Spritze unter die Haut eingeführt. | —<br>—<br>— | 26./7.<br>28./7.<br>28./7. | Das Terpentinöl erzeugte bei allen Kaninchen Entzündung mit serösem Exsudate. Das Exsudat erwies sich als steril. |

| Nr. | Thierart | Gewicht in Gramm | Datum des Versuchs | Versuchsart | Datum des Zerbrechens der Röhrchen | Datum der Section | Versuchsergebniss |
|---|---|---|---|---|---|---|---|
| 35<br>36<br>37 | Kaninchen<br>Kaninchen<br>Kaninchen | 1075<br>1235<br>1320 | 23./7.<br>23./7.<br>23./7. | Es wird $^1/_2$ ccm einer 16tägigen Gelatine-Reincultur von Bacillus prodigiosus mittelst Spritze unter die Haut eingeführt. | —<br>—<br>— | 29./7.<br>29./7.<br>2./8. | An der Infectionsstelle entwickelten sich bei allen Thieren Abscesse, die in keinem Zusammenhang mit dem Stichcanale standen. Aus den Eiterproben entwickelte sich Bacillus prodigiosus in Reincultur. |
| 38<br>39<br>40 | Kaninchen<br>Kaninchen<br>Kaninchen | 1120<br>1360<br>1043 | 29./7.<br>29./7.<br>29./7. | Es wird 1 ccm einer 12tägigen Gelatine-Reincultur von Bacillus prodigiosus den Thieren mittelst Spritze in die Bauchhöhle eingeführt. | —<br>—<br>— | 30./7.<br>2./8.<br>4./8. | Das Thier Nr. 38 starb nach 22 Stunden. Bei der Section fand sich in der Pleural- und Peritonealhöhle leukocytenreiches Exsudat; im Blute eine Unmasse von Bacterien. Culturen aus dem Exsudate, Herzblute und allen Organsäften gaben ausschliesslich Bac. prodig. Die beiden anderen Kaninchen wurden nach 4 bez. 6 Tagen in der Agonie getödtet. Sectionsergebniss: Eitrige Peritonitis und Pleuritis, metastatische Abscesse in den Nieren und in der Leber. Aus dem Eiter und aus dem Blute wuchs in den Culturen ausschliesslich Bacillus prodigiosus. |
| 41<br>42<br>43 | Kaninchen<br>Kaninchen<br>Kaninchen | 1210<br>1465<br>1408 | 4./8.<br>4./8.<br>4./8. | Es wird dem Thiere Nr. 41 $^1/_4$ ccm, dem Thiere Nr. 42 $^1/_3$ ccm, dem Thiere Nr. 43 $^1/_2$ ccm sterilisirten Liquor ammonii caustici (1 : 4 Aq.) mittelst Spritze unter die Haut eingeführt. | —<br>—<br>— | 8./8.<br>7./8.<br>7./8. | Die eingeführte Flüssigkeit ist ohne Schaden resorbirt worden — keine Entzündung, keine Nekrose. |

| Nr. | Thierart | Gewicht in Gramm | Datum des Versuchs | Versuchsart | Datum des Zerbrechens der Röhrchen | Datum der Section | Versuchsergebniss |
|---|---|---|---|---|---|---|---|
| 44<br>45 | Hund<br>Hund | 8840<br>5750 | 5./8.<br>5./8. | Es wird beiden Thieren à 1 ccm einer sterilisirten, 18 tägigen Gelatine-Reincultur des Staphylococcus pyogenes aureus, die aus dem Eiter beim Versuch Nr. 17 erhalten worden ist, unter die Haut mittelst Spritze eingeführt. | —<br>— | 9./8.<br>10./8. | An der Injectionsstelle entwickelten sich bei beiden Thieren Abscesse; keine Communication dieser Abscesse mit dem Stichcanal konnte nachgewiesen werden. Die mikroskopische Untersuchung des Eiters und der Abscesswände auf Bacterien fiel negativ aus. Die Culturen bestätigten die Abwesenheit von Bacterien. |
| 46 | Hund | 6240 | 6./8. | Es wird 1 ccm sterilisirten Terpentinöls unter die Haut mittelst Spritze eingeführt. | — | 8./8. | An der Injectionsstelle entwickelte sich ein grosser Abscess, in dessen Eiter und Wandungen mittelst Mikroskop und Culturen keine Mikrobien nachgewiesen werden konnten. Der Eiter roch schwach nach Terpentinöl. |
| 47<br>48 | Meerschweinchen | 428<br>536 | 7./8.<br>7./8. | Es wird dem Thiere Nr. 47 $^1/_4$ ccm und dem Thiere Nr. 48 $^1/_3$ ccm einer sterilisirten $2^0/_0 AgNO_3$-Lösung unter die Haut mittelst Spritze eingeführt. | —<br>— | 11./8.<br>14./8. | An der Injectionsstelle entwickelte sich eine starke Entzündung mit serofibrinösem Exsudate im Unterhautgewebe. Das Exsudat war bacterienfrei. |
| 49<br>50 | Kaninchen<br>Kaninchen | 1230<br>1342 | 8./8.<br>8./8. | Es werden dem Thiere Nr. 49 0·5 ccm und dem Thiere Nr. 50 1 ccm einer 14 tägigen Gelatine-Reincultur des Staphylococcus aureus, die aus dem Eiter beim Versuch Nr. 46 erhalten worden ist, mittelst Spritze unter die Haut eingeführt. | —<br>— | 12./8.<br>11./8. | Es entstand eine leichte Peritonitis; das hellgelbe, fast durchsichtige Exsudat enthielt nur wenig Leukocyten. Culturen aus dem Exsudate, aus dem Nieren- und Milzsafte gaben Staphylococcus aureus; das Herzblut und der Libersaft waren steril. Etwaige entzündliche Erscheinungen in den inneren Organen fehlten. |

| Nr. | Thierart | Gewicht in Gramm | Datum des Versuchs | Versuchsart | Datum des Zerbrechens der Röhrchen | Datum der Section | Versuchsergebniss |
|---|---|---|---|---|---|---|---|
| 51<br>52 | Kaninchen<br>Kaninchen | 1350<br>1236 | 8./8.<br>8./8. | Es werden dem Thiere Nr. 51 0·5ccm, dem Thiere Nr. 52 1 ccm einer sterilisirten 50% $MgSO_4$-Lösung unter die Haut mittelst Spritze eingeführt. | —<br>— | 13./8.<br>12./8. | Die injicirte Flüssigkeit ist ohne jede Reaction resorbirt worden. |
| 53<br>54<br>55 | Katze<br>Katze<br>Katze | 1946<br>2215<br>1480 | 9./8.<br>9./8.<br>9./8. | Den Thieren Nr. 53 und 54 wird 1/2 ccm, dem Thiere Nr. 55 1 ccm einer sterilisirten 5% $AgNO_3$-Lösung mittelst Spritze unter die Haut eingeführt. | —<br>—<br>— | 15./8.<br>14./8.<br>14./8. | An der Injectionsstelle entwickelten sich mit dem Stichcanale nicht communicirende Abscesse. Die Absceswände und der Eiter erwiesen sich bei der mikroskopischen Untersuchung als bacterienfrei. Die Culturen bestätigten das Ergebniss der mikroskopischen Untersuchung. In den inneren Organen konnten keine pathologischen Veränderungen nachgewiesen werden. |
| 56<br>57 | Katze<br>Katze | 1820<br>1735 | 9./8.<br>9./8. | Es wird dem Thiere Nr. 56 1/2 ccm, dem Thiere Nr. 57 1 ccm einer beim Versuche Nr. 16 erhaltenen 14 tägigen Gelatinereincultur des Staphylococcus aureus in die Subcutis mittelst Spritze eingeführt. | —<br>— | 14./8.<br>14./8. | An der Infectionsstelle entstanden bei beiden Versuchsthieren Abscesse, deren Eiter massenhafte Kokken enthielt. Culturen ergaben ausschliesslich Staphylococcus aureus. |
| 58<br>59 | Kaninchen<br>Kaninchen | 1128<br>1130 | 10./8.<br>10./8. | Beiden Kaninchen werden Glasröhrchen, die je 1/3 ccm einer 50% $MgSO_4$-Lösung enthielten, nach vorläufiger Sterilisirung unter die Haut eingeführt. | 18./8.<br>20./8. | 25./8.<br>28./8. | Die Röhrchen wurden incapsulirt und von einem Bindegewebsstrange durchwachsen gefunden; keine Eiterpfropfen, kein Exsudat. |

| Nr. | Thierart | Gewicht in Gramm | Datum des Versuchs | Versuchsart | Datum des Zerbrechens der Röhrchen | Datum der Section | Versuchsergebniss |
|---|---|---|---|---|---|---|---|
| 60 | Hund | 5840 | 11./8. | Es wird dem Thiere Nr. 60 $^1/_2$ ccm, dem Thiere Nr. 61 1 ccm einer steril. Cultur des Bac. prodigios. (14 Tage auf Gelatine) mittelst Spritze unter die Haut eingeführt. | — | 19./8. | An der Infectionsstelle entwickelten sich Abscesse, die mit dem Stichcanale nicht communicirten. Der Eiter und die Abscesswände erwiesen sich als bacterienfrei. |
| 61 | Hund | 8770 | 11./8. | | — | 17./8. | |
| 62 | Hund | 7425 | 12./8. | Es wird dem Thiere Nr. 62 $^1/_2$ ccm, dem Thiere Nr. 63 1 ccm einer steril. 5% $AgNO_3$-Lösung mittelst Spritze unter die Haut eingeführt. | — | 16./8. | An der Injectionsstelle entwickelten sich mit dem Stichcanale nicht communicirende Abscesse. Der Eiter und die Abscesswände erwiesen sich als bacterienfrei. |
| 63 | Hund | 5320 | 12./8. | | — | 18./8. | |
| 64 | Meerschweinchen | 380 | 12./8. | Es werden den Thieren 0·2 ccm bez. 0·3 ccm einer 2% Sublimatlösung mittelst Spritze unter die Haut eingeführt. | — | 17./8. | An der Injectionsstelle wurde weder entzündliche Reaction, noch Nekrose gefunden; es traten auch keine Intoxicationserscheinungen zu Tage. |
| 65 | Meerschweinchen | 460 | 12./8. | | — | 20./8. | |
| 66 | Kaninchen | 1340 | 14./8. | Es werden den Thieren 0·5 ccm bez. 1 ccm einer 1% sterilisirten $AgNO_3$-Lösung mittelst Spritze unter die Haut eingeführt. | — | 19./8. | Die injicirte Flüssigkeit wurde, ohne Eiterung zu erzeugen, resorbirt. An der Injectionsstelle wurde die Subcutis, die Aponeurose und die tiefen Hautschichten nekrotisch gefunden. Culturen aus der nekrotischen Zone gaben negative Resultate. |
| 67 | Kaninchen | 1183 | 14./8. | | — | 19./8. | |
| 68 | Kaninchen | 1892 | 16./8. | Es werden beiden Thieren à 0·5 ccm sterilisirten Crotonöls (1 : 4 Ol. olivarum) mittelst Spritze unter die Haut eingeführt. | — | 20./8. | An der Wirkungsstelle des Crotonöls ist bei beiden Versuchsthieren die Haut, das Unterhautgewebe und die Aponeurose nekrotisirt. Bei den Kaninchen Nr. 69 bildete sich an der Grenze zwischen der normalen und nekrotischen Haut ein eiterndes Geschwür. Im Eiter wurden Staph. aureus u. citreus gefunden. |
| 69 | Kaninchen | 1720 | 16./8. | | — | 21./8. | |

| Nr. | Thierart | Gewicht in Gramm | Datum des Versuchs | Versuchsart | Datum des Zerbrechens der Röhrchen | Datum der Section | Versuchsergebniss |
|---|---|---|---|---|---|---|---|
| 70<br>71 | Kaninchen<br>Kaninchen | 1145<br>1532 | 16./8.<br>16./8. | Es werden den Thieren 0·5 ccm bez. 1 ccm einer 5% $AgNO_3$-Lösung mittelst Spritze unter die Haut eingeführt. | —<br>— | 21./8.<br>21./8. | An der Wirkungsstelle der Silberlösung ist die Haut, das Unterhautgewebe und die Aponeurose nekrotisirt worden. |
| 72<br>73 | Hund<br>Hund | 5745<br>4280 | 17./8.<br>17./8. | Es wird den Thieren à 1 ccm sterilisirten Liq. ammonii caustici (1 : 4 Aq.) mittelst Spritze unter die Haut eingeführt. | —<br>— | 19./8.<br>23./8. | Die Wirkungsstelle des Liquor ammonii caustici im Unterhautgewebe ist nekrotisirt worden; keine Eiterung. |
| 74<br>75 | Katze<br>Katze | 2542<br>2995 | 17./8.<br>17./8. | Es werden den Thieren 0·5 ccm bez. 1 ccm einer 13tägigen Gelatinereincultur des Bacillus prodigiosus mittelst Spritze unter die Haut eingeführt. | —<br>— | 20./8.<br>24./8. | An der Infectionsstelle entwickelten sich mit dem Stichcanale nicht communicirende Abscesse, in deren Eiter und Wänden Reinculturen des Bacillus prodigiosus gefunden worden sind. |
| 76<br>77 | Meerschweinchen | 462<br>561 | 19./8.<br>19./8. | Es werden den Thieren à 0·2 ccm sterilisirten Liq. ammonii caustici (1 : 4 Aq.) mittelst Spritze unter die Haut eingeführt. | —<br>— | 24./8.<br>24./8. | Die Wirkungsstelle des Liq. ammonii im Unterhautgewebe ist nekrotisirt worden; keine Eiterung. |
| 78<br>79<br>80 | Kaninchen<br>Kaninchen<br>Kaninchen | 1248<br>1382<br>1545 | 20./8.<br>20./8.<br>20./8. | Es wird dem Thiere Nr. 78 $^1/_2$ ccm, dem Nr. 79 $^3/_4$ ccm und dem Nr. 80 1 ccm sterilisirten Terpentinöls mittelst Spritze in das Unterhautgewebe eingeführt. | —<br>—<br>— | 28./8.<br>29./8.<br>26./8. | Bei keinem der Versuchsthiere trat Eiterung ein. Beim Thiere Nr. 78 wurde am nächsten Tage nach der Injection schwaches entzündliches Oedem an der Wirkungsstelle des Terpentinöls gefunden, dass aber am 23./8. schon völlig verschwunden war. Bei den Thieren Nr. 79 und 80 trat starke Entzündung ein; das entzündl. Exsudat war fast ganz klar und farblos. Culturen bewiesen, dass es auch bacterienfrei war. |

| Nr. | Thierart | Gewicht in Gramm | Datum des Versuchs | Versuchsart | Datum des Zerbrechens der Röhrchen | Datum der Section | Versuchsergebniss |
|---|---|---|---|---|---|---|---|
| 81<br>82<br>83 | Kaninchen<br>Kaninchen<br>Kaninchen | 1326<br>1270<br>1584 | 25./8.<br>25./8.<br>25./8. | Es werden dem Thiere Nr. 81 0·4 $^{ccm}$, dem Nr. 82 0·6 $^{ccm}$ und dem Nr. 83 1 $^{ccm}$ einer sterilisirten 2 % $ZnCl_2$-Lösung mittelst Spritze unter die Haut eingeführt. | —<br>—<br>— | 30./8.<br>1./9.<br>30./8. | An der Wirkungsstelle der Chlorzinklösung ist bei allen Thieren die Subcutis, die Aponeurose und die tiefste Schicht der Cutis nekrotisirt und beim Thier Nr. 83 auch die oberflächlicheren Hautschichten; keine Eiterung. |
| 84<br>85 | Katze<br>Katze | 1982<br>2345 | 26./8.<br>26./8. | Es werden den Thieren 0·5 $^{ccm}$ bez. 1 $^{ccm}$ einer bis zur Hälfte des ursprünglichen Volumens eingedampften 18 tägigen (völlig verflüssigten) Gelatinecultur von Staphylococcus aureus nach vorläufiger Sterilisirung mittelst Spritze in das Unterhautgewebe eingeführt. | —<br>— | 1./9.<br>1./9. | An der Injectionsstelle entstand bei beiden Thieren ein Abscess, der mit dem Stichcanale in keiner Communication stand und dessen Eiter ebenso wie die Wände bacterienfrei war. |
| 86<br>87 | Katze<br>Katze | 1784<br>1892 | 26./8.<br>26./8. | Es werden den Thieren 0·5 $^{ccm}$ bez. 1 $^{ccm}$ einer 13 tägigen (völlig verflüssigten), bis zur Hälfte des ursprünglichen Volumens eingedampften Gelatinecultur von Bacillus prodigiosus nach vorläufiger Sterilisirung mittelst Spritze in das Unterhautgewebe eingeführt. | —<br>— | 2./9.<br>2./9. | Bei beiden Thieren entstanden an den Injectionsstellen Abscesse, die mit den Stichcanälen nicht communicirten und deren Eiter und Wände bacterienfrei waren. |

| Nr. | Thierart | Gewicht in Gramm | Datum des Versuchs | Versuchsart | Datum des Zerbrechens der Röhrchen | Datum der Section | Versuchsergebniss |
|---|---|---|---|---|---|---|---|
| 88<br>89<br>90 | Kaninchen<br>Kaninchen<br>Kaninchen | 1340<br>1265<br>1522 | 27./8.<br>27./8.<br>27./8. | Es werden dem Thiere Nr. 88 0·2 ccm, dem Nr. 89 0·4 ccm, dem Nr. 90 0·6 ccm einer 2% Sublimatlösung unter die Haut mittelst Spritze eingeführt | —<br>—<br>— | 2./9.<br>2./9.<br>1./9. | Die Lösung ist resorbirt worden, ohne eine entzündliche Reaction hervorzurufen. |
| 91<br>92 | Hund<br>Hund | 8740<br>4280 | 27./8.<br>27./8. | Es werden den Thieren 0·5 ccm bez. 1 ccm einer 2% Sublimatlösung unter die Haut eingeführt. | —<br>— | 2./9.<br>2./9. | Die Lösung ist resorbirt worden, ohne eine entzündliche Reaction hervorzurufen. |
| 93<br>94 | Kaninchen<br>Kaninchen | 1237<br>1175 | 28./8.<br>28./8. | Es werden den Thieren 0·2 bez. 0·3 ccm sterilisirt. Terpentinöls unter die Haut mittelst Spritze eingeführt. | —<br>— | 5./9.<br>3./9. | Beim Kaninchen Nr. 93 trat gar keine entzündl. Reaction ein, während beim Thiere Nr. 94 am nächsten Tage nach der Inject. an der betr. Hautstelle entzündl. Oedem sich einstellte, das aber nach 2 Tagen schon völlig geschwunden war. |
| 95<br>96<br>97 | Katze<br>Katze<br>Katze | 2540<br>2175<br>2437 | 29./8.<br>29./8.<br>29./8. | Es werden den Thieren 0·4 ccm bez. 0·5 ccm bez. 0·8 ccm sterilisirten Terpentinöls unter die Haut mittelst Spritze eingeführt. | —<br>—<br>— | 5./9.<br>5./9.<br>5./9. | Bei allen Thieren entwickelte sich eine ausgedehnte eitrige Phlegmone in der Subcutis. Im Eiter und in den eitrig infiltrirten Geweben konnten Bacterien weder mikroskopisch noch mittelst Culturen nachgewiesen werden. |
| 98<br>99<br>100 | Kaninchen<br>Kaninchen<br>Kaninchen | 2120<br>1860<br>2184 | 30./8.<br>30./8.<br>30./8. | Es werden den Thieren 0·3 ccm bez. 0·4 ccm bez. 0·5 ccm einer 5% $AgNO_3$-Lösung mittelst Spritze unter die Haut eingeführt. | —<br>—<br>— | 8./9.<br>7./9.<br>7./9. | Bei allen Thieren ist an der Injectionsstelle der Silberlösung die Haut, das Unterhautgewebe und die Aponeurose nekrotisirt worden. Beim Kaninchen Nr. 99 haben sich schon nach 3 Tagen die nekrotischen Gewebsstücke losgetrennt und es entstand ein eiterndes Geschwür. Im Eiter ist der Staphylococcus albus gefunden worden. |

| Nr. | Thierart | Gewicht in Gramm | Datum des Versuchs | Versuchsart | Datum des Zerbrechens der Röhrchen | Datum der Section | Versuchsergebniss |
|---|---|---|---|---|---|---|---|
| 101<br>102<br>103 | Katze<br>Katze<br>Katze | 1783<br>1982<br>2147 | 31./8.<br>31./8.<br>31./8. | Es werden den Thieren 0·3 ccm bez. 0·4 ccm bez. 0·5 ccm einer 5% $AgNO_3$-Lösung mittelst Spritze unter die Haut eingeführt. | —<br>—<br>— | 6./9.<br>6./9.<br>6./9. | Bei allen Thieren entstand eine ausgedehnte eitrige Phlegmone. Im Eiter und in den eitrig infiltr. Geweben konnten weder mikrosk. noch mittelst Culturen Bacterien nachgewiesen werden. |
| 104<br>105<br>106 | Meerschweinchen | 420<br>490<br>530 | 4./9.<br>4./9.<br>4./9. | Es werden den Thieren Nr. 104 und 105 à 0·2 ccm, dem Thiere Nr. 106 0·5 ccm sterilisirten Terpentinöls mittelst Spritze unter die Haut eingeführt. | —<br>—<br>— | 12./9.<br>12./9.<br>10./9. | An der Injectionsstelle trat bei keinem der Versuchsthiere eine entzündliche Reaction ein. |
| 107<br>108 | Kaninchen<br>Kaninchen | 1150<br>1485 | 5./9.<br>5./9. | Es werden den Thieren à 0·5 g sterilisirten Calomels (in Glycerin) unter die Haut eingeführt. | —<br>— | 13./9.<br>13./9. | An der Injectionsstelle ist bei beiden Thieren eine Masse gefunden, die im Centrum aus Calomel, an der Peripherie aus Eiter bestand. Weder im Eiter noch im umgebenden infiltrirten Gewebe konnten Bacterien nachgewiesen werden. |
| 109<br>110<br>111 | Kaninchen<br>Kaninchen<br>Kaninchen | 1280<br>1655<br>1375 | 6./9.<br>6./9.<br>6./9. | Es wird jedem Thiere ein Glasröhrchen mit etwa 1/3 ccm Quecksilber nach vorläufiger Sterilisirung in die Subcutis eingeführt. | 15./9.<br>16./9.<br>16./9. | 21./9.<br>24./9.<br>25./9. | Die Röhrchen sind incapsulirt gefunden worden; zwischen den Kapseln und den Röhrchen lagen einzelne Quecksilberkügelchen, die auch von dünnen Bindegewebskapseln umgeben waren. An den Röhrchenenden fanden sich Eiterpfropfen, während der Centraltheil der Röhrchen mit Quecksilber gefüllt geblieben ist. Ausserhalb der Röhrchen keine Spur von Eiter. Die Untersuchung der Eiterpfropfen auf Bacterien (Culturen und Mikroskop) gab ein negatives Ergebniss. |

| Nr. | Thierart | Gewicht in Gramm | Datum des Versuchs | Versuchsart | Datum des Zerbrechens der Röhrchen | Datum der Section | Versuchsergebniss |
|---|---|---|---|---|---|---|---|
| 112<br>113<br>114 | Meerschweinchen | 467<br>325<br>414 | 7./9.<br>7./9.<br>7./9. | Es werden den Thieren 0·3 ccm bez. 0·4 ccm bez. 0·5 ccm einer 17-tägigen Gelatinecultur von Staphylococcus aureus in die Subcutis mittelst Spritze eingeführt | —<br>—<br>— | 13./9.<br>12./9.<br>12./9. | An der Infectionsstelle entwickelten sich bei allen Thieren Abscesse, die mit dem Stichcanale nicht communicirten. Im Eiter und in den Abscesswänden fanden sich massenhafte Kokken. Die Culturen gaben ausschliesslich Staphylococcus aureus. |
| 115<br>116<br>117 | Kaninchen<br>Kaninchen<br>Kaninchen | 1450<br>1248<br>1365 | 9./9.<br>9./9.<br>9./9. | Es wird jedem Thiere ein Glasröhrchen mit etwa $^1/_3$ ccm einer 10% Guanidinlösung nach vorläufiger Sterilis. in's Unterhautgewebe eingeführt. | 19./9.<br>21./9.<br>18./9. | 27./9.<br>29./9.<br>29./9. | Die Röhrchen sind fast vollständig leer und von einer Bindegewebskapsel umgeben gefunden worden; ein Bindegewebsstrang durchwuchs auch die Röhrchen und ging an beiden Enden direct in die Kapsel über. |
| 118<br>119 | Katze<br>Katze | 1960<br>2243 | 10./9.<br>10./9. | Es werden den Thieren 0·3 ccm bez. 0·5 ccm einer 2% Sublimatlösung unter die Haut eingeführt. | —<br>— | 18./9.<br>15./9. | Die Resorption der eingeführten Flüssigkeit erfolgte bei beiden Thieren ohne jede entzündliche Reaction. |
| 120<br>121 | Katze<br>Katze | 2850<br>2752 | 10./9.<br>10./0. | Es wird jedem Thiere ein Glasröhrchen mit $^1/_3$ ccm Quecksilber nach vorläufiger Sterilisirung in das Unterhautgewebe eingeführt. | 19./9.<br>22./9. | 26./9.<br>30./9. | Die Röhrchen sind von einer Bindegewebskapsel umgeben gefunden worden. Zwischen den Röhrchen und den Kapseln liegen Quecksilberkugeln von einer Schicht dicken, gelben Eiters umgeben. An beiden Enden der Röhrchen, in welchen ein Theil des Quecksilbers noch geblieben ist — grosse Eiterpfropfen. Unter dem Mikroskope konnten weder in den Eiterpfröpfen noch in der die Quecksilberkugeln umgebenden Eiterschicht Bacterien gefunden werden. Sämmtliche Culturen fielen negativ aus. |

| Nr. | Thierart | Gewicht in Gramm | Datum des Versuchs | Versuchsart | Datum des Zerbrechens der Röhrchen | Datum der Section | Versuchsergebniss |
|---|---|---|---|---|---|---|---|
| 122<br>123 | Kaninchen<br>Kaninchen | 1340<br>1965 | 12./9.<br>12./9. | Es werden beiden Thieren à 0·5 ccm einer 50% Antipyrinlösung nach vorläufiger Sterilisirung mittelst Spritze unter die Haut eingef. | —<br>— | 20./9.<br>22./9. | Die eingeführte Flüssigkeit ist ohne jede entzündliche Reaction resorbirt worden. |
| 124<br>125 | Meerschweinchen | 572<br>386 | 13./9.<br>13./9. | Es werden den Thieren 0·3 ccm bz. 0·2 ccm einer 5% $AgNO_3$-Lösung unter die Haut mittelst Spritze eingeführt. | —<br>— | 18./9.<br>20./9. | An der Injectionsstelle ist die Haut, das Unterhautgewebe und die Aponeurose nekrotisirt worden. Keine Eiterung. |
| 126<br>127 | Katze<br>Katze | 2247<br>2582 | 15./9.<br>15./9. | Es wird jedem Thiere à 1 ccm einer sterilisirten, bis auf die Hälfte des ursprünglichen Volumens eingedampften 12tägigen Gelatinecultur des Staphyl. aureus mittelst Spritze injicirt. | —<br>— | 21./9.<br>21./9. | An der Injectionsstelle entwickelten sich mit dem Stichcanale nicht communicirende Abscesse. Weder im Eiter noch in den Absceswänden konnten bei der mikroskopischen Untersuchung Bacterien nachgewiesen werden. Die Culturen gaben auch negative Ergebnisse. |
| 128<br>129 | Katze<br>Katze | 2281<br>2753 | 16./9.<br>16./9. | Es werden den Thieren 0·4 ccm bez. 0·6 ccm einer 10% $ZnCl_2$-Lösung unter die Haut eingeführt. | —<br>— | 24./9.<br>24./9. | An der Injectionsstelle sind die tiefen Schichten der Haut, das Unterhautgewebe und die Aponeurose nekrotisirt; keine Eiterung. |
| 130<br>131 | Hund<br>Hund | 6540<br>8890 | 19./9.<br>19./9. | Es wird jedem Thiere ein Glasröhrchen mit $^1/_3$ ccm Quecksilber nach vorläufiger Sterilisirung in das Unterhautgewebe eingeführt. | 28./9.<br>29./9. | 10./10.<br>10./10. | Die Röhrchen sind von einer Bindegewebskapsel umgeben gefunden worden. Zwischen den Röhrchen und den Kapseln liegen Quecksilberkugeln von einer Schicht dicken gelben Eiters umgeben. An beiden Enden der Röhrchen, in welchen ein Theil des Quecksilbers noch geblieben ist, grosse Eiterpfropfen. Im Eiter konnten weder mikroskopisch noch mittelst Culturen Bacterien nachgewiesen werden. |

| Nr. | Thierart | Gewicht in Gramm | Datum des Versuchs | Versuchsart | Datum des Zerbrechens der Röhrchen | Datum der Section | Versuchsergebniss |
|---|---|---|---|---|---|---|---|
| 132<br>133 | Meer-<br>schweinchen | 618<br>649 | 19./9.<br>19./9. | Es wird jedem Thiere ein Glasröhrchen mit $^1/_8$ ccm Quecksilber nach vorläufiger Sterilisirung in das Unterhautgewebe eingeführt. | 30./9.<br>30./9. | 11./10.<br>11./10. | Dasselbe Versuchsergebniss wie in Nr. 109—111. |
| 134<br>135<br>136 | Katze<br>Katze<br>Katze | 1965<br>1724<br>2146 | 20./9.<br>20./9.<br>20./9. | Es werden dem Thiere Nr. 134 0·4 ccm, dem Nr. 135 0·6 ccm, dem Nr. 136 1·0 ccm einer sterilisirten 50% Antipyrinlösung mittelst Spritze unter die Haut eingeführt. | —<br>—<br>— | 28./9.<br>26./9.<br>25./9. | Die Lösung ist in allen Versuchen ohne jede entzündliche Reaction resorbirt worden. |
| 137<br>138<br>139 | Kaninchen<br>Kaninchen<br>Kaninchen | 1460<br>1482<br>1728 | 23./9.<br>23./9.<br>23./9. | Es werden dem Thiere Nr. 137 2 ccm, dem Nr. 138 4 ccm, dem Nr. 139 6 ccm sterilisirten destillirten Wassers unter die Haut mittelst Spritze eingeführt. | —<br>—<br>— | 27./9.<br>28./9.<br>28./9. | Resorption ohne jede Reaction. |
| 140<br>141<br>142 | Meer-<br>schweinchen | 518<br>486<br>720 | 23./9.<br>23./9.<br>23./9. | Es werden dem Thiere Nr. 140 1 ccm, dem Nr. 141 2 ccm, dem Nr. 142 4 ccm destillirten sterilisirten Wassers mittelst Spritze unter die Haut eingeführt. | —<br>—<br>— | 26./9.<br>28./9.<br>29./9. | Resorption ohne jede Reaction. |
| 143<br>144 | Katze<br>Katze | 2239<br>2158 | 24./9.<br>24./9. | Es werden den Thieren Glasröhrchen mit $^1/_8$ ccm einer 10% Guanidinlösung nach vorläufiger Sterilisirung unter die Haut eingeführt. | 4./10.<br>4./10. | 12./10.<br>15./10. | Die Röhrchen sind fast vollständig leer, incapsulirt und von einem Bindegewebsstrange durchwachsen gefunden; keine Eiterung. |

| Nr. | Thierart | Gewicht in Gramm | Datum des Versuchs | Versuchsart | Datum des Zerbrechens der Röhrchen | Datum der Section | Versuchsergebniss |
|---|---|---|---|---|---|---|---|
| 145<br>146 | Hund<br>Hund | 5745<br>3890 | 24./9.<br>24./9. | Dasselbe, wie in den Versuchen Nr. 143 und Nr. 144. | 6./10.<br>3./10. | 17./10.<br>17./10. | Dasselbe Ergebniss wie in Versuch Nr. 143 und 144. |
| 147<br>148<br>149 | Kaninchen<br>Kaninchen<br>Kaninchen | 1326<br>1960<br>2106 | 25./9.<br>25./9.<br>25./9. | Es werden dem Thiere Nr. 147 1 ccm, dem Nr. 148 2 ccm, dem Nr. 149 5 ccm einer 0·6% NaCl-Lösung nach vorläufiger Sterilisirung mittelst Spritze unter die Haut eingeführt. | —<br>—<br>— | 5./10.<br>2./10.<br>2./10. | Resorption ohne jede entzündliche Reaction. |
| 150<br>151 | Meerschweinchen | 454<br>628 | 25./9.<br>25./9. | Es werden den Thieren 1 bez. 2 ccm einer 0·6% NaCl-Lösung nach vorläufiger Sterilisirung mittelst Spritze unter die Haut eingeführt. | —<br>— | 3./10.<br>3./10. | Resorption ohne jede entzündliche Reaction. |
| 152<br>153 | Katze<br>Katze | 1842<br>1758 | 27./9.<br>27./9. | Es wird den Thieren à 1 ccm einer sterilisirten, bis auf die Hälfte des ursprünglichen Volumens eingedampften, völlig verflüssigten Gelatinecultur des Bacillus prodigiosus unter die Haut mittelst Spritze eingeführt. | —<br>— | 5./10.<br>5./10. | Es entwickelten sich bei beiden Thieren mit dem Stichcanale nicht communicirende Abscesse. Im Eiter und in den Abscesswänden konnten weder mikroskopisch noch mittelst Culturen Bacterien nachgewiesen werden. |
| 154<br>155 | Katze<br>Katze | 1642<br>1885 | 28./9.<br>28./9. | Es werden den Thieren 0·3 ccm bez. 0·5 ccm sterilisirten Liquor ammonii caustici (1 : 4 Aq.) mittelst Spritze unter die Haut eingeführt. | —<br>— | 7./10.<br>5./10. | Die Einwirkungszone der Flüssigkeit im Unterhautgewebe ist nekrotisirt; keine Eiterung. |

| Nr. | Thierart | Gewicht in Gramm | Datum des Versuchs | Versuchsart | Datum des Zerbrechens der Röhrchen | Datum der Section | Versuchsergebniss |
|---|---|---|---|---|---|---|---|
| 156<br>157 | Meer-<br>schweinchen | 623<br>584 | 28./9.<br>28./9. | Es werden jedem Thiere 0·5 ccm sterilisirten Ol. crotonis (1:5 Ol. olivarum) mittelst Spritze eingeführt. | —<br>— | 5./10.<br>6./10. | An der Einwirkungsstelle des Ol. crotonis ist das Unterhautgewebe, die Aponeurose und die tieferen Hautschichten nekrotisch geworden; keine Eiterung. |
| 158<br>159 | Kaninchen<br>Kaninchen | 1785<br>1420 | 29./9.<br>29./9. | Es werdem jedem Thiere 0·5 ccm einer 50% Antipyrinlösung nach vorläufiger Sterilisirung mittelst Spritze eingeführt. | —<br>— | 3./10.<br>3./10. | Die Einwirkungsstelle der Antipyrinlösung ist bei beiden Thieren nekrotisirt vorgefunden; keine Eiterung. |
| 160<br>161 | Meer-<br>schweinchen | 620<br>634 | 30./9.<br>30./9. | Es werden jedem Thiere 0·4 ccm einer 50% Antipyrinlösung nach vorläufiger Sterilisirung mittelst Spritze eingeführt. | —<br>— | 4./10.<br>6./10. | An der Einwirkungsstelle der Antipyrinlösung ist weder Nekrose, noch Entzündung vorgefunden worden; die Resorption ist ohne jede locale Reaction vor sich gegangen. |
| 162<br>163 | Hund<br>Hund | 6385<br>5240 | 30./9.<br>30./9. | Es wird jedem Thiere 1 ccm einer 50% Antipyrinlösung nach vorläufiger Sterilisirung mittelst Spritze in das Unterhautgewebe eingeführt. | —<br>— | 5./10.<br>5./10. | Dasselbe Ergebniss wie in den Versuchen Nr. 160 und 161. |
| 164<br>165<br>166 | Katze<br>Katze<br>Katze | 2146<br>2367<br>2765 | 4./10.<br>4./10.<br>4./10. | Es werden den Thieren 2 ccm, 4 ccm, bez. 6 ccm destillirten sterilisirten Wassers mittelst Spritze unter die Haut eingeführt. | —<br>—<br>— | 10./10.<br>10./10.<br>10./10. | Resorption ohne jede Reaction. |
| 167<br>168 | Hund<br>Hund | 5840<br>7965 | 4./10.<br>4./10. | Es werden den Thieren 4 ccm bez. 8 ccm destillirten sterilisirten Wassers mittelst Spritze unter die Haut eingeführt. | —<br>— | 11./10.<br>11./10. | Resorption ohne jede Reaction. |

| Nr. | Thierart | Gewicht in Gramm | Datum des Versuchs | Versuchsart | Datum des Zerbrechens der Röhrchen | Datum der Section | Versuchsergebniss |
|---|---|---|---|---|---|---|---|
| 169<br>170 | Katze<br>Katze | 1764<br>1385 | 5./10.<br>5./10. | Es wird jedem Thiere 1 ccm einer 18 tägigen Gelatinecultur des Bacillus prodigiosus mittelst Spritze unter die Haut eingeführt. | —<br>— | 10./10.<br>11./10. | Es entwickelten sich bei beiden Thieren grosse Abscesse, deren Eiter ausschliesslich Bacillus prodigiosus enthielt. |
| 171<br>172 | Hund<br>Hund | 4860<br>5740 | 5./10.<br>5./10. | Es werden den Thieren 5 ccm bez. 8 ccm einer 0·6 % NaCl-Lösung nach vorläufiger Sterilisirung mittelst Spritze unter die Haut eingeführt. | —<br>— | 12./10.<br>12./10. | Resorption ohne jede Reaction. |
| 173<br>174 | Katze<br>Katze | 2763<br>2297 | 6./10.<br>6./10. | Es werden den Thieren 2 ccm bez. 4 ccm einer 0·6 % NaCl-Lösung mittelst Spritze unter die Haut eingeführt. | —<br>— | 12./10.<br>12./10. | Resorption ohne jede Reaction. |
| 175<br>176 | Katze<br>Katze | 2193<br>2486 | 12./10.<br>12./10. | Es wird jedem Thiere 1 ccm einer bis auf die Hälfte des ursprünglichen Volumens eingedampften und sterilisirten 20 tägigen (verflüssigten) Gelatinecultur des Bacillus prodigiosus mittelst Spritze unter die Haut eingeführt. | —<br>— | 18./10.<br>18./10. | An der Injectionsstelle entwickelten sich bei beiden Thieren mit dem Stichcanale nicht communicirende Abscesse, in deren Eiter und Wänden weder mikroskopisch noch durch Culturen Bacterien nachgewiesen werden konnten. |
| 177<br>178 | Meerschweinchen | 497<br>582 | 14./10.<br>14./10. | Es werden beiden Thieren Glasröhrchen mit 1/3 ccm einer 50 % $MgSO_4$-Lösung nach vorläufiger Sterilisirung unter die Haut eingeführt. | 22./10.<br>24./10. | 29./10.<br>2./11. | Die Röhrchen sind fast leer, incapsulirt und von einem Bindegewebsstrange durchwachsen vorgefunden worden; keine Eiterung. |

| Nr. | Thierart | Gewicht in Gramm | Datum des Versuchs | Versuchsart | Datum des Zerbrechens der Röhrchen | Datum der Section | Versuchsergebniss |
|---|---|---|---|---|---|---|---|
| 179<br>180 | Katze<br>Katze | 1978<br>2146 | 15./10.<br>15./10. | Es werden jedem Thiere 0·5 ccm Calomel (in Glycerin) nach vorläufiger Sterilisirung mittelst Spritze in das Unterhautgewebe eingeführt. | —<br>— | 23./10.<br>23./10. | An der Injectionsstelle ist bei beiden Thieren eine Masse gefunden worden, die im Centrum aus Calomel, an der Peripherie aus Eiter bestand. Weder im Eiter noch im umgebenden infiltrirten Gewebe konnten Bacterien nachgewiesen werden. |
| 181<br>182 | Hund<br>Hund | 5720<br>4825 | 15./10.<br>15./10. | Dasselbe, wie in den Versuchen Nr. 179 und 180. | —<br>— | 21./10.<br>22./10. | Dasselbe Ergebniss wie in den Versuchen Nr. 179 und 180. |
| 183<br>184<br>185 | Kaninchen<br>Kaninchen<br>Kaninchen | 1928<br>2185<br>1782 | 18./10.<br>18./10.<br>18./10. | Es wird jedem Thiere 1 ccm einer auf die Hälfte des ursprünglichen Vol. eingedampften, steril. Gelat.-Cultur des Bac. prodig. mittelst Spritze in das Unterhautgewebe eingeführt. | —<br>—<br>— | 25./10.<br>25./10.<br>24./10. | Die eingeführte Flüssigkeit ist bei allen Thieren resorbirt worden, ohne eine entzündliche Reaction hervorzurufen. |
| 186<br>187<br>188 | Kaninchen<br>Kaninchen<br>Kaninchen | 1865<br>1871<br>1683 | 18./10.<br>18./10.<br>18./10. | Es wird jedem Thiere 1 ccm einer auf die Hälfte des ursprünglichen Vol. eingedampften, steril. Gelat.-Cultur des Staph. aureus mittelst Spritze in das Unterhautgewebe eingeführt. | —<br>—<br>— | 28./10.<br>28./10.<br>28./10. | Dasselbe Resultat wie in den Versuchen Nr. 183, 184 und 185. |
| 189<br>190 | Kaninchen<br>Kaninchen | 1734<br>1592 | 26./10.<br>26./10. | Es wird jedem Thiere ein Röhrchen mit $^1/_8$ ccm einer auf die Hälfte des ursprünglichen Volumens eingedampften, sterilisirten Gelatinecultur des Bac. prodig. unter die Haut eingeführt. | 3./10.<br>5./10. | 10./11.<br>10./11. | Die Röhrchen sind incapsulirt vorgefunden worden. An beiden Enden haben sich Eiterpfropfen gebildet. Bacterien konnten im Eiter nicht nachgewiesen werden. |

| Nr. | Thierart | Gewicht in Gramm | Datum des Versuchs | Versuchsart | Datum des Zerbrechens der Röhrchen | Datum der Section | Versuchsergebniss |
|---|---|---|---|---|---|---|---|
| 191<br>192 | Hund<br>Hund | 4725<br>5860 | 27./10.<br>27./10. | Es wird jedem Thiere 1 ccm einer 19 tägigen Gelatinecultur des Bacillus pyocyaneus mittelst Spritze unter die Haut eingeführt. | —<br>— | 3./11.<br>3./11. | Es entwickelten sich bei beiden Thieren an der Infectionsstelle Abscesse, in deren Eiter mikroskop. und mittelst Culturen ausschliesslich Bac. pyocyaneus nachgewiesen werden konnte. |
| 193<br>194 | Katze<br>Katze | 2344<br>2536 | 27./10.<br>27./10. | Es wird jedem Thiere 1 ccm einer 19 tägigen Gelat.-Cultur des Bac. pyocyaneus mittelst Spritze subcutan eingeführt. | —<br>— | 4./11.<br>4./11. | Dasselbe Ergebniss wie in den Versuchen Nr. 191 und 192. |
| 195<br>196 | Meerschweinchen | 480<br>526 | 28./10.<br>28./10. | Es werden jedem Thiere 0·5 ccm einer 20 tägigen Gelatinecultur des Bacillus pyocyaneus subcutan eingeführt. | —<br>— | 5./11.<br>5./11. | An der Impfstelle entwickelte sich eine heftige serofibrinöse Entzündung. Im Exsud. ist mittelst Culturen ausschliesslich Bac. pyocyan. gefunden worden. |
| 197<br>198<br>199 | Kaninchen<br>Kaninchen<br>Kaninchen | 1528<br>1872<br>1764 | 28./10.<br>28./10.<br>28./10. | Es werden den Thieren Nr. 197 und 198 à 1 ccm, dem Nr. 199 2 ccm einer 20 tägigen Gelatinecultur des Bacillus pyocyaneus unter die Haut mittelst Spritze eingeführt. | —<br>—<br>— | 6./11.<br>6./11.<br>6./11. | Bei den Thieren Nr. 197 und 198 stellte sich an der Impfstelle eine heftige sero-fibrinöse Entzündung ein; aus dem Exsudate wurden Reinculturen des Bacillus pyocyaneus gewonnen. Beim Kaninchen Nr. 199 entwickelte sich ein nussgrosser Abscess. Im Eiter und in den Abscesswänden wurde ausschliesslich Bac. pyocyan. gefunden. |
| 200<br>201 | Kaninchen<br>Kaninchen | 1345<br>1682 | 1./11.<br>1./11. | Es wird jedem Thiere 1 ccm einer auf die Hälfte des ursprünglichen Volumens eingedampften und sterilisirten Gelatinecultur des Bac. pyocyan. mittelst Spritze subcutan eingeführt. | —<br>— | 7./11.<br>7./11. | Resorption ohne jede entzündliche Reaction. |

| Nr. | Thierart | Gewicht in Gramm | Datum des Versuchs | Versuchsart | Datum des Zerbrechens der Röhrchen | Datum der Section | Versuchsergebniss |
|---|---|---|---|---|---|---|---|
| 202<br>203 | Kaninchen<br>Kaninchen | 1548<br>1365 | 1./11.<br>1./11. | Es wird jedem Thiere ein Glasröhrchen mit $^1/_3$ ccm einer sterilisirten und auf die Hälfte des ursprünglichen Volumens eingedampften Gelatinecultur des Bacillus pyocyaneus unter die Haut eingeführt. | 9./11.<br>11./11. | 15./11.<br>20./11. | Die Röhrchen sind incapsulirt vorgefunden; an beiden Enden fanden sich Eiterpfropfen. Mikroorganismen konnten weder durch die mikroskopische Untersuchung noch durch Culturen nachgewiesen werden. |
| 204<br>205 | Meerschweinchen | 446<br>612 | 2./11.<br>2./11. | Es werden jedem Thiere 0·6 ccm einer sterilisirten und auf die Hälfte des ursprünglichen Volumens eingedampften Gelatinecultur des Bacillus pyocyaneus mittelst Spritze unter die Haut eingeführt. | —<br>— | 8./11.<br>10./11. | Resorption ohne jede entzündliche Reaction. |
| 206<br>207 | Hund<br>Hund | 8840<br>5760 | 2./11.<br>2./11. | Es werden jedem Thiere 2 ccm der gleichen Flüssigkeit wie in Versuch Nr. 205 mittelst Spritze subcutan eingeführt. | —<br>— | 9./11.<br>9./11. | Resorption ohne jede entzündliche Reaction. |
| 208 | Hund | 8930 | 3./11. | Es wird dem Thiere ein Glasröhrchen mit $^1/_3$ ccm der gleichen Flüssigkeit wie in Versuch Nr. 207 unter die Haut eingeführt. | 15./11. | 24./11. | Das Röhrchen ist incapsulirt vorgefunden worden; an beiden Enden — Eiterpfropfen. Bacterien weder mikroskopisch noch durch Culturen nachzuweisen. |
| 209 | Katze | 2357 | 4./11. | Es wird dem Thiere 1 ccm der gleichen Flüssigkeit wie in Versuch Nr. 207 mittelst Spritze eingeführt. | — | 10./11. | An der Injectionsstelle entwickelte sich ein Abscess; weder im Eiter, noch in den Abscesswänden konnten Bacterien nachgewiesen werden. |

| Nr. | Thierart | Gewicht in Gramm | Datum des Versuchs | Versuchsart | Datum des Zerbrechens der Röhrchen | Datum der Section | Versuchsergebniss |
|---|---|---|---|---|---|---|---|
| 210 | Katze | 1982 | 4./11. | Es wird dem Thiere ein Glasröhrchen mit gleichem Inhalt wie in Nr. 208 unter die Haut eingeführt. | 12./11. | 19./11. | Das Röhrchen ist incapsulirt; an beiden Enden — Eiterpfropfen. Bacterien weder mikroskopisch noch durch Culturen nachzuweisen. |
| 211 | Kaninchen | 1753 | 8./11. | Es wird jedem Thiere 1 ccm einer sterilisirten Gelatinecultur des Bacillus anthracis mittelst Spritze unter die Haut eingeführt. | — | 15./11. | Resorption ohne jede entzündliche Reaction. |
| 212 | Kaninchen | 1956 | 8./11. | | — | 15./11. | |
| 213 | Kaninchen | 2160 | 9./11. | Es wird jedem Thiere ein Röhrchen mit $^1/_3$ ccm verflüssigter Gelatine vom Bacillus anthracis, die von Bacillen und Sporen abfiltrirt und sterilisirt worden ist, unter die Haut eingeführt. | 20./11. | 28./11. | Die Röhrchen sind incapsulirt; an beiden Enden — Eiterpfropfen. Bacterien weder mikroskopisch noch durch Culturen nachzuweisen. |
| 214 | Kaninchen | 2197 | 9./11. | | 20./11. | 26./11. | |
| 215 | Katze | 2793 | 10./11. | Es wird jedem Thiere ein Röhrchen mit gleichem Inhalt, wie in Versuch Nr. 214 unter die Haut eingeführt. | 18./11. | 26./11. | Dasselbe Ergebniss wie in den Versuchen Nr. 213 und 214. |
| 216 | Katze | 2835 | 10./11. | | 18./11. | 26./11. | |
| 217 | Katze | 2540 | 12./11. | Es wird jedem Thiere 1 ccm einer sterilisirten Gelatinecultur des Bacillus anthracis mittelst Spritze unter die Haut eingeführt. | — | 17./11. | Resorption ohne jede entzündliche Reaction. |
| 218 | Katze | 2540 | 12./11. | | — | 19./11. | |
| 219 | Hund | 7980 | 15./11. | Es wird jedem Thiere ein Glasröhrchen mit gleichem Inhalt wie in Versuch Nr. 214 unter die Haut eingeführt. | 26./14. | 3./12. | An beiden Enden der inzwischen incapsulirten Röhrchen sind Eiterpfropfen vorgefund. worden. Bacterien weder mikroskop. noch durch Culturen nachzuweisen. |
| 220 | Hund | 8565 | 15./11. | | 24./11. | 2./12. | |

| Nr. | Thierart | Gewicht in Gramm | Datum des Versuchs | Versuchsart | Datum des Zerbrechens der Röhrchen | Datum der Section | Versuchsergebniss |
|---|---|---|---|---|---|---|---|
| 221<br>222 | Hund<br>Hund | 7540<br>4870 | 19./11.<br>19./11. | Es werden jedem Thiere 0·5 ccm sterilisirten Terpentinöls mittelst Spritze unter die Haut eingeführt. | —<br>— | 25./11.<br>24./11. | Es entwickelten sich bei beiden Thieren an der Injectionsstelle Abscesse. Der Eiter und die Abscesswände erwiesen sich als bacterienfrei. |
| 223<br>224<br>225 | Kaninchen<br>Kaninchen<br>Kaninchen | 1973<br>2158<br>2036 | 24./11.<br>24./11.<br>24./11. | Es wird jedem Thiere 1 ccm sterilisirter Milch unter die Haut eingeführt. | —<br>—<br>— | 2./12.<br>2./12.<br>13./12. | Resorption ohne jede Reaction. |
| 226<br>227 | Katze<br>Katze | 2584<br>2892 | 25./11.<br>25./11. | Es wird jedem Thiere 1 ccm sterilisirter Milch unter die Haut eingeführt. | —<br>— | 5./12.<br>3./12. | Resorption ohne jede Reaction. |
| 228<br>229 | Hund<br>Hund | 7280<br>6455 | 28./11.<br>28./11. | Es werden jedem Thiere 2 ccm sterilisirter Milch unter die Haut eingeführt. | —<br>— | 10./12.<br>6./12. | Resorption ohne jede Reaction. |
| 230<br>231<br>232 | Katze<br>Katze<br>Katze | 2760<br>2284<br>2380 | 2./12.<br>2./12.<br>2./12. | Es wird jedem Thiere 1 ccm einer 3% Carbolsäurelösung mittelst Spritze unter die Haut eingeführt. | —<br>—<br>— | 15./12.<br>13./12.<br>10./12. | Resorption ohne jede entzündliche Reaction. |
| 233<br>234<br>235 | Kaninchen<br>Kaninchen<br>Kaninchen | 1325<br>1980<br>1486 | 5./12.<br>5./12.<br>5./12. | Es wird jedem Thiere 1 ccm einer 3% Carbolsäurelösung unter die Haut eingeführt. | —<br>—<br>— | 12./12.<br>14./12.<br>14./12. | Resorption ohne jede entzündliche Reaction. |
| 236<br>237 | Hund<br>Hund | 6940<br>7850 | 6./12.<br>6./12. | Es wird jedem Thiere 1 ccm einer 3% Carbolsäurelösung unter die Haut eingeführt. | —<br>— | 11./12.<br>13./12. | Resorption ohne jede entzündliche Reaction. |

| Nr. | Thierart | Gewicht in Gramm | Datum des Versuchs | Versuchsart | Datum des Zerbrechens der Röhrchen | Datum der Section | Versuchsergebniss |
|---|---|---|---|---|---|---|---|
| 238<br>239 | Kaninchen<br>Kaninchen | 2156<br>1724 | 10./12.<br>10./12. | Es wird jedem Thiere 1 ccm einer 25% Traubenzuckerlösung, die mit einer ganzen 18tägigen Gelatinecultur des Staph. aureus (aus menschlichem Eiter erhalten) vermischt war, unter die Haut eingeführt. Die Zuckerlösung war vor Vermischung mit der Cultur sterilisirt. | —<br>— | 17./12.<br>20./12. | Die injicirte Flüssigkeit wurde ohne jede Reaction resorbirt. Culturen aus dem Subcutissafte gaben bei beiden Thieren ein negatives Ergebniss. Aus dem Leber-, Milz- und Nierensafte des Thieres Nr. 238 wurden Reinculturen des Staphylococcus aureus erhalten, beim Thiere Nr. 238 — nur aus dem Milz- und Nierensafte. Blutproben von beiden Thieren erwiesen sich als steril. |
| 240<br>241 | Kaninchen<br>Kaninchen | 1526<br>1260 | 10./12.<br>10./12. | Es werden jedem Thiere 5 ccm einer sterilisirten 25% Traubenzuckerlösung durch die Ohrvene in's Blut und 1 ccm einer 12% Traubenzuckerlösung, die mit einer 18tägigen Gelatinecultur von Staphylococcus aureus vermischt war, unter die Haut eingeführt. | —<br>— | 18./12.<br>26./12. | Es trat keine Reaction ein, weder am Ohre, noch an der Infectionsstelle. Beim Thiere Nr. 241 gaben Culturen von Blutproben, Milz, Nieren- und Lebersaft negative Ergebnisse. Beim Thiere Nr. 240 wurden aus dem Milz- und Nierensafte Reinculturen von Staphylococcus aureus erhalten. |
| 242<br>243 | Kaninchen<br>Kaninchen | 1378<br>1288 | 1889<br>5./3.<br>5./3. | Es wird jedem Thiere 1 ccm sterilisirten Petroleums unter die Haut eingeführt. | —<br>— | 12./3.<br>14./3. | Es entstand an der Injectionsstelle eine starke Entzündung; das Exsudat war sero-fibrinös und erwies sich als bacterienfrei. |
| 244<br>245 | Katze<br>Katze | 2675<br>2437 | 6./3.<br>6./3. | Es wird jedem Thiere 1 ccm sterilisirten Petroleums unter die Haut eingeführt. | —<br>— | 12./3.<br>14./3. | Es entwickelten sich bei beiden Thieren grosse Abscesse. Der Eiter und die Abscesswände erwiesen sich als bacterienfrei. |

## § 2.
## Uebersicht des Versuchsmaterials.

Wir gehen jetzt zur detaillirten Besprechung unserer Versuchsergebnisse über, wobei wir das Material folgendermassen nach der Art der geprüften Reizmittel gruppiren werden.

In erster Linie werden wir die Wirkung der mechanischen Reize besprechen, dann die Wirkung der chemischen Reize, endlich die Wirkung der Infection mit pyogenen Bacterien.

### α) Die Wirkung mechanischer Reize auf die Gewebe.

Die mechanische Reizung der Gewebe kann eine dauernde oder eine momentane sein, je nachdem der reizende Körper in den Geweben liegen bleibt oder aber bald herausgenommen wird.

Als typisches Beispiel der ersten Art kann die Einführung und Ueberlassung eines Fremdkörpers (z. B. Glas) in den Geweben dienen; Beispiele der zweiten Art sind Stiche, Schnitte, Quetschungen u. d. m. In beiden Fällen wirkt das Reizmittel durch seine Masse und seine Form.

Suchen wir in der Litteratur Beispiele von Versuchen erster Art, so stossen wir vor Allem auf eine Reihe von Versuchen, die, obgleich als Versuche mit ausschliesslich mechanischen Reizmitteln angegeben worden, doch zweifelsohne als solche nicht gelten können, da bei ihnen eine chemische Wirkung und vielleicht auch Infection nicht ausgeschlossen waren.

Ich meine hier Pasteur's (vgl. Nr. 33) Versuche mit der Einführung von Hollundermark, Kohle u. dgl. unter die Haut, wonach, wie Pasteur sagt, bacterienfreie Eiterung eintrat. Da diese Versuche im Jahre 1878 ausgeführt worden sind, also zur Zeit, wo die Methoden der bacteriologischen Forschung noch ziemlich primitive waren, kann die Bacterienlosigkeit des experimentell von Pasteur erhaltenen Eiters nicht als über allen Zweifel erhoben angesehen werden. Infection ist hier also nicht ausgeschlossen; desgleichen auch chemische Reizung, da wir ja nicht mit Bestimmtheit behaupten können, dass eine chemische Wirkung der eingeführten rohen Objecte auf die thierischen Gewebe unmöglich sei.

Dasselbe kann auch über Riedel's (vgl. Nr. 40) Versuche gesagt werden, destomehr, da hier die „mechanisch“ wirkenden Substanzen (Sand, Stärkemehl) in einer keineswegs indifferenten Flüssigkeit suspendirt, eingeführt waren — nämlich in einer 3% Carbolsäurelösung. Reine Versuche mit anhaltender ausschliesslich mechanischer Reizung der Gewebe finden wir zuerst bei Councilman (vgl. Nr. 57). Dieser Forscher führte

Kaninchen Glasröhrchen unter die Haut und als Reaction darauf trat Incapsulation der Röhrchen ein, also ein langsam vor sich gehender entzündlicher Process, der sich durch Bindegewebswucherung um den reizenden Körper kundgab.

Seit Councilman sind ähnliche Versuche tausendmal nachgemacht worden; es sollen hier nur die wichtigsten verzeichnet worden. So führten Passet (vgl. Nr. 67), Klemperer (vgl. Nr. 72), Scheuerlen (vgl. Nr. 78), Brewing (vgl. Nr. 86), Kranzfeld (vgl. Nr. 98), Zuckermann (vgl. Nr. 133) und Andere Glaskapseln und Röhrchen in die Subcutis ein und konnten ausser Incapsulation keine andere Reaction bemerken.

In meinen Versuchen habe ich sehr oft Thieren in die Subcutis und in die Peritonealhöhle zugeschmolzene Röhrchen mit verschiedenem Inhalt eingeführt und, so lange das Röhrchen intact blieb, also ihr Inhalt nicht mit den Geweben in Berührung kam, trat nie Eiterung ein; erst nach Zerbrechen der Röhrchen und Ergiessen des Inhaltes in die Gewebe trat, wenn der Inhalt ein pyogener Stoff war, Eiterung ein.

In zwei Fällen (Versuch 4 und 5) sind die Glasröhrchen unzerbrochen etwa drei Wochen in den Geweben liegen geblieben; dabei wurde das Röhrchen, das in die Subcutis eingeführt worden ist, incapsulirt vorgefunden, während dasjenige, das in die Peritonealhöhle gekommen war, nicht einmal incapsulirt war — bei der Section wurde es frei zwischen den Darmschlingen liegend gefunden; am Peritoneum konnten dabei, trotz sorgfältigster Untersuchung, keine pathologischen Veränderungen bemerkt werden.

Gehen wir jetzt zu den mechanischen Reizungen von kurzer Einwirkungsdauer (Stich, Schnitt u. s. w.) über, so wird es, statt Berufung auf die Litteratur, genügen, an die *Prima intentio* und *Reunio immediata*, die bei Beachtung der Asepsis nach solchen Reizungen so oft eintreten, zu erinnern.

Bei unseren Versuchen hatten wir auch die Gelegenheit, die aseptische Heilung von mehreren Hunderten von Stich- und Schnittwunden zu beobachten und wir haben bacterienlose Eiterung kein einziges Mal an ihnen zu Gesichte bekommen, was auch den zur Zeit herrschenden Ansichten vollständig entspricht.

In der vorbacteriologischen Zeit wurde jede Wundeiterung als Wirkung der mechanischen Reizung betrachtet; heutzutage, da alle diese Eiterungen endgültig auf Infection zurückgeführt worden sind, ist die „pyogene Wirkung mechanischer Reize“ zu Grabe getragen und wird wohl nicht wieder auferstehen.

### β) Die Wirkung chemischer Reize auf die Gewebe.

Die Zahl der chemischen Reize ist Legion; welche unter ihnen sollten auf ihre pyogenen Eigenschaften geprüft werden? Die Wahl war in unserem Falle nicht schwer; es galt ja vor Allem die bisherigen Versuche nachzuprüfen und — wenn möglich — etwas Ordnung im Chaos der Widersprüche, die in dieser Frage herrschen, einzuführen.

Natürlich konnten nicht alle bisher geprüften Substanzen in das Bereich unserer Untersuchungen gezogen werden; wir haben auch nur die wichtigsten — und zwar die theoretisch ebenso wie praktisch wichtigsten — ausgewählt. Die 20 gewählten Substanzen können in zwei grosse Gruppen getheilt werden: anorganische und organische Substanzen.

Wir beginnen mit den anorganischen.

#### I. Wirkung anorganischer Substanzen.

1. Wasser.

Im Jahre 1877 machte Wegner (vgl. Nr. 28) die ersten systematischen Versuche mit der Einführung von destillirtem Wasser in die Peritonealhöhle; selbst colossale Quantitäten (mehrere Hunderte Gramm) wurden von Hunden und Kaninchen resorbirt, ohne die geringste entzündliche Reaction hervorzurufen.

Im Jahre 1881 injicirte Uskoff (vgl. Nr. 49) Thieren subcutan Wasser, das er als sterilisirtes bezeichnet, das aber, wie es aus seiner eigenen Arbeit klar zu ersehen ist, diese Bezeichnung in keinem Falle verdiente; wurden kleine Quantitäten injicirt, so erfolgte Resorption ohne entzündliche Reaction; bei grossen Dosen (200 $^g$), die, nebenbei bemerkt, nicht auf einmal eingeführt wurden, sondern theilweise und zwar immer an derselben Stelle, trat Entzündung oft mit Ausgang in Eiterung ein, wobei „oft“ Bacterien im Eiter gefunden wurden. Es scheint überflüssig, hervorzuheben, dass diese Versuche in keinem Falle die pyogene Wirkung der mechanischen Einwirkung des Wassers, wie es Uskoff behauptet, beweisen können; der infectiöse Ursprung der betreffenden Eiterungen liegt auf der Hand.

Orthmann (vgl. Nr. 55), der Uskoff's Versuche nachprüfte, aber gut sterilisirtes Wasser zu seinen Versuchen gebrauchte, konnte selbst bei den grössten Quantitäten nicht die leiseste Spur einer entzündlichen Reaction finden. Da die tägliche Erfahrung auch zu Gunsten der Orthmann'schen Ergebnisse spricht, so gilt es jetzt als unzweifelhaft, das Wasser kein Entzündungserreger ist. Wenn ich das Wasser in das Bereich meiner Untersuchungen zog, so that ich dieses nicht, weil ich die Orthmann'schen Resultate bezweifeln möchte und die Sache als einer Nachprüfung werth ansah; ich that es nur darum, weil die Versuche mit destillirtem sterilisirtem Wasser mir als die besten Controlversuche erschienen, um den Werth der von mir angewandten Methoden zu prüfen. Die elf Versuche, in welchen 1—10 ccm Wasser in die Subcutis von Kaninchen (Vers. 137—139), Hunden (167—168), Meerschweinchen (Vers. 140—142) und Katzen (164—166) eingeführt worden sind, bestätigten, dass das Wasser kein Entzündungserreger ist und dass die von mir angewandte Methode eine aseptische Einführung der zu prüfenden Substanz sichert und gegen eine Infection von aussen garantirt.

2. Chlornatrium.

Mit Chlornatrium-Lösungen haben Wegner (vgl. Nr. 28) und Councilman (vgl. Nr. 57) experimentirt und haben nie danach Eiterungen eintreten gesehen.

In meinen neun Versuchen an Kaninchen (Vers. 147—149), Hunden (Vers. 171—172), Meerschweinchen (Vers. 150—151) und Katzen (Vers. 173—174) mit Einführung verschiedener Quantitäten einer 0·6% NaCl-Lösung in die Subcutis habe ich ebenfalls nur reactionslose Resorption gesehen.

3. Chlorzink.

Rausche (vgl. Nr. 27) hat im Jahre 1877 die Wirkung parenchymatöser (intramusculärer) Chlorzink-Injectionen (1—5%) an Kaninchen studirt und fand, dass diese Substanz an der Injectionsstelle die Eiweissstoffe coagulirt; die coagulirten Theile werden später resorbirt, es tritt aber in der Umgebung keine Entzündung ein, oder höchstens nur ein unbedeutendes Oedem.

In Rausche's Versuchen kam die Lösung einige Male, statt unter die Aponeurose, in die Subcutis. In diesen Fällen war das Bild ein verschiedenes: das Hautstück, unter welches die Lösung sich ergossen hatte, wurde nekrotisch und es trat in der Umgebung eine starke reactive Entzündung mit Ausgang in Eiterung ein.

Den Unterschied in der Wirkung parenchymatöser und subcutaner Injectionen erklärt Rausche dadurch, dass in letzteren Fällen der ungehinderte Zutritt der atmosphärischen Luft das entzündungserregende Moment war.

Grawitz und de Bary (vgl. Nr. 140) machten gleiche Versuche, speciell um die Frage zu lösen, ob in der That die Entzündung und Eiterung der Wirkung der Luft zu verdanken sind, wie es Rausche behauptete, und überzeugten sich, dass nicht die Luft als solche, sondern die in ihr enthaltenen Mikroorganismen die Eiterung erzeugen.

Christmas (vgl. Nr. 182) fand bei seinen Chlorzink-Injectionen, ebenso wie Brewing (vgl. Nr. 86), Nekrose, nicht Eiterung.

In meinen Versuchen mit Chlorzink (2%), die an Kaninchen (Vers. 81—83) und Katzen (Vers. 128—129) ausgeführt worden sind, erhielt ich nach subcutanen Injectionen Nekrose der Aponeurose, der Subcutis und der tiefen Hautschichten; selbst nach neun Tagen war das Hautstück noch nicht losgestossen; auch ist Entzündung oder Eiterung in der Umgebung nicht beobachtet worden.

4. Sublimat.

Das Sublimat ist eins der stärksten Antiseptica und es könnte wohl scheinen, dass, wenn nach hypodermatischer Injection dieser Substanz Eiterung eintritt, letztere unbedingt bacterienfrei sein muss. In der That ist aber dem nicht so: die jedenfalls nicht zahlreichen Eiterungen, die sich nach hypodermatischen Sublimat-Injectionen (bei Syphilitischen) einstellen, sind nicht der chemischen Reizung zu verdanken, sondern einer nachträglichen Infection der Stichwunde, die bei der Injection gemacht worden ist, denn in den systematischen Versuchen, bei welchen eine nachträgliche Wundinfection ausgeschlossen war, trat nie Eiterung ein. Solche Versuche führten Grawitz und de Bary (vgl. Nr. 140) aus. In meinen Versuchen habe ich bis 1 ccm einer 2% Sublimat-Lösung von der Subcutis aus ohne entzündliche Reaction resorbirt werden sehen (Versuche: 88—90 an Kaninchen, 91—92 an Hunden, 64—65 an Meerschweinchen und 118—119 an Katzen).

5. Calomel.

Das Calomel gehört auch in das Arsenal der modernen Therapie, es kann daher auch nicht Wunder nehmen, dass die Mittheilung Chotzen's (vgl. Nr. 147) in der Wiesbadener Naturforscher-Versammlung (1887), wonach dieses Präparat in seinen Versuchen in der Subcutis von Kaninchen regelmässig bacterienfreie Eiterungen (Abscesse oder diffuse Infiltrationen) hervorrief, die Aufmerksamkeit auf sich lenkte.

Unabhängig von Chotzen kam zu gleichen Resultaten Mazza (vgl. Nr. 141).

Ich habe die Versuche dieser Forscher wiederholt und bin zur Ueberzeugung gelangt, dass in der That nach Calomel-Injection immer bacterienlose Eiterung eintritt (Versuche 107—108 an Kaninchen, 179—180 an Katzen und 181—182 an Hunden). Das Studium der Morphologie des Calomel-Eiters überzeugte mich, dass es von dem durch Bacterien erzeugten etwas verschieden ist. Die Kerne der Eiterzellen sind gewöhnlich einzeln, blasenförmig, sphärisch, eiförmig oder wurstförmig; nur verhältnissmässig selten sind mehrkernige Eiterzellen zu finden. Die Tinctionsfähigkeit der Kerne ist auch geringer; bei unseren Doppelfärbungen mittelst Haematoxylin und Safranin färbten sie sich meistentheils rosa (Safranin), während die gewöhnlichen Eiterzell-Kerne dabei intensiv blau

(Haematoxylin) sich färben. Nach der Analogie mit Beobachtungen, die ich an Epithelzellkernen einiger Thiere gemacht habe,[1] wäre ich geneigt, diese Tinctionsänderung als Ausdruck einer weitfortgeschrittenen Degeneration anzusehen.

6. Quecksilber.

Die ersten Versuche mit Quecksilber sind von Riedel (vgl. Nr. 40) im Jahre 1880 ausgeführt worden; er führte das Quecksilber in die Gelenke und in die Pleuralhöhle von Kaninchen ein, worauf bacterienfreie Eiterung sich einstellte, jede Quecksilberkugel war von einer mehr oder minder dicken Schicht Eiter umgeben.

Dann führte Orthmann (vgl. Nr. 55) im Jahre 1883 dasselbe Praeparat Hunden in das Unterhautgewebe mit demselben Erfolge ein.

Zu Ende desselben Jahres konnte Straus (vgl. Nr. 59), der Quecksilber in die Subcutis von Meerschweinchen injicirte, danach nie Eiterung entstehen sehen.

Zu gleichen negativen Ergebnissen an Thieren derselben Art kam Brewing (vgl. Nr. 86) und Klemperer (vgl. Nr. 72) an denselben und an Kaninchen.

Im Jahre 1887 erhielt Zuckermann (vgl. Nr. 133) Eiterung nach Einführung von Quecksilber in die Subcutis von Hunden, doch untersuchte er den dabei gewonnenen Eiter auf Bacterien nicht, was ihn aber nicht davon abhielt, die Eiterung, ohne jeden Beweis, auf zufällige Infection zurückzuführen. An Kaninchen erhielt er keine Eiterung, sondern nur Incapsulation des Quecksilbers in der Subcutis.

Im Jahre 1888 untersuchten die Wirkung des Quecksilbers Christmas (vgl. Nr. 182) und Rosenbach (vgl. Nr. 190 und Nr. 191). Ersterer erhielt nach Quecksilbereinführung bei Hunden (im Unterhautgewebe) immer bacterienfreie Eiterung; bei Kaninchen entwickelte sich bacterienfreie Eiterung nur nach Einführung in die vordere Augenkammer, nie aber in der Subcutis. Rosenbach experimentirte an denselben Thieren mit gleichem Resultate, wie Christmas, nur wurden von ihm keine Versuche mit der Einführung in die vordere Augenkammer von Kaninchen vorgenommen. In allen Versuchen erzeugte also das Quecksilber bei Hunden in der Subcutis immer bacterienfreie Eiterung, während es bei Kaninchen und Meerschweinchen im Unterhautgewebe keine solche erzeugen konnte. Wer also ausschliesslich an Kaninchen und Meerschweinchen experimentirte, und zwar das Quecksilber in die Subcutis einführte, der kam zum Schlusse, dass diesem Praeparate keine pyogenen Eigen-

---

[1] Vgl. meine „Métamorphoses et gemmation indirecte des noyaux“ u. s. w. *Archives de Physiologie*, 1888, Nr. 5, S. 69, Anmerkung 1.

schaften zukommen; demgemäss wurden auch die Versuche an Hunden bezweifelt, als unreine betrachtet.

Die Versuche von Riedel und Christmas zeigen aber, dass selbst an Kaninchen mittelst Quecksilber Eiterung erzeugt werden kann; ersterer erhielt sie in Gelenken und serösen Höhlen, letzterer in der vorderen Augenkammer.

Indem wir nun zur Beschreibung unserer Versuche übergehen, müssen wir vor Allem bemerken, dass wir das Quecksilber nicht direct in die Gewebe, sondern in Glasröhrchen mit ausgezogenen und zugeschmolzenen Enden einführten. Nach voller Heilung der Schnittwunde, die bei der Einführung des Röhrchens gemacht war, wurden die Enden der Röhrchen subcutan abgebrochen.

Diese Art der Einführung ist in der Hoffnung zur Anwendung gebracht worden, dass hier ähnliche Eiterpfropfen in den Röhrchen sich bilden würden, wie in den Versuchen von Scheuerlen (vgl. Nr. 153) und Behring (vgl. Nr. 174), trotz Verschiedenheit des Röhrcheninhalts.

Unsere Erwartungen haben sich als richtig erwiesen.

Bei drei Kaninchen (Vers. 109—111) und zwei Meerschweinchen (Vers. 132—133) ergab die Section folgendes interessante Bild: das Röhrchen war vollständig incapsulirt; an beiden Enden befanden sich Pfropfen, die sich unter dem Mikroskope als aus Eiterkörperchen in geringer Menge Flüssigkeit bestehend erwiesen. Bacterien konnten weder mikroskopisch, noch mittelst Culturen nachgewiesen werden. In der Mitte des Röhrchens befand sich das Quecksilber und einzelne Kügelchen desselben lagen noch zerstreut zwischen der Bindegewebscapsel und dem Röhrchen; jedes Kügelchen war von einer dünnen Membran, die direct in die Röhrchencapsel überging, umwachsen; von Eiter war hier keine Spur zu sehen. Diese Versuche bestätigen die älteren Angaben, wonach Quecksilberkugeln, die frei in der Subcutis von Kaninchen liegen, ohne Eiterung von Bindegewebscapseln umwachsen werden; andererseits zeigen sie aber auch, dass dasselbe Quecksilber, wenn es sich in solchen Bedingungen befindet, dass es nicht direct von einer Bindegewebscapsel umwachsen werden kann, eine Anhäufung von Eiterzellen, Eiterung zu erzeugen vermag. Durch welche Kräfte dieses zu Stande kommt, das kann einstweilen nicht beantwortet werden; möglicher Weise besitzt auch das Quecksilber jene „haemotaktische“ Wirkung, über welche in den letzten Zeiten so interessante Angaben gemacht worden sind (vgl. hierzu die Litteratur-Uebersicht, S. 91). Bei Hunden (Vers. 130—131) und Katzen (Vers. 120—121) wurden ausser den Eiterpfropfen auch Eiteranhäufungen um die zwischen dem Röhrchen und der Capsel liegenden Quecksilberkugeln gefunden.

Es scheint demnach, dass das Quecksilber eine stärkere „haemotaktische“ Wirkung auf die Zellen dieser Thiere ausübt, als auf die Zellen des Meerschweinchen- und Kaninchenkörpers.

Was endlich die Morphologie des Quecksilbereiters betrifft, so konnte nur der einzige Unterschied beim Vergleich mit durch Bacterien erzeugtem Eiter ermittelt werden, dass ersterer mehr einkernige Elemente enthielt, als letzterer.

7. Salpetersaures Silberoxyd ($AgNO_3$).

Das salpetersaure Silberoxyd rief in 10% Lösung in den Versuchen von Dembczak (vgl. Nr. 24) bei Kaninchen Nekrose der Gewebe ohne jede Spur einer entzündlichen Reaction hervor.

Als elf Jahre nach Dembczak diese Versuche von Neuem von Grawitz und de Bary (vgl. Nr. 140) aufgenommen worden sind, zeigte es sich, dass die Silberlösung, je nach der Art der Versuchsthiere, eine verschiedene Wirkung entfaltet.

0·5% Lösungen wurden in den Versuchen dieser Autoren, von der Subcutis von Hunden und Kaninchen aus, ohne jede Reaction resorbirt. 5% Lösungen erzeugten bei Hunden Abscesse mit bacterienfreiem Eiter, während sie bei Meerschweinchen nur ein vorübergehendes entzündliches Oedem hervorriefen.

Gleiche Ergebnisse erhielt Brewing (vgl. Nr. 86) an Meerschweinchen mit 10% Lösungen (entzündliches Oedem) und Christmas (vgl. Nr. 182) an Hunden mit 5% (bacterienfreie Eiterung).

Nathan (vgl. Nr. 194) erhielt an Hunden in 3 Versuchen Eiterung, in 5 Versuchen seröse Entzündung und Coagulationsnekrose. Die Eiterung betrachtet Nathan als Folge einer zufälligen Infection mit Bacterien, doch ohne genügende Gründe dafür anzugeben, wie dieses in der Litteratur-Uebersicht gezeigt worden ist (vgl. S. 105—106).

Von mir sind 19 Versuche mit 1%, 2% und 5% Lösungen ausgeführt worden.

1% Lösungen erzeugten bei Kaninchen (Vers. 66—67) Nekrose der Aponeurose, der Subcutis und der tiefen Hautschichten, während bei 5% Lösungen (Vers. 70—71 und 98—100) die Haut bis zur Oberfläche nekrotisirt und zerstört war; in einem Falle (Vers. 99) entstand ein eiterndes Geschwür mit Staphylokokkengehalt im Eiter.

Bei Hunden erzeugten 5% Lösungen (Vers. 62—63) bacterienfreie Eiterung.

Bei Meerschweinchen folgte auf die Injection von 2% Lösungen (Vers. 47—48) sero-fibrinöse Entzündung, wobei das Exsudat bacterienfrei war. 5% Lösungen wirkten auf diese Thiere, ebenso wie auf Kaninchen.

Was endlich die Katzen betrifft (Vers. 53—55 und 101—103), so erzeugten bei ihnen ebenso 1%, wie 5% Lösungen ausgedehnte Phlegmonen mit bacterienfreiem Eiter.

Der in diesen Versuchen bei Hunden und Katzen erhaltene Eiter unterschied sich von dem durch Bacterienwirkung erzeugten durch verhältnissmässig grösseren Gehalt an einkernigen Eiterzellen und durch grössere Affinität der Kerne dieser Zellen (bei Doppelfärbung mittelst Haematoxylin und Safranin) zum Safranin.

8. Schwefelsaure Magnesia ($MgSO_4$).

Betrachtungen, die in der Litteratur-Uebersicht wiedergegeben worden sind (vgl. S. 85), bewogen Scheuerlen (Nr. 153) die Wirkung der schwefelsauren Magnesia zu prüfen. Der einzige Versuch, den er mit einer 50% Lösung dieses Salzes an einem Kaninchen ausführte, fiel negativ aus. Es bildeten sich an den Enden des $MgSO_4$-haltigen Röhrchens, das in die Subcutis eingeführt worden ist, keine Eiterpfropfen.

Ein gleiches Ergebniss hatten auch meine Versuche an Kaninchen (Vers. 58—59) und Meerschweinchen (Vers. 177—178): die Glasröhrchen waren incapsulirt und von einem Bindegewebsstrange durchwachsen; keine Spur von Eiterung war zu sehen. Ausserdem habe ich noch zwei Versuche mit directer Injection von 0·5, bez. 1 ccm einer 50% Lösung von $MgSO_4$ (Vers. 51—52) an Kaninchen ausgeführt: es erfolgte Resorption ohne jede Reaction.

9. Liquor ammonii caustici.

Im Jahre 1880 machte Riedel (vgl. Nr. 40) einen Versuch mit Einführung von Ammoniak in das Kniegelenk eines Kaninchens; aber die Untersuchung des Gelenkes erfolgte erst ein halbes Jahr nach der Injection. Es wurden Veränderungen gefunden, die an das Bild der Arthritis deformans erinnerten; was aber während der sechs Monate im Gelenke vor sich ging, das bleibt unbekannt.

Zuckermann (vgl. Nr. 133) erhielt in seinen Versuchen mit der Einführung ammoniakhaltiger Röhrchen unter die Haut weder an Hunden, noch an Ratten Eiterung; desgleichen fand Brewing (vgl. Nr. 86) bei Meerschweinchen Nekrose, aber keine Eiterung.

In den Versuchen von Grawitz und de Bary (vgl. Nr. 140) gab die directe Injection von sterilisirtem Liquor ammonii caustici (1 : 5 Aq.) bei Hunden Resorption ohne jede entzündliche Reaction, während bei stärkerer Concentration der Lösung (1 : 4 Aq.) Abscesse mit Gasgehalt im bacterienfreien Eiter sich entwickelten.

Bei Nachprüfung der Versuche von Grawitz und de Bary fand Nathan (vgl. Nr. 194), dass 1 ccm Liquor ammonii (1 : 8 Aq.) ohne Reaction bei Hunden resorbirt wird, während 2—4 ccm die Gewebe nekrotisiren.

Von mir wurden 9 Versuche mit Liquor ammonii (1 : 4 Aq.) ausgeführt. $^1/_4$—$^1/_2$ ccm wurden bei Kaninchen ohne jede Reaction resorbirt (Vers. 41—43), während bei Meerschweinchen schon eine Dosis von 0·2 ccm die Gewebe nekrotisirte (Vers. 76—77). Desgleichen wurden die Gewebe nekrotisirt bei Hunden nach Injection von 1 ccm (Vers. 72—73) und bei Katzen nach Injection von 0·5 ccm (Vers. 154—155). Eiterung stellte sich nicht ein.

## II. Wirkung organischer Substanzen.

### 10. Terpentinöl.

Im Jahre 1881 machte Uskoff (vgl. Nr. 49) an Hunden Versuche mit subcutaner Injection von Terpentinöl und erhielt jedesmal Abscesse; die mikroskopische Untersuchung des Eiters konnte die Anwesenheit von Bacterien nicht nachweisen. Gleiche Resultate gaben Orthmann's Versuche (vgl. Nr. 55), die ebenfalls an Hunden ausgeführt worden sind.

Straus (vgl. Nr. 59) prüfte die Wirkung des Terpentinöls an Kaninchen, Meerschweinchen und Ratten; in 13 Versuchen erfolgte keine Eiterung, in 5 Versuchen entwickelten sich Abscesse mit Bacteriengehalt im Eiter, allem Anschein nach in Folge einer zufälligen Infection der Wunde.

Auch Klemperer (Nr. 72), Kranzfeld (Nr. 98) und Scheuerlen (Nr. 78) erhielten in der Subcutis von Kaninchen keine Eiterung nach Injection von Terpentinöl.

Desgleichen erfolgte in Rujis' Versuchen (Nr. 84) nach Einführung von Terpentinöl in die vordere Augenkammer von Kaninchen keine Eiterung.

Dementgegen erhielt Brewing (vgl. Nr. 86) Eiterung in der Subcutis sowohl am Kaninchen, wie auch am Hunde. Der Eiter erwies sich bacterienfrei (Culturen). Auch Passet (Nr. 67) erhielt bei Kaninchen Eiterung, während Biondi (Nr. 112) keine solche beobachten konnte.

In den Versuchen von Zuckermann (Nr. 133) erwies sich das Terpentinöl für Ratten und Kaninchen nicht pyogen; bei Hunden folgte nach Injection von Terpentinöl Eiterung (ausser einem Falle mit Injection sterilisirten Terpentinöls), aber Zuckermann hat den Eiter weder mikroskopisch noch mittelst Culturen auf Bacterien untersucht, so dass es unentschieden bleibt, ob in seinen Fällen das Terpentinöl, oder aber Microbien, die Eiterung erzeugt haben.

Grawitz und de Bary (Nr. 140) kommen zum Schlusse, dass das Terpentinöl für Hunde „ein eitererregendes Mittel *par excellence*" ist. Im Eiter wurden von ihnen kein einziges Mal Bacterien gefunden. Bei Kaninchen und Meerschweinchen erhielten sie nach Terpentinölinjection keine Eiterung. Mosso (Nr. 137) erhielt auch bei Hunden nach Terpentinölinjection bacterienfreie Eiterung.

Karliński (Nr. 177) ist mit seinen Vorgängern darin einig, dass das Terpentinöl beim Kaninchen keine Eiterung hervorrufen kann, weicht von ihnen aber darin ab, dass er dasselbe auch für Hunde als nicht pyogen ansieht. Doch können die Versuche, die Karliński zu dieser Ansicht geführt haben, nicht als fehlerfrei angesehen sein, die Thermocauterisation, die er bei seinen Versuchen zur Anwendung brachte, wirkte beschleunigend auf die Resorption (Grawitz); in solchen Verhältnissen konnte keine Eiterung eintreten, während ohne Thermocauterisation immer Eiterung eintritt.

Christmas (Nr. 182) bestätigt sämmtliche Ergebnisse von Grawitz und de Bary, während Nathan (Nr. 194) die bei Hunden nach Terpentininjection zur Entwickelung gelangenden Eiterungen als durch Bacterien erzeugte ansieht. Die Unrichtigkeit dieser Ansicht ist von uns schon in der Litteratur-Uebersicht (vgl. S. 105—106) bewiesen worden.

Es führt uns somit das in der Litteratur vorhandene Versuchsmaterial zum Schlusse, dass das Terpentinöl für Hunde ein Eitererreger ist, während es in normalen Geweben von Kaninchen keine Eiterung zu erzeugen vermag.

Brewing (Nr. 86) und Passet (Nr. 67), die auch bei Kaninchen nach Einführung von Terpentinöl in Glaskugeln Eiterung nach Ergiessen des Terpentinöls aus den Kugeln in die Gewebe erhielten, experimentirten nicht an normalem Unterhautgewebe, sondern an jungem Narbengewebe (die Glaskugeln waren schon von einer Bindgewebecapsel umgeben, als sie zerbrochen wurden, und ihr Inhalt sich in die Gewebe ergoss), und dass in solchen Verhältnissen in der That auch bei Kaninchen Eiterung sich entwickelt, das haben de Bary und Grawitz (Nr. 140) vollständig bestätigt. Ich gehe jetzt zu den eigenen Versuchen mit Terpentinöl, derer im Ganzen 19 ausgeführt worden sind, über.

Bei Hunden und Katzen (Vers. 28—29, 46, 221—222 an Hunden und 95—97 an Katzen) entwickelten sich nach Terpentinölinjection in die Subcutis immer Abscesse und Phlegmonen, derer Eiter sich sowohl bei mikroskopischer Untersuchung, wie auch bei Culturproben als bacterienfrei erwies.

Bei Meerschweinchen wurde eine Quantität Terpentinöl von 0·2 bis 0·5 $^{\text{ccm}}$ ohne jede entzündliche Reaction resorbirt, während bei Kaninchen, je nach der Quantität, entweder Resorption ohne Reaction (0·2 $^{\text{ccm}}$), oder bald wieder verschwindendes entzündliches Oedem (0·5 $^{\text{cm}}$), oder endlich sero-fibrinöse Entzündung (1·0 $^{\text{ccm}}$) eintrat (Vers. 104—106, 32—34, 78 bis 80 und 93—94).

Der bei Hunden und Katzen mittelst Terpentinöl erzeugte Eiter unterscheidet sich, wie dies auch Grawitz und de Bary gezeigt haben, von durch Bacterien erzeugten nur darin, dass die Zahl einkerniger Eiterkörperchen in ihm verhältnissmässig grösser ist.

11. Crotonöl.

Gussenbauer (vgl. Nr. 53) und Ogston (Nr. 54) behaupten, dass sie nach subcutanen Injectionen von Ol. crotonis bei den Versuchsthieren bacterienfreie Eiterung entstehen sahen, doch giebt weder der Eine, noch der Andere nähere Angaben über die Art der Einführung des Oels und über die Methoden der Untersuchung des erhaltenen Eiters auf Bacterien.

Ein Jahr darauf (1883) führte Councilman (Nr. 57) unter die Haut von Kaninchen Crotonöl (1:5 Ol. olivarum) in Glasröhrchen, die nach Heilung der Schnittwunde subcutan zerbrochen wurden und erhielt danach Abscesse, derer Eiter mikroskopisch auf Bacterien untersucht worden ist. Councilman kam zum Schlusse, dass der Eiter bacterienfrei war, obgleich er selbst betont, dass wegen der Anwesenheit von Detritusmassen die Anwesenheit von Bacterien nicht mit voller Sicherheit ausgeschlossen werden konnte. Dieser Umstand erlaubt es wohl, die pyogenen Eigenschaften des Crotonöls als durch Councilman's Versuche unbewiesen anzusehen.

In Straus' Versuchen (Nr. 59) erzeugte das Crotonöl (1:4 Ol. amygdal.) in 4 Fällen keine Eiterung und in 1 Falle ein Abscess mit Kokken und kurzen Bacillen im Eiter.

Passet (Nr. 67), der seine Versuche nach derselben Methode, wie Councilman anstellte, kam zu demselben Ergebnisse, wie dieser.

In Klemperer's (Nr. 72), Scheuerlen's (Nr. 78), Rujis' (Nr. 84), Brewing's (Nr. 86), Kranzfeld's (Nr. 98), Biondi's (Nr. 112), Zuckermann's (Nr. 133), Grawitz' und de Bary's (Nr. 140) und Christmas' (Nr. 182) Versuchen erzeugte das Crotonöl nie Eiterung, und zwar weder an Hunden, noch an Kaninchen, Ratten und Meerschweinchen, und diese überwiegende Mehrzahl von negativen Versuchsergebnissen kann nur den Zweifel an die Reinheit von Gussenbauer's, Ogston's, Councilman's und Passet's Versuchen verstärken.

Unsere Versuche mit Crotonöl wurden nach zwei Methoden ausgeführt: 1. das Oel war direct in die Subcutis injicirt, 2. das Oel wurde in Glasröhrchen unter die Haut eingeführt.

Die directe Injection von 0·5 ccm Crotonöl (1:4 Ol. olivarum) hatte bei Kaninchen (Vers. 68—69) und Meerschweinchen (Vers. 156—157) Nekrotisirung des betreffenden Hautstückes zur Folge.

Wurde das Oel (unverdünnt) in Glasröhrchen eingeführt (Vers. 14—15 an Kaninchen und 12—13 an Hunden), so folgte Incapsulation des Röhrchens ohne Eiterung.

Die mikroskopische Untersuchung des Oels aus den incapsulirten Röhrchen zeigte in ihm die Anwesenheit von zahlreichen Leucocyten in verschiedenen Stadien der Degeneration. Augenscheinlich drangen auch hier die Leucocyten in grosser Zahl in die Röhrchen ein, es kam aber nicht zur Bildung von Eiterpfropfen, da sie bald unter dem Einfluss des Oels zerstört wurden; aus demselben Grunde kam es wahrscheinlich hier auch nicht zur Bildung von Bindgewebesträngen in den Röhrchen.

12. Antipyrin.

In seiner Arbeit über Antipyrin sagt Frick (Nr. 95), dass concentrirte Lösungen desselben (1 : 1—2) bei den Versuchsthieren in der Subcutis Abscesse erzeugen, während schwächere Lösungen (1 : 4—5) ohne entzündliche Reaction resorbirt werden.

Diese Angaben sind bis jetzt noch nicht bestätigt worden.

Von uns sind 11 Versuche mit subcutanen Injectionen von 0·4—1 ccm steriler Antipyrinlösungen (50%) an Kaninchen (Vers. 122—123 und 158—159), Katzen (Vers. 134—136), Meerschweinchen (Vers. 160—161) und Hunden (Vers. 162—163) ausgeführt worden und es trat kein einziges Mal entzündliche Reaction ein. Auf Grund dieser Ergebnisse bin ich geneigt anzunehmen, dass in Frick's Versuchen eine Infection der durch die concentrirte Antipyrinlösung stark veränderten Gewebe stattfand, während die schwachen Lösungen nicht energisch genug auf die Gewebe einwirkten, um sie leicht empfänglich zu machen.

13. Carbolsäure.

In Riedel's Versuchen (Nr. 40) trat nach Einführung von 1—3 ccm einer 3%-Carbolsäurelösung in die Gelenke von Kaninchen Schwellung ein, deren Grund neben geringen Oedem ausgedehnte Infiltration mit Rundzellen war.

Gussenbauer (Nr. 53) sah nach subcutaner Injection von Carbolsäurelösungen bei Hunden „bacterienfreie" Abscesse entstehen, während Zuckermann (Nr. 133) bei gleichen Versuchen an Ratten keine Eiterung erhielt.

In meinen Versuchen trat nach subcutaner Injection von 1 ccm einer 3%-Lösung von Carbolsäure weder bei Katzen (Vers. 230—232), noch bei Kaninchen (Vers. 233—235) und Hunden (Vers. 236—237) eine entzündliche Reaction ein.

Es scheint also, dass Gussenbauer's Ansicht, wonach Carbolsäure bacterienfreie Eiterung zu erzeugen vermag, unrichtig ist. Gussenbauer beschreibt die Methoden nicht, die er bei Ausführung seiner Versuche anwandte, und sagt auch kein Wort darüber, wie er die Bacterienlosigkeit des Eiters feststellte, es muss aber wohl ein Fehler der Methodik gewesen sein, der ihn zur Aufstellung des obenerwähnten Schlusses verleitete.

14. Petroleum.

Die Versuche, die Klemperer (Nr. 72) an Kaninchen, Meerschweinchen und Mäusen mit subcutanen Petroleuminjectionen ausführte, brachten ihn zum Schlusse, dass Petroleum seröse, aber nicht eiterige Entzündung hervorzurufen vermag.

Zu gleichen Ergebnissen kam auch Rujis (Nr. 84) auf Grund von Petroleuminjectionen in die vordere Augenkammer von Kaninchen. Als nun im vorigen Jahre Christmas (Nr. 182) die Frage über die Wirkung von Petroleuminjectionen wieder aufnahm, überzeugte er sich, dass in der That bei Kaninchen weder nach subcutanen Injectionen, noch nach Einführung in die vordere Augenkammer Petroleum Eiterung erzeugt, dass aber der Schluss von Klemperer und Rujis, wonach Petroleum im Allgemeinen kein Eitererreger ist, unrichtig ist, da dasselbe bei Hunden immer grosse Abscesse mit bacterienfreiem Eiter in der Subcutis hervorruft.

In meinen Versuchen habe ich auch bei Katzen in der Subcutis nach Petroleuminjectionen (Vers. 244—245) bacterienfreie Eiterungen entstehen sehen, während bei Kaninchen (Vers. 242—243) sero-fibrinöse Entzündung eintrat.

15. Guanidin.

Mit Guanidin sind bis jetzt noch keine Versuche ausgeführt worden. Da ich solches aus Dr. Grübler's Laboratorium in völlig reinem Zustande erhalten hatte, benutzte ich die Gelegenheit, um die Wirkung dieser dem Harnstoff nahestehenden Base zu prüfen.

Es wurde in 10% wässeriger Lösung in Glasröhrchen unter die Haut von Hunden (Vers. 145—146), Katzen (Vers. 143—144) und Kaninchen (Vers. 115—117) eingeführt. In allen diesen Versuchen wurden die Röhrchen incapsulirt und von einem Bindgewebestrang durchwachsen vorgefunden; es bildeten sich keine Eiterpfropfen.

16. Milch.

Samuel (Nr. 11) beobachtete im Jahre 1871 nach Injection von 3—5 ccm Milch unter die Haut von Kaninchen die Bildung von Abscessen, deren Eiter, auf andere Kaninchen überimpft, nur sehr schwache entzündliche Erscheinungen bei diesen erzeugte.

Die Abscesse hielt Samuel für das Resultat der Milchwirkung; die Frage nach der Möglichkeit von Infection ist von ihm gar nicht in Betracht gezogen worden.

Zehn Jahre darauf prüfte Uskoff (Nr. 49) wieder die Wirkung von subcutanen Milchinjectionen, und zwar an Hunden. Uskoff hat auch schon den Versuch gemacht, die Milch vor Injection zu sterilisiren; doch muss dieser Versuch als vollständig verfehlt angesehen werden, da die Sterilisirung in einfachem Aufkochen mit nachfolgender Filtrirung an der Luft bestand. Dass die Milch dabei nicht genügend sterilisirt wurde, das bewiesen die Versuchsergebnisse: wo nach Milchinjection Abscesse sich entwickelten, da konnten im Eiter auch immer Bacterien nachgewiesen werden.

Orthmann (Nr. 55), der Uskoff's Versuche mit voller Beachtung der Aseptik und Antiseptik wiederholte, konnte keine Eiterung nach Milchinjection entstehen sehen.

Ich habe 1—2 ccm sterilisirter Milch unter die Haut von Kaninchen (Vers. 223—225), Katzen (Vers. 226—227) und Hunden (Vers. 228—229) injicirt und habe in allen Versuchen ungestörte Resorption ohne jede entzündliche Reaction erfolgen gesehen.

17. Todte Culturen von Staphylococcus pyogenes aureus.

Schon im Jahre 1878 bewies Pasteur (Nr. 33) durch entsprechende Thierexperimente, dass Culturen seines *„microbe générateur du pus“* im todten Zustande ebensowohl Eiterung erzeugen können, wie die lebenden Culturen, mit dem einzigen Unterschiede, dass der Eiter, der nach Injection ersterer entsteht, frei von lebenden Keimen ist, während derjenige, der nach Injection letzterer entsteht, dergleichen enthält.

Nicht unerwähnt kann ich hier den Umstand lassen, dass die hier beschriebenen Versuche Pasteur's in keinem der zahlreichen mir zu Gesicht gekommenen Referate seiner „Théorie des germes“ berücksichtigt worden sind. Man könnte glauben, dass sie den Referenten völlig entgangen sind, und doch sind sie von grosser Wichtigkeit, da mit ihnen der erste Beweis dafür geliefert worden ist, dass Umsetzungsproducte eines Mikroben ohne Mitbetheiligung von lebenden Keimen dieselbe pathogene Wirkung ausüben können, wie lebende Keime desselben Mikroben.

Im Jahre 1887 machten Grawitz und de Bary (Nr. 140) gleiche Versuche, wie Pasteur, mit abgetödteten Gelatineculturen des Staphylococcus pyogenes aureus. 1—2 ccm einer abgetödteten Cultur dieses Coccus, unter die Haut von Hunden eingeführt, erzeugten bei diesen nur ein rasch vorübergehendes entzündliches Oedem, während 3—4 ccm schon in drei Tagen zur Bildung eines Abscesses führten, in dessen Eiter keine lebenden Keime nachgewiesen werden konnten. Doch können diese Zahlen nicht bei einer eventuellen Nachprüfung als Richtschnur dienen, da in jedem einzelnen Falle, je nach den Bedingungen, unter welchen die Cultur vegetirt hat, ihr Gehalt an pyogenen Umsetzungsproducten ein anderer sein kann, und dementsprechend muss auch die zur Abscessbildung führende Quantität in weiten Grenzen variiren.

Scheuerlen (Nr. 153) modificirte diese Experimente derart, dass er die einzuführenden abgetödteten Culturen erst auf etwa $^1/_4$ ihres ursprünglichen Volumens eindampfte und dann erst in die Subcutis von Kaninchen und zwar in Glasröhrchen mit ausgezogenen und zugeschmolzenen Enden einführte.

Nach Heilung der Wunde wurden die Enden abgebrochen; nach Verlauf von etwa zehn Tagen wurden die Röhrchen untersucht und es fanden sich in ihnen an beiden Enden gelbweise, dickbreiige Eiterpfropfen. Bacterien konnten in diesem Eiter nicht nachgewiesen werden.

Leber (Nr. 161) ging noch weiter als die obengenannten Forscher: es gelang ihm aus Culturen des Staphylococcus aureus den wirksamen Bestandtheil in Form eines krystallinischen Körpers, den er Phlogosin nennt, zu isoliren. Das Phlogosin erzeugte in seinen Versuchen stets Eiterung ohne Mitwirkung von Bacterien.

Karliński (Nr. 177) und Christmas (Nr. 182) erhielten auch Eiterungen nach Injection von abgetödteten Culturen von Staphylokokken.

Christmas suchte auch die pyogene Substanz zu isoliren und erhielt sie in Form eines Eiweissstoffes, der gänzlich von dem Phlogosin Leber's verschieden war.

Es existiren also in den Culturen des Staphylococcus aureus mehrere pyogene Substanzen, oder aber, was wahrscheinlicher ist, der wirksame Bestandtheil ist weder von Leber, noch von Christmas rein erhalten worden. Der Entscheid darüber muss der Zukunft vorbehalten sein und es wäre erwünscht, dass Chemiker vom Fache die Sache in die Hände nehmen.

Gehen wir jetzt zu unseren eigenen Versuchen über, so müssen wir vor Allem über Versuche an Hunden mit abgetödteten, aber nicht eingedampften Culturen berichten. 1 ccm einer solchen (abgetödtet nach 10tägiger Vegetation bei 24° C.) erzeugte (Vers. 44—45) Abscesse mit bacterienfreiem Eiter.

Da ich befürchtete, dass für Katzen diese Quantität ungenügend sein wird, da aber andererseits die Einführung von grösseren Quantitäten mit der Gefahr einer accidentellen Infection verbunden ist, habe ich von dem Eindampfen der Culturen Gebrauch gemacht (und zwar auf die Hälfte des ursprünglichen Volumens). 1 ccm, und in einem Versuche selbst 0·5 ccm einer eingedampften abgetödteten Cultur erzeugten bei Katzen regelmässig Abscesse (Vers. 84—85 und 126—127).

Bei Kaninchen resorbirten sich gleiche Quantitäten solcher eingedampften Culturen ohne jede entzündliche Reaction (Vers. 186—188), wenn sie mittelst Spritze injicirt waren; wurden sie aber nach Scheuerlen's Methode in Glasröhrchen eingeführt, so entstanden an den Enden der Röhrchen, ebenso wie in Scheuerlen's Versuchen, bacterienfreie Eiterpfropfen.

Was endlich das mikroskopische Bild des durch die Wirkung der abgetödteten Culturen erzeugten Eiters betrifft, so war es mit dem des gewöhnlichen bacteriellen Eiters völlig identisch.

18. Todte Culturen des Bacillus prodigiosus.

Gleichzeitig mit den Versuchen mit abgetödteten Culturen des Staphylococcus aureus führten Grawitz und de Bary (Nr. 140) auch solche mit gleich behandelten Culturen des Bacillus prodigiosus aus. 1—4 ccm einer Aufschwemmung von abgetödteten Culturen des Bacillus auf Agar-Agar erzeugten in ihren Versuchen bei Hunden, Kaninchen und Ratten Abscesse unter der Haut, während gleiche Quantitäten von Culturen in flüssigem Blutserum (in welchem es zur Bildung des charakteristischen Farbstoffes nicht kommt) keine entzündlichen Erscheinungen zu Tage förderten. Durch diese Versuche bewiesen Grawitz und de Bary, dass je nach dem Nährsubstrate die pathogenen Eigenschaften der Umsetzungsproducte variiren und dass — wenigstens für den Bacillus prodigiosus — die Erzeugung von pathogenen Substanzen an die Erzeugung des Pigmentes gebunden ist.

Bis jetzt ist die Pyogenität der abgetödteten Prodigiosus-Culturen nur von Wyssokowitsch (Nr. 148) durch Versuche an Kaninchen bestätigt worden.

Unsere Versuche mit den abgetödteten Prodigiosus-Culturen sind ebenso wie diejenigen mit gleich behandelten Aureus-Culturen angestellt worden. Bei Hunden entstanden in der Subcutis nach Injection von 0·5—1 ccm einer todten Cultur Abscesse, deren Eiter steril war (Vers. 60—61); gleiche Abscesse entstanden bei Katzen nach Injection gleicher Quantitäten von auf die Hälfte des ursprünglichen Volumens eingedampften Culturen (Vers. 86—87 und 152—153).

Bei Kaninchen resorbirten sich die eingedampften Culturen ohne entzündliche Reaction, wenn sie direct in die Subcutis injicirt waren (Vers. 183—185); wurden sie aber in Röhrchen eingeführt (Vers. 189 bis 190), so entstanden, ebenso wie bei den Versuchen mit Aureus-Culturen, Eiterpfropfen an den Enden. Im Eiter konnten nie lebende Keime nachgewiesen werden. Die Morphologie dieses Eiters war mit der des gewöhnlichen bacteriellen Eiters identisch.

19. Todte Culturen des Bacillus pyocyaneus.

Lange Zeit war der „Bacillus des grün-blauen Eiters“ als nicht pathogen angesehen. Erst im Jahre 1887 zeigte J. Gruber (Nr. 127), dass er ein Eitererreger ist.

Bald auf die Publication Gruber's folgte die Mittheilung von Paul Ernst (Nr. 136), dass ausser dem typischen Bacillus pyocyaneus im grünblauen Eiter noch ein anderer diesem sehr ähnlicher Bacillus vorkommt, der auch einen grünen Farbstoff erzeugt.

Dieser Befund Ernst's ist von Ledderhose (Nr. 173) bestätigt worden. Ledderhose fand bei sorgfältiger vergleichender Untersuchung beider Bacillen, dass zwischen ihnen ein fundamentaler Unterschied darin besteht, dass der Bacillus pyocyaneus der Autoren Pyocyanin erzeugt, während diese Eigenschaft dem neuen, den er Bacillus pyofluoresceus nennt, fehlt.

Mit lebenden und abgetödteten Culturen beider Bacillen machte Ledderhose eine Reihe von Versuchen an Meerschweinchen, Kaninchen und Hunden.

Hier interessiren uns nur die Versuche mit abgetödteten Culturen.

Es zeigte sich, dass bei subcutanen und intraperitonealen Injectionen solcher Culturen manchmal keine Reaction, oft aber, hauptsächlich wenn grössere Quantitäten injicirt wurden, seröse bis eitrige Entzündung eintrat. Im Eiter konnten lebende Keime nicht nachgewiesen werden. Bei Nachprüfung der Versuche von Ledderhose benutzte ich ausschliesslich bis auf die Hälfte ihres Volumens eingedampfte Culturen, um des Eintrittes einer entzündlichen Reaction sicherer zu sein, ohne dabei die Gefahr einer accidentellen Infection zu vergrössern.

Es wurden nur abgetödtete Culturen des Bacillus pyocyaneus der Autoren geprüft; den Bacillus pyofluoresceus habe ich mir nicht verschaffen können.

1 ccm der eingedampften und sterilisirten Cultur erzeugte im Unterhautgewebe von Katzen (Vers. 175—176 und 209) bacterienfreie Abscesse; bei Meerschweinchen, Kaninchen und Hunden trat nach directer Injection der eingedampften Cultur (bis 2 ccm) gar keine Reaction ein (Vers. 204 bis 205 an Meerschweinchen, 200—201 an Kaninchen und 206—207 an Hunden). Erst als ich hier die Methode der Einführung in Glasröhrchen zur Anwendung brachte, erhielt ich Eiterung in Form der aus den vorigen Paragraphen schon bekannten Eiterpfropfen auch bei diesen Thieren (Vers. 202—203, 208, 210).

Die Morphologie des bei diesen Versuchen erhaltenen Eiters war im Grossen und Ganzen der des gewöhnlichen bacteriellen Eiters ähnlich. Nur konnte darin stets eine verhältnissmässig grössere Zahl von einkernigen Eiterkörperchen beobachtet werden.

20. Todte Culturen des Bacillus anthracis.

Mit abgetödteten Anthrax-Culturen hat Wyssokowitsch experimentirt (Nr. 148).

Dieser Forscher injicirte Kaninchen unter die Haut abgetödtete Agar-Culturen von etwas abgeschwächten Anthrax-Bacillen und erhielt danach Abscesse mit sterilem Eiter.

Um die Frage zu lösen, was eigentlich in den abgetödteten Culturen eitererregend wirkt, das durch die Lebensthätigkeit der Bacillen veränderte Nährsubstrat, oder aber die todten Bacillen und Sporen, filtrirte

Wyssokowitsch die Cultur-Bouillon von den Bacillen ab und injicirte dieselbe — es trat keine Eiterung ein, während nach Einführung der von der Bouillon abfiltrirten Bacillen Eiterung regelmässig folgte.

Daraus folgert Wyssokowitsch, dass die Anthrax-Toxine sich in den Nährflüssigkeiten nicht lösen, sondern mit den Bacillen in Zusammenhang bleiben, sich in ihnen concentriren.

Gleiche Ergebnisse gaben Versuche mit abgetödteten Culturen von nicht abgeschwächtem Anthrax. Meine Versuche habe ich mit nichtabgeschwächtem Anthrax ausgeführt.

Bei Einführung von 1 $^{ccm}$ einer abgetödteten Gelatine-Cultur erfolgte bei Kaninchen (Vers. 211—212) und Katzen (Vers. 217—218) Resorption ohne jede entzündliche Reaction. Dieses Ergebniss ist von dem Wyssokowitsch's verschieden; die Ursache dieser Verschiedenheit wird wohl darin liegen, dass ich mit Gelatine-Culturen, die bei 24° C. vegetirten, arbeitete, er aber mit Agar-Culturen (bei 30° C. gehalten), und zwar desto mehr, da Wyssokowitsch selbst die Meinung äussert, dass in Agar-Culturen die Anthrax-Toxine in weit grösserer Quantität zur Entwickelung gelangen, als in Gelatine-Culturen. In Verhältnissen aber, in welchen eine rasche Resorption der eingeführten Substanz ausgeschlossen ist, genügt auch die Quantität von Anthrax-Toxinen, die sich in den Gelatine-Culturen entwickelt, zur Erzeugung von Eiterung; dieses beweisen die Versuche mit der Einführung der abgetödteten Culturen in Glasröhrchen unter die Haut. Durch diese Versuche ist aber auch gezeigt, dass die Toxine nicht an die Bacillen gebunden sind — wenigstens nicht ausschliesslich an dieselben, da die Gelatine vor Einführung von allen in ihr befindlichen Bacillen und Sporen befreit war, und doch wurden an den Enden der Röhrchen die bekannten Eiterpfropfen erhalten (Vers. 213—214 an Kaninchen, 215—216 an Katzen und 219—220 an Hunden).

Der in diesen Versuchen erhaltene Eiter war immer steril und enthielt verhältnissmässig zahlreiche einkernige Elemente.

### γ. Versuche mit bacterieller Infection der Gewebe.

21. Versuche mit Staphylococcus pyogenes aureus (und albus).

Seit 1884, *i. e.* seit Rosenbach die pyogenen Staphylokokken in Reinculturen erhalten hat, sind bis jetzt äusserst zahlreiche Versuche mit diesen Kokken angestellt worden, deren Mehrzahl, wenn nicht alle, in der Litteratur-Uebersicht referirt worden sind.

Nachdem die pyogenen Eigenschaften der betreffenden Kokken experimentell festgestellt worden sind, kam auf die Tagesordnung die Frage nach den Bedingungen der Infection. Es galt zu lösen, warum in einem

Falle kleine Mengen der Kokken genügen, um eine Infection zu erzeugen, während in anderen grosse Quantitäten reactionslos eliminirt werden; eine weitere Frage war die nach den Kräften, durch welche die Elimination zu Stande kommt, und die nach den Elementen, die dabei eine Rolle spielen.

Diese Fragen sind systematisch zum ersten Male von Grawitz und de Bary (Nr. 140) und von Fehleisen (Nr. 154) in Angriff genommen und zum Theil auch glücklich gelöst worden. Die Ergebnisse sind allgemein bekannt und wir glauben sie hier nicht wiederzugeben zu brauchen und gehen zu unseren Versuchen über, die nach der in der „Methodik" beschriebenen Weise ausgeführt worden sind.

Wir beginnen mit den Versuchen an Kaninchen.

5 Kaninchen wurden 0·5—1 ccm einer Aufschwemmung von Staphylococcus aureus in 0·6 $^0/_0$ NaCl-Lösung und 2 Kaninchen gleiche Aufschwemmungen von Staphylococcus albus (Vers. 1—3, 6—7 und 8—9) unter die Haut injicirt; an der Injectionsstelle trat keine entzündliche Reaction ein. Sectionen der inficirten Thiere, in verschiedenen Zeitpunkten nach der Infection ausgeführt, zeigten, dass noch 6 Tage nach der Infection Kokken an der Injectionsstelle zu finden sind. Zu dieser Zeit geben auch Culturen aus dem Safte innerer Organe (Leber, Milz, Nieren) positive Resultate. In den nächstfolgenden Tagen beginnen die Kokken zu verschwinden und zwar schwinden sie zuerst aus dem Unterhautgewebe, dann aus der Leber, weiter aus den Nieren und erst am 12. Tage sind sie aus der Milz auch verschwunden.

Es trat in diesen Versuchen keine Infection ein; die Kokken sind aus dem Unterhautgewebe in verschiedene Organe verschleppt worden und gingen in ihnen — wie die mikroskopische Untersuchung zeigte — zu Grunde und zwar extracellulär, nicht intracellulär (die Zahl der intracellulären Kokken war immer eine verschwindend geringe). Das Absterben der Kokken gab sich durch immer schwerere Färbbarkeit und Formenveränderung kund (sie wurden eckig, zackig). Zur Zeit, da diese Veränderungen eintraten, gaben Culturen immer negative Ergebnisse — die Kokken waren also nicht mehr lebensfähig.

Da in obigen Versuchen den Thieren Aufschwemmungen von Kokken eingeführt worden sind, glaubten wir das Nichteintreten von Eiterung auf eine zu geringe Quantität des eingeführten inficirenden Materials zurückführen zu können. Es zeigte sich aber bald, dass selbst colossale Mengen von Kokken in gleicher Weise reactionslos von Kaninchen aus dem Unterhautgewebe eliminirt werden. Wir haben nämlich 1 ccm einer 16tägigen Gelatine-Cultur (die Kokken waren durch Umschütten der Cultur regelmässig in der verflüssigten Gelatine vertheilt) Kaninchen unter die Haut injicirt (Vers. 25—27), mit demselben Resultate, wie in den vorigen Versuchen.

Weiter führten wir eine Reihe von Versuchen mit intraperitonealen Injectionen. 1—2 ccm einer Aufschwemmung, wie die in die Subcutis injicirte, wurde reactionslos resorbirt. Culturen aus dem Peritonealsacke, aus dem Herzblute, Nieren-, Leber- und Milzsafte gaben negative Resultate ausser einem Falle, wo die Section 5 Tage auf die Infection folgte und lebende Kokken in der Milz gefunden wurden.

$^1/_2$—1 ccm einer Gelatine-Cultur erzeugte eine leichte seröse Peritonitis mit Kokken im Exsudate (Vers. 49—50).

Bei Hunden folgte auf die subcutane Injection von 1 ccm einer Aufschwemmung, die für Kaninchen unschädlich war, die Entwickelung von enormen Abscessen mit zahlreichen Kokken im Eiter (Vers. 16—17).

Bei Meerschweinchen erzeugten 0·3—0·5 ccm von Gelatine-Culturen des Staphylococcus aureus Abscesse in der Subcutis (Vers. 112—114).

Für Mäuse waren Aufschwemmungen (in NaCl 0·6%) unschädlich (Vers. 20—21), während bei Katzen 0·5—1 ccm Abscesse von Culturen erzeugt wurden (Vers. 56—57).

Aus allen diesen Versuchen kann der Schluss gezogen werden, dass in der normalen Subcutis, bei Ausschluss einer secundären Infection der Stichwunde, die bei der Injection gemacht wird, der Staphylococcus aureus nicht bei Thieren jeder Art Eiterung erzeugt. In den Fällen, wo keine Eiterung zu Stande kommt, werden die Kokken zum Theil in die inneren Organe (Milz, Leber, Nieren) verschleppt, um hier abzusterben, zum Theil gehen sie aber auch an der Injectionsstelle zu Grunde. Phagocytose wird dabei nicht beobachtet.

Es müssen hier noch die Versuche besprochen werden, die ich zur Nachprüfung der Ergebnisse von Bujwid's (Nr. 195) neuesten Untersuchungen angestellt habe.

Bujwid kam auf Grund einer Reihe von Versuchen zum Schlusse, dass Quantitäten von Staphylokokken, die — wenn sie in 0·5% NaCl aufgeschwemmt in die Subcutis eingeführt werden — für Kaninchen unschädlich sind, starke Eiterungen erzeugen, wenn sie in einer 25% Traubenzuckerlösung injicirt werden; weiter giebt er auch an, dass die Injection von 10% Zuckerlösungen in die Ohrvene, combinirt mit subcutaner Einführung von Staphylokokken-Aufschwemmungen immer zur Mortification der Stelle, wo die Kokken injicirt sind, führe.

Bujwid's Ergebnisse stehen im Widerspruche mit Grawitz' und de Bary's (Nr. 140), die bei gleichen Versuchen keine Eiterung eintreten sahen, mit Ausnahme der Fälle, wo die Stichwunde offen blieb oder die Haut um die Stichstelle nekrotisch wurde.

In meinen Versuchen folgte auf die Injection von 1 ccm einer 25 % Zuckerlösung, die mit einer Reincultur von Staphylococcus aureus vermischt war, ungestörte Resorption ohne jede Spur von Eiterung (Vers. 238—239).

Auch die Combinirung der intravenösen Injection von Traubenzucker (5 ccm einer 25 % Lösung) mit subcutaner Application von Traubenkokken-Aufschwemmungen (in 12 % Zuckerlösung) hatte gleiche Folgen: glatte Resorption ohne Mortification, ohne Eiterung (Vers. 240—241).

Wie kann diese Verschiedenheit der Ergebnisse erklärt werden? Ich glaube, dass Bujwid nur darum positive Resultate — Eiterung, Mortification — erhalten hat, weil die Versuche nicht genügend rein ausgeführt worden sind. Bujwid sagt nicht, ob er die Stichwunde irgendwie geschützt hat, oder aber offen liess, und es weisen ja schon Grawitz und de Bary direct darauf hin, dass in solchen Versuchen nicht die Traubenzuckerlösung, sondern die offene Wunde es ist, die den Kokken die Ansiedelung erleichtert.

22. Versuche mit Bacillus prodigiosus.

Grawitz und de Bary (Nr. 140) beobachteten bei Hunden, Kaninchen und Ratten nach Injection von Prodigiosus-Aufschwemmungen unter die Haut (bei Ausschluss einer Secundär-Infection von der Stichwunde aus) die Entwickelung von Abscessen, deren Eiter Reinculturen des eingeführten Bacillus prodigiosus enthielt.

Zu gleichen Ergebnissen kam bei der Nachprüfung dieser Versuche Wyssokowitsch (Nr. 148).

In meinen Versuchen erzeugte der Bacillus prodigiosus in einer Quantität von 0·5 ccm einer Gelatine-Cultur bei Kaninchen Abscesse in der Subcutis und eiterige Peritonitis (mit Pleuritis und metastatischen Abscessen in der Leber und in den Nieren) bei Injection in die Bauchhöhle (Vers. 35—37 und 38—40). Bei Hunden (Vers. 18—19) gaben 1—2 ccm und bei Katzen (Vers. 74—75) 0·5—1 ccm von Culturen auch Abscesse bei Injection in die Subcutis.

In allen Fällen fand sich im Eiter der Bacillus prodigiosus in Reincultur.

23. Versuche mit Bacillus pyocyaneus.

Gruber's (Nr. 127) und hauptsächlich Ledderhose's (Nr. 173) Untersuchungen haben die Pyogenität des Bacillus pyocyaneus festgestellt. Doch trat auch hier nicht immer nach Infection Eiterung ein; im Gegentheil erhielt Ledderhose ziemlich oft, hauptsächlich bei Meerschweinchen, sero-fibrinöse Entzündung statt Eiterung. Bei Nachprüfung dieser Untersuchungen fand ich, dass 1 ccm einer Gelatine-Cultur des Bacillus pyocyaneus bei Injection in die Subcutis von Kaninchen (Vers. 197—198) sero-fibrinöse Entzündung erzeugt, während 2 ccm der Cultur die Entwickelung von Abscessen mit ausschliesslichem Pyocyaneusgehalt im Eiter nach sich ziehen. Bei Meerschweinchen, denen ich, ihrem Gewicht entsprechend, nur 0·5 ccm der Cultur injicirte, entstand sero-fibrinöse Entzündung (Vers. 195—196), während bei Hunden (Vers. 191—192) und Katzen (Vers. 169—170 und 193—194) 1 ccm immer Abscedirung hervorrief.

---

Die hier gegebene vergleichende Uebersicht der Versuche unserer Vorgänger und unserer eigenen Versuche bringt uns zur Ueberzeugung, dass die Widersprüche, die zwischen den Meinungen verschiedener Autoren in der uns beschäftigenden Frage herrschen, ziemlich leicht aufgehoben werden können, wenn man einerseits alle möglichen Fehlerquellen bei den Versuchen, andererseits aber die Verschiedenheiten in der Versuchsanstellung (verschiedene Versuchsthiere, ungleiche Dosis u. s. w.) in Betracht zieht.

Selbst wenn wir die strengste Kritik üben, bleibt uns doch eine Reihe von Thatsachen übrig, deren Deutung ebenso leicht, wie ihre genaue Feststellung über alle Zweifel erhoben ist. Diese Reihe von Thatsachen beweist, dass Eiterung auch ohne Mitbetheiligung von Bacterien zu Stande kommen kann, dass aber bei solchen Eiterungen das ursächliche Moment nie in einer mechanischen Reizung liegt, sondern immer in der Wirkung von gewissen chemischen Agentien.

Was diese eitererregenden chemischen Agentien selbst betrifft, so gehören sie einerseits zu den Umsetzungsproducten von Mikroorganismen, andererseits aber auch zur Gruppe von Substanzen, die mit der organischen Natur in keiner Verbindung stehen ($AgNO_3$, Calomel, Hg u. s. w.).

Ueber die pyogenen Eigenschaften von Körpern aus der letzten Gruppe finden wir schon in der älteren Litteratur Angaben. Die Forschungen der letzten Jahre haben diese Angaben vervollständigt und wenn ich jetzt auf Grund einer eingehenden Nachprüfung dieser Forschungen den Stand der Frage resumire, so kann der allgemeine Schluss nicht anders lauten, als dass es chemische Verbindungen giebt, die für gewisse Thierarten und in der richtigen Dosis angewandt, eitererregend wirken können.

Auf diese Formulirung des Schlusses lege ich grosses Gewicht, denn es waren nur die zu weit gehenden Verallgemeinerungen der negativen, ebenso wie der positiven Versuchsergebnisse, die unsere Frage zu einer der streitigsten in der Pathologie gemacht haben.

Wir haben kein Recht, daraus, dass z. B. das Terpentinöl bei Kaninchen keine Eiterung in der normalen Subcutis erzeugt, zu schliessen, dass es überhaupt kein Eitererreger ist, aber andererseits dürfen wir nicht nach eigenen positiven Resultaten mit Terpentinöl an Hunden die negativen Anderer an Kaninchen als schlecht ausgeführte Versuche bezeichnen. Ebenso falsch ist die Behauptung, dass ohne Mikrobien Eiterung unmöglich ist, wie die, dass chemische Agentien, die sich einmal als Eitererreger erwiesen haben, immer und bei allen Thieren Eiterung erregen müssen. Man darf nie vergessen, dass *„la nature ne se contredit pas, c'est l'observateur qui se trompe, soit qu'il ne détermine pas exactement les conditions du fait, soit qu'il substitue au fait un jugement, qui alors pourra être en contradiction avec un autre jugement; admettre des faits contradictoires, ce serait nier absolument toute science."* (Claude Bernard.)

Die pyogenen Umsetzungsproducte von Bacterien verhalten sich ebenso wie die anorganischen Eitererreger; auch sie sind nur für gewisse Thiere und in der richtigen Dosis angewandt, eitererregend. Bemerkenswerth ist es, dass ausser den Umsetzungsproducten von pyogenen Mikroorganismen, auch diejenigen anderer Mikrobien eitererregend wirken können; so z. B. das Cadaverin, das von Brieger in den Culturen von Cholera-Sprillen gefunden worden ist, die Anthrax-Toxine u. s. w.

Es wird hier noch am Platze sein, zu erinnern, dass ausser der richtigen Wahl der Dosis und des Versuchsthieres noch ein Umstand das Versuchsergebniss beeinflusst, es ist nämlich die Art der Application der Versuchssubstanz.

Wir haben oben gesehen, dass sehr oft directe Injectionen in die Subcutis ohne Schaden für die Thiere bleiben, während dieselben Stoffe in Glasröhrchen mit capillar endenden Spitzen eingeführt, Eiterung erzeugen. Dieses kann nur dadurch erklärt werden, dass in ersterem Falle die Substanz resorbirt wird, ehe sie ihre specifische Wirkung ausüben kann; in letzterem Falle ist eine rasche Resorption ausgeschlossen, die Wirkung der Substanz ist anhaltend und unter solchen Bedingungen tritt ihre Wirkung klar zum Vorschein.

Was endlich die bacteriellen Eiterungen betrifft, so ist hier die Thatsache hervorzuheben, dass die Forschungen der letzten Jahre die Zahl der Bacterien, die Eiterung erregen können, bedeutend vergrössert haben. Als Beispiele führen wir hier nur Bacillus anthracis, Bacillus typhi abdominalis, Micrococcus tetragenus, die Speichelkokken Biondi's, Bacillus neapolitanus an.

Auch für die bacteriellen Eiterungen gilt es in vollem Maasse, dass sie nur bei gewissen Thieren, unter gewissen Bedingungen und in gewissen Quantitäten eingeführt, pyogen wirken.

# III.
# Klinischer Theil.

## Erstes Capitel.
### Methodik.

Die Untersuchung klinischer Fälle von Eiterungen auf Mikroorganismen ist schon seit vielen Jahren in Angriff genommen worden. Doch erlaubten es die älteren Methoden nicht, tiefer in die Sache einzudringen: man begnügte sich gewöhnlich mit der Constatirung der An- oder Abwesenheit von Mikrobien und gab höchstens ihre Form an, wenn sie vorhanden waren. Erst seit Einführung von Koch's Züchtungsmethoden begann ein Fortschritt auf diesem Gebiete.

Rosenbach und Passet haben eine Anzahl von Mikrobien rein gezüchtet, genau beschrieben und durch Thierexperimente ihre Pyogenität festgestellt. Von dieser Zeit an bis jetzt sind viele Hunderte von Abscessen, Phlegmonen u. s. w. auf ihren Bacteriengehalt genau untersucht worden, die Rosenbach-Passet'schen Mikroorganismen sind immer wieder gefunden worden und man bemüht sich, die verschiedenen klinischen Formen der acuten Eiterungen mit den einzelnen Arten von pyogenen Mikrobien in Zusammenhang zu bringen. Da aber hierin keine strenge Regelmässigkeit herrscht, so lauteten auch die Schlüsse je nach den Zufälligkeiten, von welchen die Wahl der zur Untersuchung gelangenden Eiterungsfälle abhängig ist, verschieden. Um diesen Schlüssen mehr Sicherheit zu verleihen, muss das statische Material, auf welchem sie fussen, möglichst gross sein; deswegen wird, hoffe ich, auch nachfolgender Beitrag nicht als überflüssig angesehen werden.

Zur Untersuchung sind von mir ausschliesslich solche Fälle gewählt worden, in welchen kein Zusammenhang der Eiterheerde mit der Aussenwelt constatirt werden konnte.

Das Material dafür lieferte mir die chirurgische Abtheilung des hiesigen Bersohn-Baumann'schen Privat-Hospital's, deren Chef Herr Dr. A. Poznański mir gütigst die Erlaubniss ertheilte, das Krankenmaterial zu diesem Zwecke zu verwerthen, wofür ich ihm hier meinen herzlichsten Dank sage.

War ein Eiterherd incisionsreif, so wurde die betreffende Hautpartie gründlich gewaschen und mit 1 $^0/_{00}$ Sublimatlösung sterilisirt, worauf die Incision mit sterilisirtem Messer folgte. Der abfliessende Eiter wurde in ein sterilisirtes Probirglas zur mikroskopischen Untersuchung aufgefangen, während einige Tropfen mittelst ausgeglühten Platindrahts auf Agar-Agar und Gelatine verimpft wurden.

Die geimpfte Gelatine wurde bald darauf im Laboratorium auf Platten gegossen, um eventuell die einzelnen Arten zu isoliren. Nur in einigen Fällen gelang es aus äusseren Gründen nicht, die Platten bald zu giessen (diese Fälle sind in der Aufzählung mit einem Sterne bezeichnet), sondern dieses geschah erst 24—48 Stunden nach der Impfung.

Man könnte befürchten, dass während dieser Zeit eine Ueberwucherung der einen Art und ein Absterben einer anderen — wenn eine Mischcultur vorhanden war — zu Stande kommen könne und dass somit auf den Platten in diesen Fällen nicht Alles, was im Eiter vorhanden war, gedeihen würde.

Soviel ich nach meinen bisherigen Beobachtungen schliessen kann, ist dieses wenigstens für die pyogenen Mikrokokken nicht zu befürchten. Abgesehen davon, dass ja nur zu oft in jedem Tropfen Eiter vier und mehr Arten mehrere Wochen in einem Abscesse zusammen vegetiren, was als Beweis dafür dienen kann, dass sie sich in ihren Entwickelungsverhältnissen gegenseitig nicht stören, kann ich directe Beobachtungen anführen, die die Richtigkeit dieser Anschauung beweisen. Auf den Platten, die erst 2 Tage nach Anlegung der Stichcultur gegossen wurden, entwickelten sich Staphylokokken mit Streptokokken oder verschiedene Staphylokokkenarten, wenn solche im Eiter zusammen vorhanden waren, ebenso, wie auf den gleich nach Impfung hergestellten Platten. Die Strichculturen auf Agar-Agar, die gleichzeitig mit den Gelatine-Stichculturen angelegt waren, dienten dabei zur Controle.

Jedenfalls ist es erwünscht, selbst den Schein eines principiellen Fehlers zu vermeiden und die Platten immer bald anzufertigen, sonst bleibt für den Zweifler *à tout prix* immer die Möglichkeit, seinen Bedenken Laut zu geben.

Von den Platten wurden die einzelnen Arten in Reincultur erhalten und meistentheils mit Zuhülfenahme des Thierexperiments identificirt.

Die mikroskopischen Eiter- und Bacterienpraeparate sind nach den im experimentellen Theile (S. 122—126) beschriebenen Methoden angefertigt und mit den Zeiss'schen Apochromaten untersucht worden.

# Zweites Capitel.

## Uebersicht des klinischen Materials.

Der Uebersichtlichkeit halber stelle ich hier vor Allem alle Fälle in der Reihenfolge, wie sie zur Untersuchung kamen, in einer Tabelle zusammen, die folgende Rubriken enthält: 1. Nummer des Falles; 2. Alter, und 3. Geschlecht des Patienten; 4. die klinische Diagnose; 5. das Ergebniss der bacteriologischen Untersuchung.

| Nr. | Alter des Patienten | Geschlecht des Patienten | Klinische Diagnose | Ergebniss der bacteriologischen Untersuchung |
|---|---|---|---|---|
| 1 | 34 J. | Weibl. | Panaritium subcutaneum (nach Nadelstich am Zeigefinger der rechten Hand). | Staphylococcus pyogenes aureus. |
| 2 | 5 J. | Männl. | Abscessus (in der Gegend der rechten Achsel). | Staphylococcus pyogenes aureus und albus. |
| 3 | $1^1/_2$ J. | Weibl. | Abscessus (in regione glutea). | Staphylococcus pyogenes aureus und Streptococcus pyogenes. |
| 4 | 7 J. | Männl. | Phlegmone der unteren Extremität; Periost stark angegriffen. Ausgang — Amputation. | Bacillus tuberculosis. |
| 5 | 26 J. | Weibl. | Abscessus peritonsillaris. | Staphylococcus pyogenes albus und Streptococcus pyogenes. |
| 6 | $1^1/_2$ J. | Weibl. | Abscessus am Kinn. | Streptococcus pyogenes. |
| 7 | 12 J. | Männl. | Parulis (in parte dextra maxillae inferioris bei caries dentium). | Staphylococcus pyogenes albus et citreus und Streptococcus pyogenes (ausserdem noch zwei Arten nicht näher praecisirter nicht pathogener Bacillen). |
| 8 | 2 J. | Weibl. | Phlegmone colli (post scarlatinam). | Micrococcus pyogenes tenuis mit unbedeutender Menge von Staphylococcus pyogenes albus. |
| 9 | 2 J. | Weibl. | Furunculus (an d. Wange). | Staphylococcus pyogenes aureus und albus. |
| 10* | 22 J. | Weibl. | Furunculus am rechten Arme. | Staphylococcus pyogenes albus. |
| 11 | 5 Mon. | Weibl. | Phlegmone in regione glutea. | Staphylococcus pyogenes albus. |

| Nr. | Alter des Patienten | Geschlecht des Patienten | Klinische Diagnose | Ergebniss der bacteriologischen Untersuchung |
|---|---|---|---|---|
| 12* | 1 J. | Weibl. | Adenitis suppurativa colli (post scarlatinam). | Staphylococcus pyogenes albus et Streptococcus pyogenes. |
| 13 | 2 Mon. | Männl. | Phlegmone in regione glutea. | Staphylococcus pyogenes albus et Streptococcus pyogenes. |
| 14 | 1 J. | Weibl. | Pustel an der Ohrmuschel bei Otitis media. | Staphylococcus pyogenes albus. |
| 15 | 10 J. | Weibl. | Parulis (in parte dextra maxillae superioris bei caries dentium). | Streptococcus pyogenes. |
| 16 | 6 J. | Männl. | Coxitis (das caput femoris wurde resecirt). | Es wurden keine Mikroorganismen gefunden. (Die Probe auf Tuberkelbacillen gab auch negat. Ergebnisse.) |
| 17 | 3 J. | Männl. | Pyothorax. | Micrococcus pyogenes tenuis. |
| 18 | $^1/_2$ J. | Männl. | Adenitis suppurativa colli. | Streptococcus pyogenes. |
| 19 | $1^1/_2$ J. | Weibl. | Abscessus (am rechten Arme). | Staphylococcus pyogenes aureus. |
| 20 | 24 J. | Männl. | Carbunculus (am Halse). | Staphylococcus pyogenes albus. |
| 21* | 23 J. | Weibl. | Carbunculus (auf der Höhe der 9. Rippe links in linea mamillari). | Staphylococcus pyogenes albus et citreus. |
| 22* | 2 Mon. | Männl. | Abscessus in regione glutea. | Staphylococcus pyogenes aureus et albus. |
| 23 | 6 J. | Weibl. | Bursitis suppurativa (am linken Ellenbogen). | Staphylococcus pyogenes albus. |
| 24 | 4 J. | Männl. | Suppuratio periarticularis coxo-femoralis chronica. | Keine Mikroorganismen vorgefunden. (Probe auf Tuberkelbacillen gab auch negative Resultate.) |
| 25 | 23 J. | Männl. | Parulis (maxilla superior rechts). | Staphylococcus pyogenes albus. |
| 26 | 20 J. | Männl. | Panaritium (am Zeigefinger links). | Staphylococcus pyogenes albus. |
| 27 | $^1/_2$ J. | Männl. | Abscessus (am Fusse). | Staphylococcus pyogenes aureus und Streptococcus pyogenes. |
| 28 | 3 J. | Männl. | Abscessus (am Arme). | Streptococcus pyogenes. |
| 29 | 7 J. | Männl. | Chronische Eiterung der tiefen Gewebe am Unterschenkel (periostalen Ursprungs). | Keine Mikroorganismen gefunden. Die Probe auf Tuberkelbacillen gab auch negative Ergebnisse. |

| Nr. | Alter des Patienten | Geschlecht des Patienten | Klinische Diagnose | Ergebniss der bacteriologischen Untersuchung |
|---|---|---|---|---|
| 30 | 5 J. | Weibl. | Phlegmone am Unterschenkel. | Staphylococcus pyogenes albus. |
| 31 | 8 J. | Männl. | Abscessus in der Kniegegend (rechts). | Staphylococcus pyogenes aureus und Streptococcus pyogenes. |
| 32* | 4 J. | Weibl. | Abscessus in regione inguinali (links). | Staphylococcus pyogenes albus und Streptococcus pyogenes. |
| 33 | 5 J. | Männl. | Panaritium am 4. Finger der linken Hand. | Staphylococcus pyogenes albus. |
| 34 | 15 Tage | Weibl. | Phlegmone in regione pectorali. | Staphylococcus pyogenes albus et citreus. |
| 35* | 1 J. | Männl. | Phlegmone colli. | Staphylococcus pyogenes aureus et citreus. |
| 36 | 5 J. | Männl. | Phlegmone colli (post scarlatinam). | Staphylococcus pyogenes albus. |
| 37 | 8 J. | Weibl. | Abscessus auf d. Scheitel. | Staphylococcus pyogenes aureus et albus. |
| 38 | 10 Mon. | Weibl. | Phlegmone dorsi pedis. | Staphylococcus pyogenes aureus. |
| 39 | 1 J. | Weibl. | Abscessus am Kinn. | Staphylococcus pyogenes aureus. |
| 40 | 3/4 J. | Weibl. | Adenitis suppurativa colli. | Staphylococcus pyogenes citreus. |
| 41 | 9 J. | Weibl. | Phlegmone in regione glutea. | Staphylococcus pyogenes albus. |
| 42 | 4 Wochen | Weibl. | Abscessus bei caries processus mastoidei. | Micrococcus pyogenes tenuis und Streptococcus pyogenes. |
| 43 | 4 J. | Weibl. | Abscessus am Halse. | Staphylococcus pyogenes albus. |
| 44 | 3 Mon. | Männl. | Abscessus bei periostitis processus mastoidei. | Staphylococcus pyogenes aureus et albus. |
| 45 | 3/4 J. | Männl. | Abscessus (bei Parotitis). | Staphylococcus pyogenes aureus et albus. |
| 46 | 1/2 J. | Männl. | Phlegmone colli. | Staphylococcus pyogenes albus. |
| 47 | 2 Mon. | Weibl. | Abscessus bei caries processus mastoidei. | Streptococcus pyogenes. |
| 48 | 8 J. | Männl. | Abscessus an der Innenfläche des Oberschenkels. | Staphylococcus pyogenes aureus. |
| 49 | 26 J. | Männl. | Panaritium subcutaneum am ersten Finger der linken Hand. | Staphylococcus pyogenes aureus et albus. |

Wir haben somit in unserem klinischen Materiale 4 Fälle von chronischer und 45 Fälle von acuter Eiterung. Aus den 4 Fällen chronischer Eiterung wurden nur in einem (Fall 4) Mikrobien gefunden und zwar der Bacillus tuberculosis.

In den anderen 3 (Fälle 16, 24 und 29) konnten weder Tuberkelbacillen, noch etwaige andere Mikrobien entdeckt werden. Die Fälle von acuten Eiterungen können folgendermassen gruppirt werden.

1. 21 Fälle von Abscessen mit folgendem Bacteriengehalt:

Nr. 2. Staphylococcus aureus et albus.
Nr. 3. Staphylococcus aureus und Streptococcus pyogenes.
Nr. 5. Staphylococcus albus und Streptococcus pyogenes.
Nr. 6. Streptococcus pyogenes.
Nr. 7. Staphylococcus albus et citreus und Streptococcus pyogenes.
Nr. 15. Streptococcus pyogenes.
Nr. 19. Staphylococcus aureus.
Nr. 22. Staphylococcus aureus et albus.
Nr. 25. Staphylococcus albus.
Nr. 27. Staphylococcus aureus und Streptococcus pyogenes.
Nr. 28. Streptococcus pyogenes.
Nr. 31. Staphylococcus aureus und Streptococcus pyogenes.
Nr. 32. Staphylococcus albus und Streptococcus pyogenes.
Nr. 37. Staphylococcus aureus et albus.
Nr. 39. Staphylococcus aureus.
Nr. 42. Micrococcus pyogenes tenuis und Streptococcus pyogenes.
Nr. 43. Staphylococcus albus.
Nr. 44. Staphylococcus aureus et albus.
Nr. 45. Staphylococcus aureus et albus.
Nr. 47. Streptococcus pyogenes.
Nr. 48. Staphylococcus aureus.

2. 10 Fälle von Phlegmonen:

Nr. 8. Micrococcus pyogenes tenuis und Staphylococcus albus.
Nr. 11. Staphylococcus albus.
Nr. 13. Staphylococcus albus und Streptococcus pyogenes.
Nr. 30. Staphylococcus albus.
Nr. 34. Staphylococcus albus et citreus.
Nr. 35. Staphylococcus aureus et albus.
Nr. 36. Staphylococcus albus.
Nr. 38. Staphylococcus aureus.

Nr. 41. Staphylococcus albus.
Nr. 46. Staphylococcus albus.

3. 4 Fälle von Panaritium:

Nr. 1. Staphylococcus aureus.
Nr. 26. Staphylococcus albus.
Nr. 33. Staphylococcus albus.
Nr. 49. Staphylococcus aureus et albus.

4. 3 Fälle von Adenitis suppurativa:

Nr. 12. Staphylococcus aureus und Streptococcus pyogenes.
Nr. 18. Streptococcus pyogenes.
Nr. 40. Staphylococcus citreus.

5. 2 Fälle von Carbunculus:

Nr. 20. Staphylococcus albus.
Nr. 21. Staphylococcus albus et citreus.

6. 2 Fälle von Furunculus:

Nr. 9. Staphylococcus aureus et albus.
Nr. 10. Staphylococcus albus.

7. 1 Fall von Pyothorax:

Nr. 17. Micrococcus pyogenes tenuis.

8. 1 Fall von Bursitis suppurativa:

Nr. 29. Staphylococcus albus.

9. 1 Fall einer Pustel.

Nr. 14. Staphylococcus albus.

Auf Grund dieser Zusammenstellung muss der Schluss gezogen werden, dass bei einer und derselben klinischen Form von Eiterung der Bacterienbefund ein höchst mannigfaltiger, fast völlig regelloser sein kann.

Charakteristisch sind die Befunde bei den Eiterungen, die während der Reconvalescenz nach Scarlatina eintraten. Einmal wurde Micrococcus pyogenes tenuis mit Staphylococcus albus (Fall 8), einmal Staphylococcus albus mit Streptococcus pyogenes (Fall 12), einmal der Staphylococcus albus allein (Fall 36) gefunden. Vergleichen wir diese Befunde mit denen von Fräulein M. A. Rasskin (Nr. 183), die fast immer Streptococcus pyogenes bei solchen Eiterungen beobachtete, zu welchem sich nur selten Micrococcus pyogenes tenuis und Staphylococcus gesellten, so sehen wir, wie abhängig die Schlüsse von den Zufälligkeiten der Wahl des Materials sind. Staphylokokken fand Fräulein Rasskin selten, ich habe sie in keinem der drei Fälle vermisst; Streptokokken vermisste sie fast niemals, ich habe sie nur einmal auf drei Fälle gefunden; der von Fräulein Rasskin so selten beobachtete Micrococcus pyogenes tenuis fand sich ebenfalls einmal auf drei Fälle.

Der Fall 17 — Pyothorax — ist durch den Befund des Micrococcus pyogenes tenuis in Reincultur interessant; wie verschieden auch bei dieser Form von Eiterung die Befunde sein können, beweist z. B. der Vergleich der Ergebnisse von Hoffa (Nr. 87) und Jakowski (Nr. 155); Ersterer züchtete aus drei Fällen von Pyothorax ausschliesslich Staphylokokken, während Letzterer aus vier Fällen ausschliesslich Streptokokken (einmal zusammen mit Micrococcus pyogenes tenuis).

Weiter möchte ich hier auf einige Fälle von Abscessen aufmerksam machen, nämlich auf die Fälle 6, 15, 28 und 47, die dadurch interessant sind, dass im Eiter gegen jede Erwartung Reinculturen von Streptococcus pyogenes gefunden worden sind. Auffallend sind auch andererseits 5 Fälle von Phlegmonen (aus der Gesammtzahl von 10 Phlegmonen), nämlich die Fälle 11, 30, 36, 41 und 46, in welchen der Eiter Reinculturen von Staphylococcus albus enthielt. Im Allgemeinen war der Staphylococcus albus in meinen Fällen von Phlegmonen 9 Mal auf 10 anwesend, der Streptococcus pyogenes dagegen nur einmal, und auch dieses einzige Mal nicht in Reincultur, sondern zusammen mit Staphylococcus albus. In dem Falle, wo Staphylococcus albus abwesend war (Fall 38), wurde der Staphylococcus aureus in Reincultur erhalten.

Natürlich erlauben diese Befunde nicht, den Staphylococcus albus als *par excellence* Phlegmonenerreger zu bezeichnen; sie erlauben aber mit Entschiedenheit gegen die Behauptung Rosenbach's zu protestiren, wonach die Phlegmonen fast ausschliesslich von Streptokokken erzeugt werden, eine Behauptung, die schon durch die Untersuchungen von Hoffa (Nr. 87) widerlegt worden ist. Hoffa fand nämlich aus 18 Phlegmonen nur 6 Mal Streptokokken in Reincultur, während Staphylococcus albus allein 4 Mal und Staphylococcus aureus allein 5 Mal beobachtet worden ist; in den anderen 3 Fällen waren Mischculturen — 2 Mal Staphylococcus aureus und albus und 1 Mal Staphylococcus aureus und Streptococcus pyogenes gefunden.

Suchen wir uns darin zu orientiren, wie oft die einzelnen *Pyogenetici* im Eiter vorkommen, so kann uns folgende Tabelle, in welcher wir die bacteriologischen Untersuchungen von acuten Eiterungen zusammengestellt haben, dienen:

| Bezeichnung der Pyogenetici | Ogston | Rosenbach | Passet | Garré | Hoffa | Tilanus | Kranzfeld | Zuckermann | Jakowski | Des Verfassers dieser Arbeit | Totalsumme | % |
|---|---|---|---|---|---|---|---|---|---|---|---|---|
| Staphylokokken | 31 | 16 | 20 | 68 | 87 | 15 | 26 | 28 | 10 | 29 | 330 | 66·5 |
| Streptokokken | 17 | 15 | 8 | 3 | 12 | 4 | 20 | 6 | 11 | 5 | 101 | 20·4 |
| Micrococcus pyogenes tenuis | — | 3 | — | — | — | 1 | — | — | — | 1 | 5 | 1·0 |
| Bacillus pyogenes foetidus | — | — | 1 | — | — | 1 | — | — | 2 | — | 4 | 0·8 |
| Pneumokokken ähnliche Mikrobien | — | — | 2 | — | — | — | — | — | — | — | 2 | 0·4 |
| Staphyl. und Streptoc. | 16 | 5 | 2 | 1 | 1 | — | 7 | — | 7 | 8 | 47 | 9·5 |
| Staphyl. u. Microc. pyog. tenuis | — | — | — | — | — | — | — | — | — | 1 | 1 | 0·2 |
| Streptoc. u. Micrococ. pyog. tenuis | — | — | — | — | — | — | — | — | 1 | 1 | 2 | 0·4 |
| Staphyl. u. Bacillus pyog. foetid. | — | — | — | — | — | — | — | — | 1 | — | 1 | 0·2 |
| Streptococcus u. Bacillus pyog. foetidus | — | — | — | — | — | — | — | — | 3 | — | 3 | 0·6 |
| Totalsumme | 64 | 39 | 33 | 72 | 100 | 21 | 53 | 34 | 35 | 45 | 496 | 100·0 |

Aus dieser Tabelle ersehen wir, dass die Staphylokokken allein in der colossalen Zahl von 66·5 % von Fällen zu finden sind, während die Streptokokken nur in 20·4 % gefunden werden. Mischinfection von Staphylokokken und Streptokokken nehmen die dritte Stelle ein mit 9·5 %.

Die anderen *Pyogenetici* kommen nur selten vor.

# Medicinischer Verlag

von

# VEIT & COMP. IN LEIPZIG.

## Bücher.

**Altmann, Dr. R.,** Professor a. d. Universität Leipzig, **Studien über die Zelle.** Erstes Heft. Mit einer Tafel. gr. 8. 1886. ℳ 2. —

---

**Ascherson, Dr. F. M., Über die Hautdrüsen der Frösche und über die Bedeutung der Fettstoffe.** Zwei physiologische Abhandlungen. Mit 1 Kupfertafel. gr. 8. 1840. geh. ℳ —. 80

---

**Babes, Dr. V.,** Director des bacteriologischen Institutes in Bukarest, **Bacteriologische Untersuchungen über septische Processe des Kindesalters.** Mit 21 farbigen Abbildungen im Text. gr. 8. 1889. geh. ℳ 2. 60

---

**Braune, Dr. Wilhelm,** Professor der topographischen Anatomie zu Leipzig, **Topographisch-anatomischer Atlas.** Nach Durchschnitten an gefrorenen Cadavern herausgegeben. Nach der Natur gezeichnet und lithogr. von C. Schmiedel. Dritte Aufl. 33 farbige Tafeln mit durch Abbildungen erläutertem Text. Imp.-Fol. 1888. geb. in Halbleinw. ℳ 120. —

Mit Supplement: **Die Lage des Uterus** etc. ℳ 165. —

Dem praktischen Arzte ist keine der medizinischen Disziplinen auf den oft so verschlungenen Pfaden der Praxis eine so treue Begleiterin in jeder Not, wie die Anatomie, der er gar oft nur allzubald untreu wird. Die wechselvollen Eindrücke am Krankenbette und die breite Flut der Tageslitteratur zwingen ihn, sowohl systematisch, als auch gelegentlich sein Wissen über jene sichere Basis zu kontrollieren und die Lücken in demselben wieder auszufüllen. Dazu bietet sich ihm das Braunesche Bilderwerk als einer der besten und zuverlässigsten Führer an.

Die dritte Auflage unterscheidet sich von den früheren durch Neuherstellung von zwei Tafeln und die vollständige Umarbeitung des Textes.

——— **Topographisch-anatomischer Atlas.** Nach Durchschnitten an gefrorenen Cadavern. (Kleine Ausgabe von des Verfassers topographisch-anatomischem Atlas mit Einschluss des Supplementes zu diesem: „Die Lage des Uterus und Foetus“ etc.) 34 Tafeln in photographischem Lichtdruck. Mit 46 Holzschnitten im Text. Lex.-8. 1875. in Carton. ℳ 30. —

Allen Ärzten, welche ihre anatomischen Kenntnisse erhalten, bez. erweitern und über die Lage der Organe, mit deren Erkrankung sie stets zu thun haben, ein klares Bild besitzen wollen, sei dieser Atlas besonders empfohlen.

——— **Die Lage des Uterus und Foetus am Ende der Schwangerschaft.** Nach Durchschnitten an gefrorenen Cadavern illustrirt. Nach der Natur gezeichnet u. lithograph. von C. Schmiedel. Supplement zu des Verfassers topograph.-anatom. Atlas. 10 farbige Tafeln mit erläuterndem Text. Imp.-Fol. 1872. in Mappe. ℳ 45. —

**Braune, Dr. Wilhelm,** Professor der topographischen Anatomie zu Leipzig, **Der männliche und weibliche Körper im Sagittalschnitte.** Separat-Abdruck aus des Verfassers topograph.-anatom. Atlas. 2 lithogr. Tafeln (schwarz). Text in gr. 8 mit 10 Holzschnitten. 1872. Imp.-Fol. in Mappe. ℳ 10. —

——— **Das Venensystem des menschlichen Körpers.** Atlas in Imperial-Folio-Format, Text in gr. 8.

Erste Lieferung: **Die Venen der vorderen Rumpfwand des Menschen.** Vier Tafeln in Buntdruck mit erläuterndem Text (mit 13 Holzschnitten). 1884. ℳ 45. —

Zweite Lieferung: **Die Venen des Fusses und Unterschenkels.** Vier Tafeln in Buntdruck mit erläuterndem Text. 1889. ℳ 30. —

Während über das Nervensystem und das Arteriensystem mannigfache Atlanten existieren, fehlte es bisher durchaus an einem vollständigen Atlas des menschlichen Venensystems.

Professor Braune hat es unternommen, das gesamte Venensystem von einem einheitlichen Gesichtspunkt aus zu bearbeiten und zu diesem Zwecke im Interesse der theoretischen wie praktischen Medizin dasselbe unter steter Rücksichtnahme auf die treibenden Kräfte und die Ventile zu durchforschen.

Die Abbildungen wurden nach besonders angefertigten Präparaten mit größter Sorgfalt und Treue in annähernder Lebensgröße von Künstlerhand gezeichnet und farbig reproduziert. — Die folgenden Lieferungen werden die Venen des Kopfes, des Halses, der Bauchhöhle etc. enthalten.

---

**Braune, W., und W. His, Leitfaden für die Präparanten** der anatomischen Anstalt zu Leipzig. gr. 8. 1883. geh. ℳ 1. 20

---

**Criegern, Friedr. v., Das rothe Kreuz in Deutschland.** Handbuch der freiwilligen Krankenpflege für die Kriegs- und vorbereitende Friedensthätigkeit. Gekrönte Preisschrift. gr. 8. 1883. geh. ℳ 4. —; geb. ℳ 5. —

Mit dem von I. M. der Kaiserin gestifteten Preise gekrönt. — Für Ärzte deshalb von ganz besonderem Interesse, weil die freiwillige Krankenpflege einen integrierenden Teil der gesamten Militärsanitätspflege im Felde bildet.

---

**du Bois-Reymond, Dr. Emil,** Geh. Medicinalrath und Professor der Physiologie zu Berlin, **Gesammelte Abhandlungen zur allgemeinen Muskel- und Nervenphysik.** Zwei Bände. Mit 50 in den Text gedruckten Holzschnitten, 2 Tabellenbogen und 7 Tafeln. Lex.-8. 1875—1877. geh. ℳ 40. —

——— **Dr. Carl Sachs' Untersuchungen am Zitteraal** (Gymnotus electricus). Nach seinem Tode bearbeitet. Mit 2 Abhandlungen von Gust. Fritsch. Mit 49 Abbild. im Text u. 8 Tafeln. Lex.-8. 1881. geh. ℳ 26. —

——— **Culturgeschichte und Naturwissenschaft.** Vortrag, gehalten am 24. März 1877 im Verein für wissenschaftliche Vorlesungen zu Köln. Erster u. zweiter unveränderter Abdruck. gr. 8. 1878. geh. ℳ 1.60

——— **Über die Grenzen des Naturerkennens. Die sieben Welträthsel.** Zwei Vorträge. Des ersten Vortrags sechste, des zweiten Vortrags zweite Auflage. gr. 8. 1884. geh. ℳ 2. —

In dem auf der Leipziger Versammlung der Naturforscher und Ärzte gehaltenen Vortrage „Über die Grenzen des Naturerkennens" zieht der Verfasser die Summe des gegenwärtigen Standes naturwissenschaftlicher Erkenntnis dem Welträtsel gegenüber und bezeichnet die Grenzen, an welche die Wissenschaft für alle Zeiten gebannt sein wird. Mit dem Wort „Ignorabimus", in welchem die Untersuchung gipfelt, schließt der Vortrag. Der zweite, neun Jahre später in der Berliner Akademie der Wissenschaften gehaltene Vortrag bespricht Einwände und berichtigt Mißverständnisse, welche der Leipziger Vortrag veranlaßte, und gipfelt in „Dubitemus".

**du Bois-Reymond, Dr. Emil,** Geh. Medicinalrath und Professor der Physiologie zu Berlin, **Reden.** Erste Folge: Litteratur, Philosophie, Zeitgeschichte. gr. 8. 1886. geh. *M* 8.—; eleg. geb. *M* 10.— Zweite Folge: Biographie, Wissenschaft, Ansprachen. gr. 8. 1887. geh. *M* 9. —; eleg. geb. *M* 11. —

Inhalt der ersten Folge: Voltaire als Naturforscher. — Leibnizische Gedanken in der neueren Naturwissenschaft. — Aus den Tagen des norddeutschen Bundes. — Der deutsche Krieg. — Das Kaiserreich und der Friede. — Über die Grenzen des Naturerkennens. — Über eine kaiserliche Akademie der deutschen Sprache. — La Mettrie. — Darwin versus Galiani. — Culturgeschichte und Naturwissenschaft. — Über das Nationalgefühl. — Friedrich II. und Rousseau. — Die sieben Welträtsel. — Friedrich II. in englischen Urteilen. — Die Humboldtdenkmäler vor der Berliner Universität. — Diderot.

Inhalt der zweiten Folge: Über die Lebenskraft. — Über thierische Bewegung. — Gedächtnissrede auf Erman. — Eduard Hallmann's Leben. — Über lebend nach Berlin gebrachte Zitterwelse aus Westafrika. — Gedächtnissrede auf Johannes Müller — Über Universitätseinrichtungen. — Über Geschichte der Wissenschaft. — Der physiologische Unterricht sonst und jetzt. — 'Aus den Llanos'. — Über die Übung. — Über die wissenschaftlichen Zustände der Gegenwart. — Die Britische Naturforscherversammlung zu Southampton im Jahre 1882. — Darwin und Kopernicus. — Die Berliner Französische Colonie in der Akademie der Wissenschaften. — Akademische Ansprachen.

Die Reden von Emil du Bois-Reymond eignen sich auch in hervorragender Weise zu Fest- und Gelegenheitsgeschenken.

---

**Eichhorst, Dr. Hermann,** Professor der Medicin zu Zürich, **Die progressive perniciöse Anämie.** Eine klinische und kritische Untersuchung. Mit 3 lithograph. Tafeln und mehreren Holzschnitten. gr. 8. 1878. geh. *M* 10. —

---

**Erhard, Dr. Julius, Vorträge über die Krankheiten des Ohres.** Gehalten an der Friedrich-Wilhelms-Universität zu Berlin. Mit in den Text gedruckten Holzschn. gr. 8. 1875. geh. *M* 4. 80

---

**d'Espine, A., u. C. Picot, Grundriss der Kinderkrankheiten für praktische Aerzte u. Studirende.** Deutsche, v. d. Verfassern durchgesehene Ausgabe von Dr. S. Ehrenhaus. gr. 8. 1878. geh. *M* 9. —

---

**Falckenberg, Dr. R.,** Professor zu Jena, **Geschichte der neueren Philosophie** von Nikolaus von Kues bis zur Gegenwart. Im Grundriß dargestellt. gr. 8. 1886. geh. *M* 6. —; geb. *M* 7. —

Dieser Grundriß bietet ein vorzügliches Orientierungsmittel über die neuere Philosophie des In- und Auslandes und wird durch seine knappe Form und geschmackvolle Darstellung nicht nur Studierenden willkommen sein, sondern auch allen denen, die sich die für jeden Gebildeten unentbehrliche Kenntnis der verschiedenen philosophischen Systeme aneignen wollen.

---

**Falk, Dr. Friedr., Galen's Lehre vom gesunden und kranken Nervensysteme.** gr. 8. 1871. geh. *M* 1. 20

——— **Die sanitätspolizeiliche Ueberwachung höherer u. niederer Schulen u. ihre Aufgaben.** Zweite, vermehrte Ausg. gr. 8. 1871. geh. *M* 2. 40

---

**Flechsig, Prof. Dr. Paul, Die körperlichen Grundlagen der Geistesstörungen.** Vortrag gehalten beim Antritt des Lehramtes an der Universität Leipzig am 4. März 1882. gr. 8. 1882. geh. *M* 1. 20

**Flechsig, Prof. Dr. Paul, Plan des menschlichen Gehirns.** Auf Grund eigener Untersuchungen entworfen. Zweite, gänzl. umgearb. Aufl. 3 Tafeln. Mit erläuterndem Texte. 1889. geh. ca. ℳ 3—4.—

Erscheint demnächst.

Dieser „*Plan*“ will den praktischen Arzt und den Studierenden mit der systematischen Gliederung des menschlichen Gehirns, die kennen zu lernen bisher nur mittels eingehender Spezialstudien möglich war, vertraut machen. — Der erläuternde Text enthält die auf Grund exakter Untersuchungen festgestellten Thatsachen in Bezug auf den inneren Zusammenhang der das Gehirn (und Rückenmark) zusammensetzenden Einzelapparate.

——— **Die Irrenklinik der Universität Leipzig** und ihre Wirksamkeit in den Jahren 1882—1886. Mit 2 Plänen. gr. 8. 1888. geh. ℳ 2. 40

---

**Flügge, Prof. Dr. C.,** Director des hygienischen Instituts der Universität Breslau, **Beiträge zur Hygiene.** Inhalt: I. Das Wohnungsklima zur Zeit des Hochsommers. II. Die Porosität des Bodens. III. Die Verunreinigung des städtischen Bodens. IV. Zur Kenntniss der Kost in öffentlichen Anstalten. Mit 2 Holzschnitten im Text und 5 Tafeln. gr. 8. 1879. geh. ℳ 5. —

——— **Grundriss der Hygiene.** Für Studirende und Ärzte. Mit Abbildungen im Text und 2 Tafeln. gr. 8. 1889. ca. ℳ 10. —

——— **Lehrbuch der hygienischen Untersuchungsmethoden.** Eine Anleitung zur Anstellung hygienischer Untersuchungen und Begutachtung hygienischer Fragen. Für Aerzte und Chemiker, Sanitäts- und Verwaltungsbeamte, sowie Studirende. Mit 88 Abbild. im Text, 17 Tabellen u. 4 lithogr. Tafeln. gr. 8. 1881. geh. ℳ 16. —

Vorliegendes Lehrbuch gehört zu den besten Büchern, die in letzter Zeit auf dem Gebiete der Hygiene erschienen sind. Die Fragen, welche die Hygiene zu erörtern hat, sind äußerst mannigfaltig. Bald schlagen dieselben in das Gebiet des Chemikers, bald in die des Arztes, bald in die des Ingenieurs ein. In allen diesen Fächern gleich bewandert zu sein, ist nur Wenigen gegeben. Dazu kommt noch, daß die strikte Beantwortung vieler hygienischer Fragen die Erledigung mancherlei Vorfragen zur Voraussetzung hat, die nicht immer in entsprechender Weise vorbereitet und gelöst sind. Das Flügge'sche Lehrbuch bietet nun eine vorzügliche Basis, auf der immer ein eigenes Urteil gewonnen werden kann, indem alle Versuchsmethoden, welche in der Hygiene Verwendung finden, ausführlich und klar beschrieben sind.

Gscheidlen (Breslauer ärztl. Zeitschr.)

---

**Francotte, Dr. X., Die Diphtherie.** Ihre Ursachen, ihre Natur und Behandlung. *Gekrönte Preisschrift.* Mit 10 Abbildungen im Text u. 3 Tafeln. Deutsch von Dr. M. Spengler. gr. 8. 1886. geh. ℳ 6.—

---

**Franke, Ad., Die Reptilien und Amphibien Deutschlands.** Nach eigenen Beobachtungen geschildert. Mit einem Vorwort von Geh. Hofrath Dr. Rud. Leuckart. 8. 1881. geh. ℳ 2.—

---

**Fritsch, Dr. Gustav,** Professor a. d. Univers. Berlin, **Die electrischen Fische.** Erste Abtheilung. Malopterurus electricus. gr. Folio. 1887. Mit 3 Holzschnitten im Text u. 12 lithogr. Tafeln. kart. ℳ 30. —

---

**Fuchs, Prof. Dr. Chr. J., Pathologische Anatomie der Haussäugethiere.** gr. 8. 1859. geh. ℳ 7. 20

**Fuchs, Prof. Dr. Chr. J., Die schädlichen Einflüsse der Bleibergwerke auf die Gesundheit der Hausthiere,** insbesondere des Rindviehes, mit Rücksicht auf die im Auftrage eines hohen Ministeriums der geistlichen, Unterrichts- und Medicinal-Angelegenheiten an der Thierarzneischule in Berlin angestellten Versuche mit Bleierzen beim Rindvieh. gr. 8. 1842. geh. ℳ 1. —

——— **Handbuch der allgemeinen Pathologie der Haussäugethiere.** gr. 8. 1843. geh. ℳ 8. 25. Herabgesetzter Preis ℳ 4. 20

——— **Der Kampf mit der Lungenseuche des Rindviehes.** Ein Wort zur Beachtung für die Regierungen, Gesundheits-Behörden, landwirthschaftlichen Vereine und Thierärzte Deutschlands. gr. 8. 1861. geh. ℳ —. 60

——— **Allgemeine Lehre der Seuchen und ansteckenden Krankheiten der Haussäugethiere.** Vorlesungen mit ergänzenden und rechtfertigenden Beilagen. gr. 8. 1862. geh. ℳ 4. 50

——— **Das Pferdefleischessen.** Eine historische, diätetische, volkswirthschaftliche und ethische Untersuchung in einer Vorlesung. gr. 8. 1859. geh. ℳ —. 80

——— **Wegweiser in die Thierheilkunde.** Vorlesungen. gr. 8. 1850. geh. ℳ 1. —

---

**Fürst, Dozent Dr. L., Die Maass- und Neigungs-Verhältnisse des Beckens.** Nach Profil-Durchschnitten gefrorener Leichen. Mit 7 lithograph. Tafeln. 4. 1875. cart. ℳ 10. —

---

**Hagen, Prof. Dr. Richard, Anleitung zur klinischen Untersuchung und Diagnose.** Ein Leitfaden für angehende Kliniker. Fünfte, vermehrte und umgearbeitete Auflage. Mit 23 Abbildungen im Text und 1 Tafel. 8. 1887. geb. in Ganzleinw. ℳ 3. 50

Der Zweck dieses Büchleins ist, den angehenden Mediziner vor dem Besuch der inneren Klinik in knapper Form über das Verhalten am Krankenbett und die technischen Manipulationen, welche daselbst von ihm verlangt werden, zu unterrichten und ihn auf die hauptsächlichsten Erscheinungen, auf welche es bei Konstatierung einer Krankheit ankommt, aufmerksam zu machen. Auch praktischen Aerzten wird das Büchlein willkommen sein.

---

**Hagen, Prof. Dr. Richard, Praktische Beiträge zur Ohrenheilkunde.** Sechs Hefte. gr. 8. geh. ℳ 6. —

Einzeln: I. Heft. Electro-otiatrische Studien. 1866. geh. ℳ —. 80. — II. Heft. Der seröse Ausfluss aus dem äusseren Ohre nach Kopfverletzungen. 1866. geh. ℳ —. 80. — III. Heft. Die circumscripte Entzündung des äusseren Gehörganges. Mit 3 Holzschnitten. 1867. geh. ℳ —. 80. — IV. Heft. Dr. H. G. Klotz: Ueber Ohrpolypen. 1868. geh. ℳ —. 80. — V. Heft. Die Carbolsäure und ihre Anwendung in der Ohrenheilkunde. 1869. geh. ℳ —. 80. — VI. Heft. Casuistische Belege für die Brenner'sche Methode der galvanischen Acusticusreizung. Mit 5 Holzschnitten. 1869. geh. ℳ 2. —.

---

**Hartmann, Dr. Arthur, Experimentelle Studien über die Funktion der Eustachischen Röhre.** gr. 8. 1879. geh. ℳ 2. —

---

**Hartmann, Prof. Dr. Rob., Der Gorilla.** Zoologisch-zootomische Untersuchungen. Mit 13 in den Text gedruckten Holzschnitten und 21 Tafeln. gr. 4. 1880. geh. ℳ 30. —

**Heinze, Dr. Osc., Die Kehlkopfschwindsucht.** Nach Untersuchungen im pathologischen Institute der Universität Leipzig. Mit 4 Tafeln, nach den mikroskopischen Präparaten gezeichn. von Dr. Sänger. gr. 8. 1879. geh. ℳ 8. —

**Heubner, Prof. Dr. med. O., Die experimentelle Diphtherie.** Mit einer Tafel in Farbendruck. Gekrönte Preisschrift. gr. 8. 1883. geh. ℳ 2. 40

**Hirschberg, Dr. J.,** Professor der Augenheilkunde zu Berlin, **Beiträge zur praktischen Augenheilkunde.** Zweites u. drittes Heft. Mit Holzschnitten. gr. 8. 1877—1878. geh. ℳ 4. 40

——— **Die mathematischen Grundlagen der medicinischen Statistik** elementar dargestellt. gr. 8. 1874. geh. ℳ 2. 40

——— **Der Electromagnet in der Augenheilkunde.** Eine Monographie. Mit 17 Abbildungen im Text. gr. 8. 1885. geh. ℳ 4. —

——— **Von New York nach San Francisco.** Tagebuchblätter. gr. 8. 1888. geh. ℳ 4. —

——— **Eine Woche in Tunis.** Tagebuchblätter. gr. 8. 1885. geh. ℳ 2. —

——— **Wörterbuch der Augenheilkunde.** gr. 8. 1887. geh. ℳ 5. —

**Huenefeld, Prof. Dr. F. L., Die Blutproben vor Gericht** und das Kohlenoxyd-Blut in Bezug auf die Asphyxie durch Kohlendunst. gr. 8. 1875. geh. ℳ 1. 20

——— **Diaetetik.** gr. 8. 1875. geh. ℳ 4. —

**Jürgensen, Dr. Th. von,** Professor der Medizin an der Universität Tübingen, **Lehrbuch der speziellen Pathologie und Therapie mit besonderer Berücksichtigung der Therapie.** Für Studierende und praktische Ärzte. Zweite, verbesserte und vermehrte Auflage. gr. 8. 1889. geh. ℳ 15. —; geb. ℳ 17. —

— — — „Ich schließe, indem ich meiner Überzeugung Ausdruck gebe, daß wir um ein vorzügliches Lehrbuch reicher geworden sind, jeder Arzt wird es gern in die Hand nehmen, die jungen Mediziner aber sind von Jürgensen zu ganz besonderem Dank verpflichtet."

Prof. *F. A. Hoffmann* (C. f. k. M. 1886. Nr. 31).

— — — „Aber der Schüler und der Arzt, welche über irgend einen Gegenstand der inneren Medizin sich belehren wollen, finden in diesem Buche die präzis formulierte Meinung eines unsrer hervorragendsten Kliniker und Forscher, und das ist hundertmal mehr wert, als die weitläufige, sterile Objektivität so mancher dickleibiger Kompilationen. Bei aller Knappheit und Kürze, die sich der Autor auferlegte, hat er die Grenzen seines Buches sehr weit gesteckt. Wir finden außer allem Dem, was man unbestritten dem Gebiet der inneren Medizin zurechnet, noch die Syphilis und die Hautkrankheiten abgehandelt." — — — —

*H. Curschmann* (Ziemssen's Archiv).

**Kalisch, Dr. M., Medicinisch-gerichtliche Gutachten** der königlichen Preussischen wissenschaftlichen Deputation für das Medicinalwesen aus d. Jahren 1840—1850. gr. 8. 1859. geh. ℳ 9. —

——— **Die Kunstfehler der Aerzte.** gr. 8. 1860. geh. ℳ 6. —

**Köhler, Prof. Dr. Hermann, Grundriss der Materia medica** für prakt. Aerzte u. Studirende. Mit besonderer Rücksichtnahme auf die Pharmacopoea Germanica bearbeitet. gr. 8. 1878. geh. ℳ 10. —

**Kollmann, Dr. J.,** Professor der Anatomie zu Basel, **Plastische Anatomie des menschlichen Körpers.** Ein Handbuch für Künstler und Kunstfreunde. Mit zahlreichen Abbildungen im Text. Roy. 8. 1886. geh. *M* 14. —; eleg. geb. *M* 17. —

Der Verfasser hatte während seiner langjährigen Lehrthätigkeit an der Königl. Akademie der bildenden Künste zu München Gelegenheit, die Bedürfnisse der Künstler kennen zu lernen, und bietet in der plastischen Anatomie ein Werk, wie es lange gewünscht, aber bis jetzt noch nicht in unserer Litteratur vorhanden war.

---

**Kries, Dr. Johannes v.,** Professor der Physiologie zu Freiburg, **Die Gesichtsempfindungen und ihre Analyse.** Mit 22 Abbildungen im Text. gr. 8. 1882. geh. *M* 5. —

---

**Kühne, Prof. Dr. Willie, Myologische Untersuchungen.** Mit in den Text gedruckt. Holzschn. u. 1 Kupfertaf. gr. 8. 1860. geh. *M* 4. —

---

**Kunze, Dr. C. F., Grundriss der praktischen Medicin.** Dritte, gänzlich umgearbeitete u. vermehrte Aufl. gr. 8. 1886. geb. *M* 6. —

Der „Grundriß der praktischen Medicin" giebt die wesentlichsten anatomischen Befunde, Aetiologie, Symptomatologie, Diagnose und Behandlung der inneren Krankheiten in denkbarst konzinner Form. Der „Grundriß" ist ein vorzügliches Orientierungsmittel über den neuesten Stand der klinischen Medizin.

——— **Der Kindermord.** Historisch und kritisch dargestellt. gr. 8. 1860. geh. *M* 5. —

——— **Lehrbuch der praktischen Medicin** mit besonderer Rücksicht auf pathologische Anatomie u. Histologie. Dritte, mehrfach veränderte u. vermehrte Auflage. Zwei Bände. gr. 8. 1878. geh. *M* 25. —

---

**Langendorff, Prof. Dr. Osc., Studien über Rhythmik und Automatie des Froschherzens.** Mit 22 Abbildungen im Text und 2 Tafeln. gr. 8. 1884. geh. *M* 5. 60

---

**Laube, Dr. Gust. C.,** Prof. d. Geologie zu Prag, **Geologische Excursionen im Thermalgebiet des nordwestlichen Böhmens,** Teplitz, Carlsbad, Eger-Franzensbad, Marienbad. Mit 2 Taf. in Farbendruck, geolog. Profile darstellend. gr. 8. 1884. geh. *M* 3. 60; geb. *M* 4. 20

Die berühmten Thermen des nordwestlichen Böhmens sind in Bezug auf ihre Verbreitung und Lage durch den geologischen Aufbau dieses Landstriches bestimmt. Das Laubesche Büchlein schildert die allgemeinen geologischen Verhältnisse Nordwestböhmens mit besonderer Rücksicht auf seine Heilquellen und hat dadurch auch für die Ärzte großes Interesse.

---

**Lebert, Prof. Dr. Hermann, Abhandlungen aus dem Gebiete der praktischen Chirurgie und der pathologischen Physiologie** nach eigenen Untersuchungen u. Erfahrungen u. mit besond. Rücksicht auf die Dieffenbach'sche Klinik in Berlin. gr. 8. 1848. geh. *M* 10. —

---

**Lender, Dr. Constantin, Die points douloureux Valleix's und ihre Ursachen.** gr. 8. 1869. geh. *M* 1. 60

---

**Der Lister'sche Verband.** Mit Bewilligung des Verfassers aus dem Englischen übertragen von Dr. O. Thamhayn. gr. 8. 1875. geh. *M* 4. 80

**Lorent, Dr. E., Die Aufgabe der Gesundheitspflege** in Bezug auf die atmosphärische Luft. gr. 8. 1873. geh. ℳ 1. 20

**Ludwig, Dr. Carl,** Professor der Physiologie zu Leipzig, **Rede zum Gedächtniss an Ernst Heinrich Weber.** Gehalten im Namen der medicinischen Facultät am 24. Februar 1878 in der akademischen Aula zu Leipzig. gr. 8. 1878. geh. ℳ 1. —

**Magnus, Prof. Dr. Hugo, Die Anatomie des Auges** bei den Griechen und Römern. gr. 8. 1878. geh. ℳ 2. 40

——— **Die geschichtliche Entwickelung des Farbensinnes.** gr. 8. 1877. geh. ℳ 1. 40

——— **Geschichte des grauen Staares.** Mit 1 lithographirten Tafel. gr. 8. 1876. geh. ℳ 8. —

**Marmé, Prof. Dr. Wilh.,** Director des pharmacol. Instituts zu Göttingen, **Lehrbuch der Pharmacognosie des Pflanzen- und Thierreichs.** Im Anschluss an die zweite Ausgabe der Pharmacopoea Germanica. Für Studirende der Pharmacie, Apotheker und Medicinalbeamte. gr. 8. 1886. geh. ℳ 14. —

Dieses Lehrbuch der Pharmacognosie ist nicht nur für **Studierende,** sondern auch für alle **Medizinalbeamten,** welche mit der Revision von Apotheken betraut sind und infolge dessen öfters auch in die Lage kommen, offizielle Berichte zu erstatten, ein unentbehrliches Hand- und Nachschlagebuch.

**Meyer, Dr. E. von,** Professor an der Univ. Leipzig, **Geschichte der Chemie von den ältesten Zeiten bis zur Gegenwart.** *Zugleich Einführung* in das Studium der Chemie. gr. 8. 1889. geh. ℳ 9. —

**Moser, Prof. Dr. Ludwig, Die Gesetze der Lebensdauer.** Nebst Untersuchungen über Dauer, Fruchtbarkeit der Ehen, über Tödtlichkeit der Krankheiten, Verhältniss der Geschlechter bei der Geburt, über Einfluss der Witterung und einem Anhang, enthaltend die Berechnung der Leibrenten, Lebensversicherungen, Wittwenpensionen und Tontinen. Ein Lehrbuch. Mit 2 Steindrucktafeln. gr. 8. 1839. geh. ℳ 7. —. Herabgesetzter Preis ℳ 4. —

**Mosso, Dr. A.,** Professor der Physiologie zu Turin, **Die Diagnostik des Pulses in Bezug auf die localen Veränderungen desselben.** Mit 15 Holzschn. im Text u. 8 Tafeln. gr. 8. 1879. geh. ℳ 6. —

——— **Ueber den Kreislauf des Blutes im menschlichen Gehirn.** Untersuchungen. Mit 87 Abbildungen im Text und 9 Tafeln. gr. 8. 1881. geh. ℳ 10. —

**Müller, Dr. Friedr. Wilh., Grundriss der Pathologie und Therapie der venerischen Krankheiten** für praktische Aerzte und Studirende. Mit 3 lith. Tafeln. gr. 8. 1884. geh. ℳ 4. 60

**Munk, Prof. Dr. Hermann, Die elektrischen und Bewegungs-Erscheinungen am Blatte der Dionaea muscipula.** Mit der anatomischen Untersuchung des Dionaea-Blattes von F. Kurtz. Mit 3 Tafeln. gr. 8. 1876. geh. ℳ 6. —

**Naundorff, Dr. A. J., Unter dem rothen Kreuz.** Fremde und eigene Erfahrungen auf Böhmischer Erde und den Schlachtfeldern der Neuzeit gesammelt. gr. 8. 1867. geh. ℳ 4. 50

**Oldendorff, Dr. A., Ueber die ärztlichen Atteste bestimmt zum Gebrauche vor Behörden.** Vortrag. 8. 1877. geh. ℳ —. 80

**Ploss, Dr. H. H., Ueber die Lage und Stellung der Frau während der Geburt bei verschiedenen Völkern.** Eine anthropologische Studie. Mit 6 Holzschnitten. gr. 8. 1872. geh. ℳ 1. 50

**Puschmann, Dr. Th.,** Professor a. d. Universität Wien, **Geschichte des medizinischen Unterrichts** von den ältesten Zeiten bis zur Gegenwart. gr. 8. 1889. geh. ℳ 11. —

**Ravoth, Dr. F. W. Th., Grundriss der Akiurgie.** Zweite, vermehrte Auflage. Mit 82 Holzschn. Zugleich 5. Auflage von Schlemm's Operations-Uebungen am Cadaver. gr. 8. 1868. geh. ℳ 8. —

——— **Darstellung der wichtigsten chirurgischen Instrumente.** 16 Taf. Abbildungen mit erläuternd. Texte. Zugleich als Anhang zu Ravoth, Grundriss der Akiurgie, zweite Auflage. gr. 8. 1869. cart. ℳ 3. 60

——— **Prolegomena** zur rationellen medicin. Diagnostik u. Semiotik für Kliniker u. Klinicisten. 8. 1851. geh. ℳ 1. 60

**Ribot, Th., Die Erblichkeit.** Eine psychologische Untersuchung ihrer Erscheinungen, Gesetze, Ursachen und Folgen. Deutsch von Dr. med. Otto Hotzen. gr. 8. 1876. geh. ℳ 7. —

Eine umfassende Darstellung und Verarbeitung der wichtigsten über die Vererbung bekannten Thatsachen. Die körperliche Vererbung wird, als Grundlage des ganzen Gebietes, in der Einleitung behandelt, das Werk selbst ist dagegen hauptsächlich den hierher gehörigen psychologischen Erscheinungen gewidmet. Der erste Abschnitt enthält eine Zusammenstellung des Thatsächlichen, der zweite die Gesetze der Vererbung, der dritte deren Ursachen und der vierte deren Folgen.

**Roser, Prof. Dr. W., Chirurgisch-anatomisches Vademekum für Studierende und Aerzte.** Siebente, verbesserte und verm. Auflage. Mit 133 Holzschnitten. 8. 1887. geb. in Ganzleinwand. ℳ 6. —

Das Vademecum hat den Zweck, zu chirurgisch-anatomischen Übungen am Kadaver anzuleiten. Die Methode, nach welcher der Verfasser in die topographische Auffassung der Anatomie einführt, ist die der Fensterschnitte, welche fast sämtlichen Abbildungen des Büchleins zu Grunde gelegt ist.

**Samson-Himmelstiern, Dr. G. von, Beobachtungen über den Scorbut** vorzüglich in pathologisch-anatomischer Beziehung. gr. 8. 1843. geh. ℳ 3. —

**Schildbach, Dr. C. H., Orthopädische Klinik.** Mittheilungen aus der gymnast.-orthopäd. Heilanstalt zu Leipzig. gr. 8. 1877. geh. ℳ 2. —

——— **Die Skoliose.** Anleitung zur Beurtheilung und Behandlung der Rückgratsverkrümmungen für praktische Aerzte. Mit 8 Holzschnitten. gr. 8. 1872. geh. ℳ 3. —

——— **Kinderstuben-Gymnastik.** Eine Anleitung zur körperlichen Ausbildung der Kinder in den ersten Lebensjahren. Für Aeltern, Lehrer u. Kindergärtnerinnen. Mit 48 Abbild. 12. 1880. geh. ℳ 1. 60

**Schlemm, Prof. Dr. Friedrich, Arteriarum capitis superficialium icon nova.** Accedunt tabulae duae. gr. Fol. 1830. geh. ℳ 4. 50

**Schmidt, Dr. E.**, Professor a. d. Univ. Leipzig, **Anthropologische Methoden.** Anleitung zum Beobachten und Sammeln für Laboratorium und Reise. Mit zahlr. Abbild. im Text. 8. 1888. geh. ℳ 6. —

**Schmidt-Mülheim, Dr. Ad.**, Grundriss der speciellen Physiologie der Haussäugethiere. Für Thierärzte u. Landwirthe. Mit 52 Abbild. im Text. gr. 8. 1879. geh. ℳ 9. —

**Schoenlein's Klinische Vorträge** in dem Charité-Krankenhause zu Berlin. Redigirt und herausgegeben von Dr. L. Güterbock. Dritte Auflage. gr. 8. 1843. geh. ℳ 8. —. Herabges. Pr. ℳ 4. —

**Stannius, Prof. Dr. Herm., Handbuch der Anatomie der Wirbelthiere.** Zweite Auflage. gr. 8. geh. ℳ 12. —

Einzeln:

Erstes Heft: Zootomie der Fische. 1854. geh. ℳ 6. —

Zweites Heft: Zootomie der Amphibien. 1856. geh. ℳ 6. —

**Steiner, Prof. Dr. J., Grundriss der Physiologie des Menschen** für Studirende und Aerzte. Vierte Auflage. Mit zahlreichen in den Text eingedruckten Holzschnitten. gr. 8. 1888. geh. ℳ 9. — geb. ℳ 10. —

Steiner's Grundriß der Physiologie hat sich durch klare und präzise Darstellungsweise in knapper Form, ohne dabei schematisch zu werden, bald zahlreiche Freunde erworben, wie die rasch aufeinander folgenden Auflagen beweisen.

——— **Das amerikanische Pfeilgift Curare.** Mit 3 Holzschnitten. gr. 8. 1877. geh. ℳ 1. 60

**Streubel, Prof. Dr. C. W., Ueber die Scheinreductionen bei Hernien u. insbesondere bei eingeklemmten Hernien.** gr. 8. 1864. geh. ℳ 4. —

**Tillmanns, Dozent Dr. Hermann, Lehrbuch der allgemeinen Chirurgie.** Allgemeine Operations- und Verband-Technik. Allgemeine Pathologie und Therapie. Mit 337 Abbildungen im Text. Roy.-8. 1888. geh. ℳ 12. —; geb. in Halbfr. ℳ 14. 50

Dieses „*Lehrbuch der allgemeinen Chirurgie*" bildet den ersten Band eines Lehrbuches der **allgemeinen und speziellen** Chirurgie. Der spezielle Teil erscheint am Schluß des Jahres 1889. Jeder Teil ist einzeln käuflich.

„— — — — Das Buch von Tillmanns giebt in gedrängter Kürze eine **vollendete Darstellung der allgemeinen Chirurgie.** Überall werden die Ergebnisse der neuesten Forschungen berücksichtigt, es ist klar und leicht verständlich geschrieben, giebt alles Wissenswerte und vermeidet überflüssige Beigaben. Mit vortrefflichen Abildungen reichlich ausgestattet, ist es **ein Buch, das den Studierenden und Ärzten bestens empfohlen werden kann.** Die Ausstattung des Werkes ist tadellos."

(Prof. Dr. *Angerer* in der „Münch. mediz. Wochenschrift" 1887, Nr. 48.)

„— — — — **Ich kann das Tillmanns'sche Buch Studierenden und Ärzten warm empfehlen.** Im besonderen wird es sich, meines Erachtens, für Studierende eignen, die bereits einige Zeit in die chirurgische Klinik eingeführt sind und in die Wissenschaft der pathologischen Anatomie schon einen Einblick gewonnen haben."

(Prof. Dr. *Madelung* im „Centralbl. für Chirurgie" 1887, Nr. 52.)

**Valentin, Prof. Dr. G. G., Repertorium für Anatomie und Physiologie.** Kritische Darstellung fremder und Ergebnisse eigener Forschung. Erster Band. Mit 2 Taf. gr. 8. 1837. geh. ℳ 8. —

**Verhandlungen der medicinischen Gesellschaft zu Leipzig.** Erster Band. 1863—1864. Lex.-8. 1864. geh. ℳ 8. —

**Vierteljahrschrift für Klimatologie mit besonderer Rücksicht auf klimatische Kurorte.** In Verbindung mit Prof. Dr. Carl von Sigmund in Wien herausgegeben von Dr. Hermann Reimer. Erster Jahrg. Mit 1 Tafel u. 6 meteorol. Tab. gr. 8. 1876. geh. ℳ 12. —

**Wagner, Prof. Dr. Ernst Leberecht, Die Fettmetamorphose des Herzfleisches in Beziehung zu deren ursächlichen Krankheiten.** Lex.-8. 1864. geh. ℳ 3. —

**Winckel, Dr. F.,** Geh. Medicinalrat u. o. Professor an der Universität München, **Lehrbuch der Geburtshülfe einschliesslich der Pathologie und Therapie des Wochenbettes.** Für praktische Ärzte und Studirende. Mit 188 Holzschnitten im Text. gr. 8. 1889. geh. ℳ 22. —; geb. in Halbfr. ℳ 24. 50

Das Winckel'sche „Lehrbuch der Geburtshülfe" ist die *hervorragendste Erscheinung*, welche die letzten Jahre auf diesem Gebiete gezeitigt haben. Es ist nicht nur für den Studierenden, sondern auch für den praktischen Arzt von hohem Wert, weil es der Therapie eine ganz besondere Beachtung schenkt. Einzelne Abschnitte, wie die „Pathologie und Therapie der Neugeborenen", finden sich in anderen Werken gleicher Richtung überhaupt nicht behandelt. Die vorzüglichen Abbildungen sind sämtlich neu hergestellt.

**Zopf, Dr. W., Zur Morphologie der Spaltpflanzen** (Spaltpilze und Spaltalgen). Mit 7 lithogr. Tafeln. gr. 4. 1882. geh. ℳ 10. —

Die Botaniker, Mediziner und Physiologen gleichmäßig interessierende Frage nach dem gegenseitigen morphologischen Verhältnis der zahlreichen heterogenen Spaltpilzformen wird durch diese Untersuchungen zu einem entscheidenden Resultat geführt.

——— **Zur Morphologie und Biologie der niederen Pilzthiere** (Monadinen), zugleich ein Beitrag zur Phytopathologie. Mit 5 lithogr. Tafeln in Farbendruck. gr. 4. 1885. geh. ℳ 9. —

Diese Abhandlung behandelt neue, den Botaniker wie den Zoologen interessierende Pilztiere und enthält gleichzeitig eine Widerlegung der Haeckelschen Monerentheorie.

## Zeitschriften.

# Centralblatt
für praktische
# AUGENHEILKUNDE.

Herausgegeben von

**Prof. Dr. J. Hirschberg in Berlin.**

**Preis des Jahrganges (12 Hefte) 12 ℳ; bei Zusendung unter Streifband direkt von der Verlagsbuchhandlung 12 ℳ 80.**

Das „*Centralblatt für praktische Augenheilkunde*" vertritt auf das nachdrücklichste alle Interessen des Augenarztes in Wissenschaft, Lehre und Praxis, vermittelt den Zusammenhang mit der allgemeinen Medizin und deren Hilfswissenschaften und giebt jedem praktischen Arzte Gelegenheit, stets auf der Höhe der rüstig fortschreitenden Disziplin sich zu erhalten.

www.ingramcontent.com/pod-product-compliance
Lightning Source LLC
LaVergne TN
LVHW042241300926
849161LV00003B/426
* 9 7 8 3 1 1 2 6 7 0 8 3 5 *